国家中职示范校建设课程改革创新教材

中职中专数控技术应用专业系列教材

数控机床仿真加工项目教程

曾宪明　谢洪瑜　主　编

张秋雨　张本来　副主编

科学出版社

北　京

内 容 简 介

本书主要介绍了上海宇龙软件工程有限公司的数控加工仿真系统软件的使用和广州数控 GSK-980TD 数控车床系统的基本操作，同时介绍了数控中级技能考核的理论考试、仿真考试的方法与技巧，针对技能大赛介绍了 CAXA 自动编程及仿真加工、检测等。本书以项目式教学为基线，通过任务引领的方式对数控车削、铣削进行数控编程及操作讲解，针对性和实用性强。

本书可作为中等职业学校数控技术应用专业教材，也可供初学数控编程与熟悉数控系统进行加工操作的人员参考学习。

图书在版编目（CIP）数据

数控机床仿真加工项目教程/曾宪明，谢洪瑜主编. —北京：科学出版社，2014

（国家中职示范校建设课程改革创新教材·中职中专数控技术应用专业系列教材）

ISBN 978-7-03-040360-5

I. ①数⋯ II. ①曾⋯ ②谢⋯ III. ①数控机床-加工-仿真程序-中等专业学校-教材 IV. ①TG659

中国版本图书馆 CIP 数据核字（2014）第 065798 号

责任编辑：张振华 / 责任校对：马英菊
责任印制：吕春珉 / 封面设计：一克米工作室

科 学 出 版 社 出版

北京东黄城根北街 16 号
邮政编码：100717
http://www.sciencep.com

铭浩彩色印装有限公司 印刷
科学出版社发行 各地新华书店经销

*

2014 年 6 月第 一 版 开本：787×1092 1/16
2014 年 6 月第一次印刷 印张：14
字数：330 000

定价：30.00 元
（如有印装质量问题，我社负责调换〈路通〉）

销售部电话 010-62134988 编辑部电话 010-62135120-2005

前　言

　　"数控机床仿真加工"是中等职业学校数控技术应用专业的核心课程。为使学生掌握数控车床基本操作和编程技能，具备数控车床的模拟操作能力，并为学习数控车工实训课程做好准备，编者编写了本书。

　　本书以数控技术应用专业典型工作任务与职业能力和职业资格认证标准为依据确定目标与内容，按数控车削、铣削仿真操作、仿真实训项目设计学习过程，利用上机仿真操作和相关知识介绍数控车（铣）削的基本操作、编程方法等相关知识点和技能点。全书共 8 个项目、21 个任务，涉及数控车床和数控铣床的基本操作、对刀技能、编程与仿真加工等。

　　本书以上机模拟操作为主要内容，适用于项目式教学。教学可在单独、互助的情境中进行。在学习情境中，建议教师对每一个项目的各个任务进行讲解、演示，对学生实训进行指导、检查，并让先完成的学生协助教师指导未完成的同学。

　　本书参考学时为 200 学时，具体各项目及学时安排请参考下表。

项　　目	理论学时	实训学时
项目 1　数控车床的基本操作	8	10
项目 2　轴类零件的编程与加工	12	20
项目 3　内孔加工	6	10
项目 4　沟槽加工	6	8
项目 5　螺纹加工	8	12
项目 6　数控车工中级理论、仿真技能考试模拟强化训练	16	20
项目 7　数控铣床与数控加工中心的基本操作	12	20
项目 8　零件的自动编程与仿真加工	12	20
合　　计	80	120

　　本书由重庆市九龙坡职业教育中心组织编写，由曾宪明、谢洪瑜任主编，由张秋雨、张本来任副主编。具体分工如下：曾宪明编写项目 1、项目 2、项目 6、任务 8.1 和任务 8.2，谢洪瑜编写项目 3 和项目 4，张本来编写项目 5，张秋雨编写项目 7 和任务 8.3，王智弘和童玲负责资料的收集和整理。全书由曾宪明统稿。

　　在编写本书的过程中，编者参阅了大量文献资料，在此对有关作者表示感谢！

　　由于编者水平有限，书中难免存在不妥或疏漏之处，恳请广大读者批评指正。

目　录

项目 1

数控车床的基本操作

学习目标

1. 认识数控车床的功能及系统。
2. 了解数控车床安全操作规程。
3. 掌握数控车床基本操作。
4. 能完成对刀并会初步识读数控车削程序。

数控车床是数字控制车床的简称，是一种装有程序控制系统的自动化车床。它主要用于加工轴类和盘套类回转体零件的内外圆柱面、圆弧面、锥面、螺纹面，并能完成切槽、切断、钻、扩、铰等加工。与普通车床相比，数控车床具有加工精度高、生产效率高、质量稳定、加工灵活、通用性强等优点，特别适合加工形状复杂的零件。

随着数控技术的发展，数控加工仿真技术也日趋完善。数控加工仿真软件的使用，有效解决了学校学生多、数控机床不足的教学实际问题，也为学生参与数控机床实际操作和提前熟悉数控机床系统面板、按钮功能及操作方法等奠定了基础。本项目着重介绍上海宇龙数控加工仿真系统软件的基本操作方法，使学生掌握数控车床基本操作，并大致了解数控车床系统、数控编程指令、对刀原理及方法、程序结构及意义。

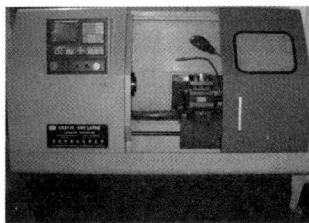

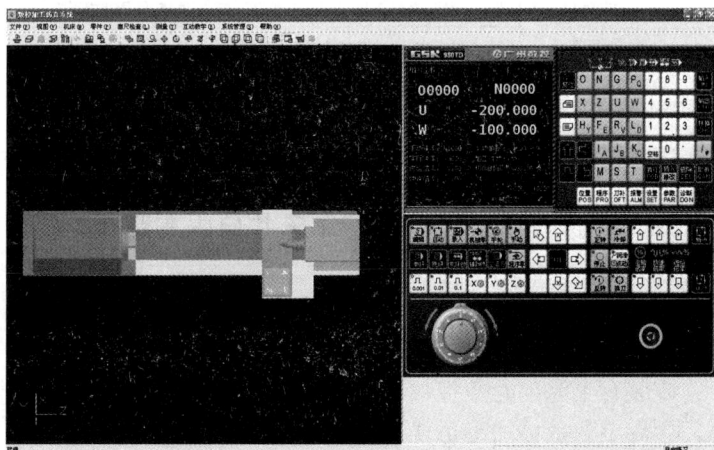

任务 1.1 认识数控车床并自由车削

任务描述

熟悉数控车床操作面板及进行自由车削等基本操作，如图 1.1.1 所示。

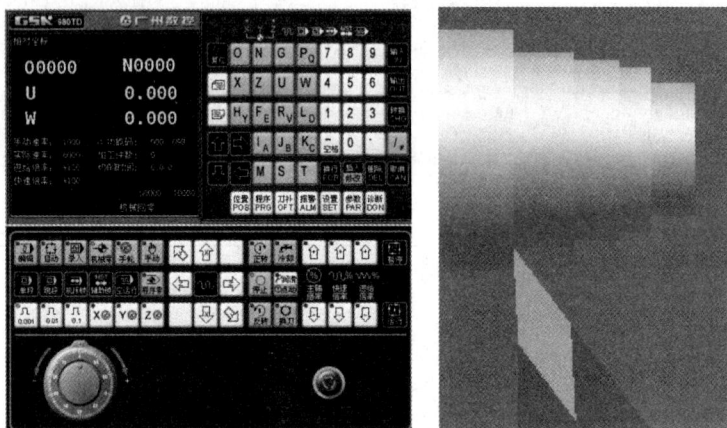

图 1.1.1　数控车床操作面板及基本操作

任务目标

本任务要达成的学习目标如表 1.1.1 所示。

表 1.1.1　学习目标

知识目标	认识上海宇龙数控加工仿真系统软件界面
	熟悉上海宇龙数控加工仿真系统软件工具栏中常用按钮
	掌握所选取的广州 GSK-980TD 数控车床的基本操作
技能目标	掌握打开上海宇龙数控加工仿真系统软件的方法
	初步熟悉数控车床面板按键的位置、功能及基本操作
	能够进行毛坯端面、外圆的自由车削
情感目标	能养成爱护计算机等设施的好习惯
	能养成善于动脑、主动学习、相互学习的习惯

1.1.1　实践操作：认识数控车床并自由车削

1. 操作准备

安装有上海宇龙数控加工仿真系统软件的教师机一台，学生机 50 台的计算机机房一间，上海宇龙数控加工仿真系统软件 4.8 版本加密狗。

2．操作步骤

01 打开上海宇龙数控加工仿真系统。

① 教师应该首先在教师机上打开"加密锁管理程序"，如图 1.1.2 所示；在教师机屏幕上出现如图 1.1.3 所示电话小图标。

图 1.1.2　打开"加密锁管理程序"　　　　　　　图 1.1.3　电话小图标

② 打开"开始"菜单，执行"程序"→"数控加工仿真系统"→"数控加工仿真系统"命令，系统弹出"登录"界面，如图 1.1.4 所示。

图 1.1.4　登录界面

方法一：单击"快速登录"按钮，即可进入数控加工仿真系统。

方法二：输入用户名和密码，再单击"登录"按钮，也可进入数控加工仿真系统。

进入数控加工仿真系统软件界面，如图 1.1.5 所示。

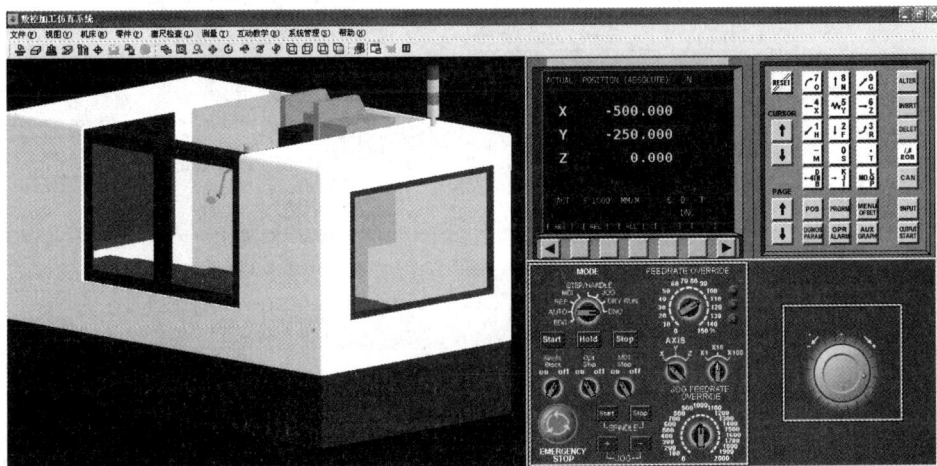

图 1.1.5　上海宇龙数控加工仿真系统窗口界面

02 选择系统与机床。如图 1.1.6 所示，执行"机床"→"选择机床"命令，或者单击工具栏上的选择机床图标 🖥，弹出如图 1.1.7 所示的"选择机床"对话框，选择相应的控制系统、机床类型、厂家及型号，然后单击"确定"按钮。

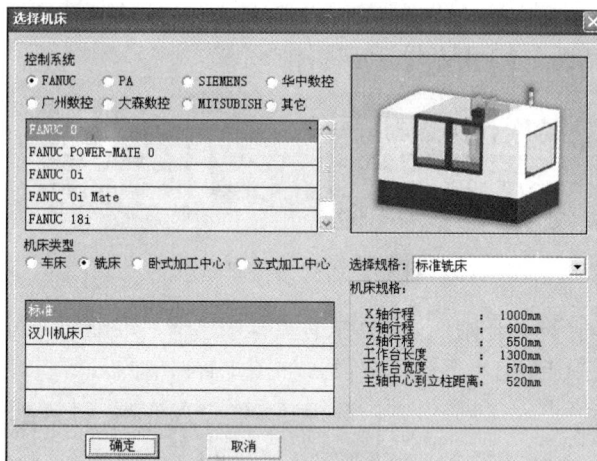

图 1.1.6 机床菜单　　　　　　图 1.1.7 "选择机床"对话框

① 控制系统：仿真软件可供选择的数控系统有华中数控、广州数控等。每种系统下面还可以选择其具体系列。

② 机床类型：仿真软件可以仿真数控车床、数控铣床、卧式加工中心、立式加工中心，并且每种机床还提供了多家机床厂的机床操作面板。

③ 如选取广州数控 GSK-980TD 数控车床，标准平床身前置刀架，如图 1.1.8 所示。

④ 进入广州数控 GSK-980TD 标准平床身前置刀架数控车床系统，如图 1.1.9 所示。

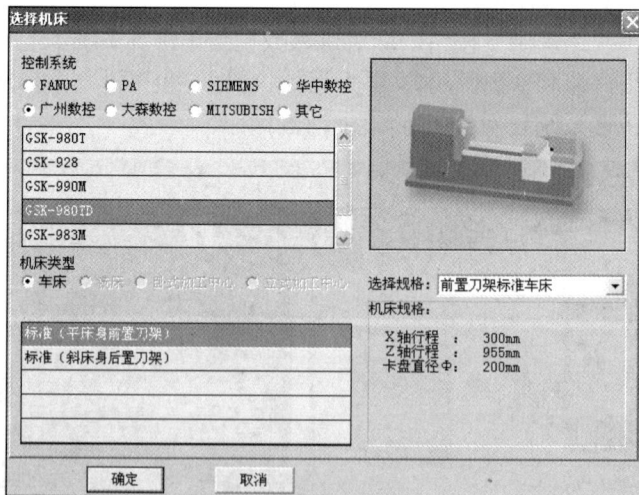

图 1.1.8 选取广州数控 GSK-980TD 数控车床

熟悉、感受上海宇龙数控加工仿真系统软件工具栏中常用按钮，控制机床显示，了解该数控车床系统的控制面板布局、各个功能按钮。

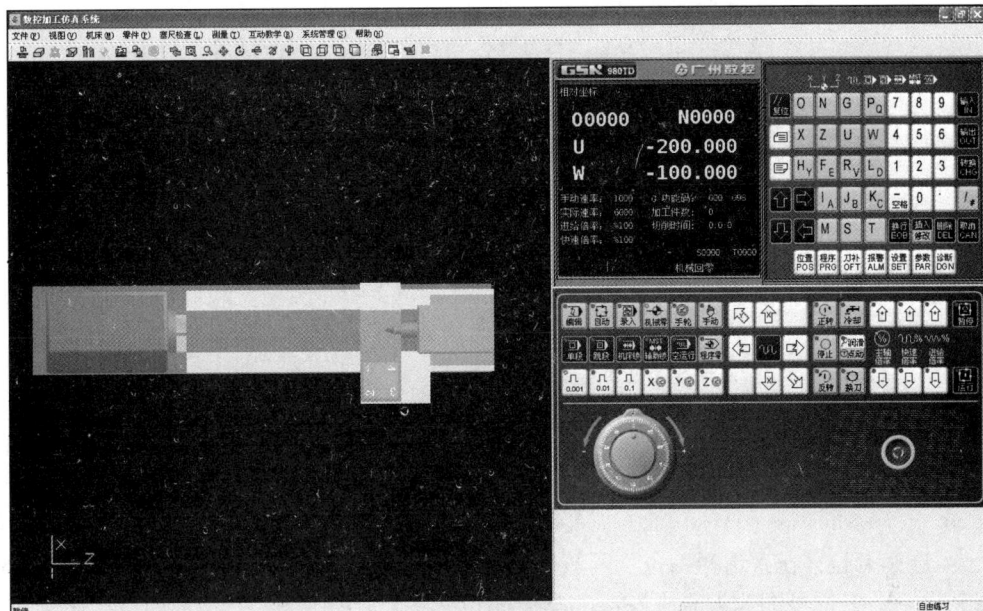

图 1.1.9 GSK-980TD 数控车床操作视窗

03 开机操作,如广州数控 GSK-980TD 数控车床系统的开机操作为旋起急停按钮 ⬤。

04 回零操作。广州数控 GSK-980TD 数控车床系统的回零操作步骤如下。

① 单击机械回零(回参考点)操作模式按钮。

② 单击＋X 轴的方向选择按钮，X 轴回零。

③ 单击＋Z 轴的方向选择按钮，Z 轴回零。

机床机械回零后,坐标显示为 U:0.000,W:0.000,如图 1.1.10 所示。

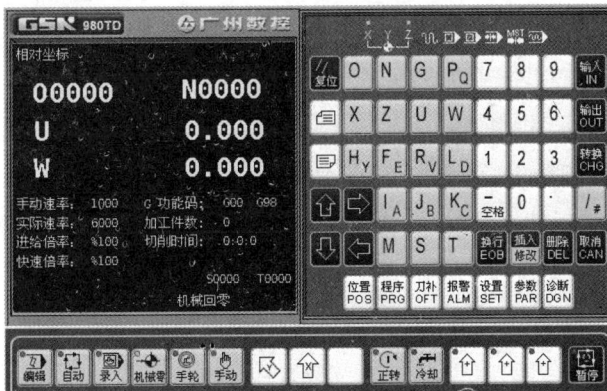

图 1.1.10 机械回零显示

关闭:单击窗口右上角的按钮，弹出是否保存对话框,选择"是"或"否"。

熟悉、感受广州数控 GSK-980TD 数控车床系统机操作面板的常用按钮。

05 选择刀具并安装。执行"机床"→"选择刀具"命令或单击选择刀具图标，系统弹出"刀具选择"对话框,如图 1.1.11 所示,进行车刀选择与安装。

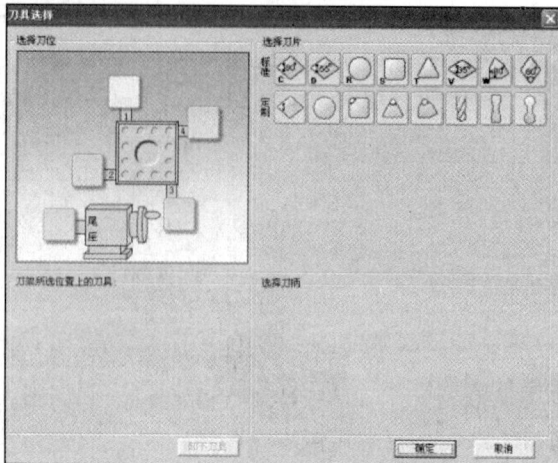

图 1.1.11　"刀具选择"对话框

① 选择刀位：在"选择刀位"区域内选择所需的刀位号，被选中的刀位号背景颜色变为高亮显示。刀位号即为刀具在车床刀架上的位置编号（如选择 1 号刀位）。

② 选择刀片类型：标准的有 C、D、R、S、T、V、W 等（如选择 V 型）。

③ 在刀片列表框中选择刀片型号：有不同的刃长和刀尖半径（如选择序号 4，刃长为 16.00mm，刀尖半径为 0.20mm）。

④ 选择刀柄类型：有外圆和内孔（如选择第一个外圆），列表框中要求选择刀柄主偏角（如选择序号 2，主偏角 93.0°）。完成上述选择后如图 1.1.12 所示。

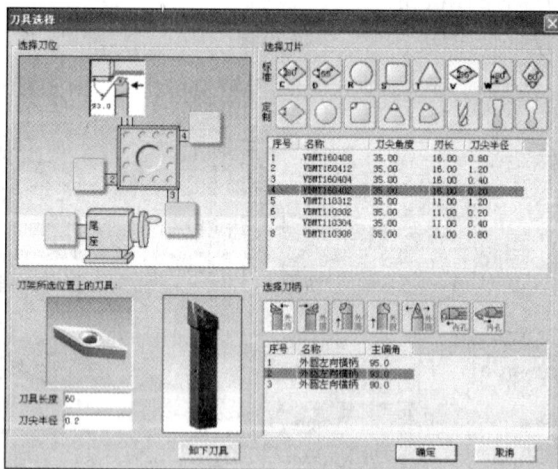

图 1.1.12　刀具选择步骤

⑤ 变更刀具长度和刀尖半径：选择车刀完成后，界面的左下部位显示所选刀具。"刀具长度"和"刀尖半径"均可以由操作者自行修改（如将所选刀尖半径由 0.2mm 改为 0mm）。完成上述修改后如图 1.1.13 所示。

⑥ 拆除刀具：选择要拆除刀具的刀位，单击"卸下刀具"按钮。

⑦ 单击"确定"按钮，完成车刀选择、安装等操作，结果如图 1.1.14 所示。

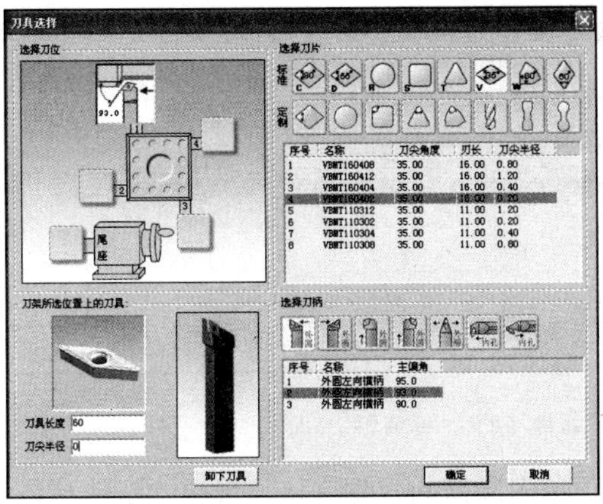

图 1.1.13　修改刀尖半径

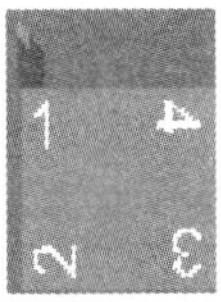

图 1.1.14　刀具安装在刀架上

06 设置毛坯并安装。

① 定义毛坯：执行"零件"→"定义毛坯"命令或者在工具栏上单击定义毛坯图标 🖊，系统将弹出"定义毛坯"对话框，如图 1.1.15（a）所示。

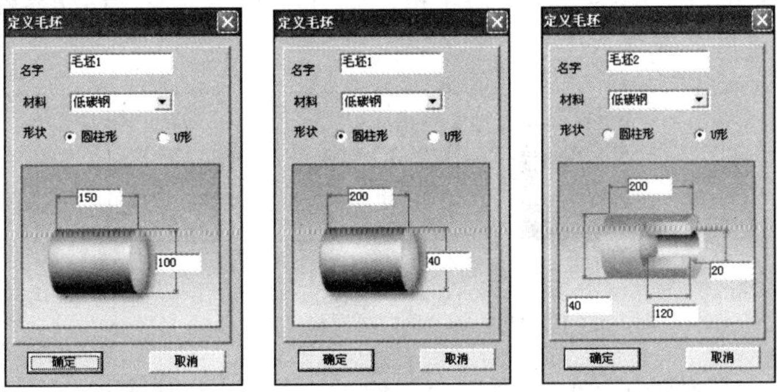

（a）　　　　　　　　（b）　　　　　　　　（c）

图 1.1.15　实心、带孔圆棒料毛坯设置

在"定义毛坯"对话框中分别输入以下信息。

名字：在毛坯名字输入框内输入毛坯名，也可以使用默认值。

材料：毛坯材料列表框中提供了多种供加工的毛坯材料，可根据需要在"材料"下拉列表中选择毛坯材料。

形状：包括圆柱形毛坯和 U 形毛坯。圆柱形毛坯为实心圆棒料毛坯，U 形毛坯为带孔的圆棒料毛坯。

参数输入：毛坯尺寸输入框用于输入毛坯尺寸，单位为 mm。

保存退出：单击"确定"按钮，退出本操作，所设置的毛坯信息将被保存。

取消退出：单击"取消"按钮，退出本操作，所设置的毛坯信息将不被保存。

如图 1.1.15 所示，设置的毛坯 1 为实心圆棒料毛坯，毛坯 2 为带孔的圆棒料毛坯。

② 放置零件：执行"零件"→"放置零件"命令或者在工具栏中单击放置零件图标 🖊，系统将弹出"选择零件"对话框，如图 1.1.16 所示。

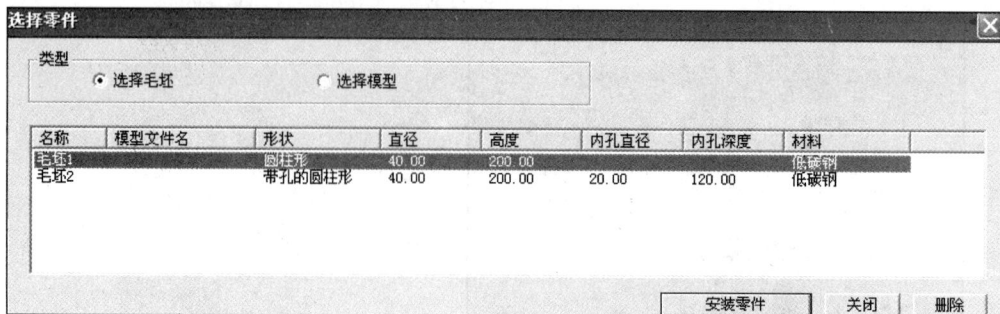

图 1.1.16　"选择零件"对话框

列表中列出前面设置的毛坯，在列表中单击所需的零件毛坯，选中的零件毛坯信息将会加亮蓝色显示，单击"安装零件"按钮，系统将自动关闭对话框，零件将被放置到车床三爪自定心卡盘上，如图 1.1.17（a）所示。

③ 移动零件：毛坯被放置在工作台上后，系统将自动弹出移动零件对话框，如图 1.1.17所示，通过单击按钮⬅、➡，可控制零件的左右移动，单击按钮↻，可以将零件调头装夹。单击"退出"按钮可以关闭移动零件对话框。执行"零件"→"移动零件"命令也可以打开移动零件对话框。

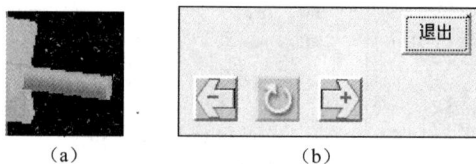

（a）　　　　　　　　　（b）

图 1.1.17　零件被放置到车床卡盘上

④ 拆除零件：零件加工完毕或要更换零件时，应先将机床上的零件拆除才能重新安装新毛坯。在菜单栏中执行"零件"→"拆除零件"命令即可把零件从机床上拆除。

07 手动自由车削。在手动操作方式下，进行手动进给、主轴转动、手动换刀等操作。

① 熟悉相关按钮的外观、位置、功能。

② 手动控制主轴正转、停止、反转操作。

③ 手动控制换刀操作，手动操作方式下，单击按钮🔧，依次进行换刀。

④ 手动控制刀架向前、后、左、右方向移动。

手动操作方式下，按住进给轴及方向选择按钮中的⬆或⬇，可使 X 轴向负向或正向进给，松开按钮时 X 轴运动停止；按住方向选择按钮中的⬅或➡，可使 Z 轴向负向或正向进给，松开按钮时 Z 轴运动停止；数控车床无 Y 轴，Y 轴无效。

⑤ 手动自由进行毛坯的端面、外圆车削。

手动操作方式下，主轴正转，再控制刀具靠近毛坯，之后自由进行毛坯的端面车削、外圆车削，如图 1.1.18、图 1.1.19 所示。

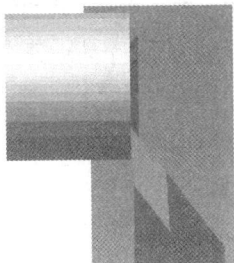

图 1.1.18　端面车削

图 1.1.19　外圆车削

选取其他数控车床系统进行开机、回零等操作练习。

选择广州数控 GSK-980T 数控车床等系统进行开机、回零等基本操作，如图 1.1.20、图 1.1.21 所示。

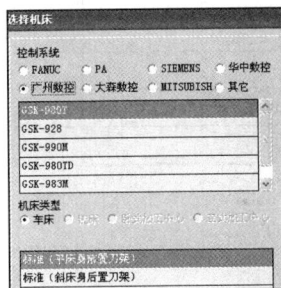

图 1.1.20　选择广州数控
GSK-980T 数控车床

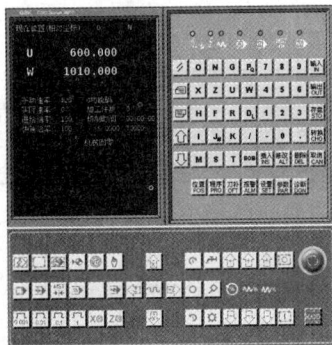

图 1.1.21　广州数控 GSK-980T 数控车床
显示面板及回零显示

选择"华中数控"的"华中数控世纪星 4 代"等数控系统，自行进行开机、回零等基本操作。

小贴士

1）在用输入用户名和密码登录数控加工仿真系统中，用户名和密码由上海宇龙软件工程有限公司提供。一般情况下，管理员用户名为"manager"，密码为"system"；一般用户名为"guest"，密码为"guest"。

2）机械回零（回参考点）时必须先回 X 轴，再回 Z 轴，否则刀架可能与尾座发生碰撞。

3）在选择刀具时，选择后置刀架钻头时，钻头被安装在相应的刀位上；选择前置刀架钻头时，钻头被安装在尾座套筒内。

4）移动尾座的方法是：执行"机床"→"移动尾座"命令，或者在工具条中单击图标，系统弹出"尾座移动"小键盘。取消勾选"移动套筒"复选框后，单击方向按钮、，可以控制尾座的左右移动，如图 1.1.22 所示；勾选"移动套筒"复选框时，单击方向按钮、，可以控制套筒的左右移动以控制套筒伸出与缩回，如图 1.1.23 所示。

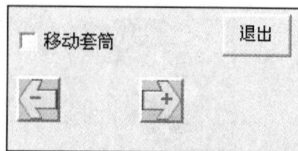

图 1.1.22　取消勾选"移动套筒"复选框　　　图 1.1.23　勾选"移动套筒"复选框

3. 学习评价

将学生上机操作完成情况的检测与评价填入表 1.1.2。

表 1.1.2　学习评价

序号	项目	技术要求	配分	评分标准	检测记录	得分
1	软件操作	进入仿真软件	10	每错一次扣 3 分		
2	机床选择	正确选择机床	10	每错一次扣 3 分		
3	机床操作	开机、回零、装刀、装毛坯	20	每错一次扣 3 分		
4		手动自由车削端面、外圆	30	每错一次扣 5 分		
5	其他系统	选其他系统进行自由车削	20	每另选一种得 10 分		
6	文明操作	爱护计算机设备	10	出现一次意外扣 2 分		

1.1.2　相关知识：认识数控机床、仿真软件及数控车床系统

1. 认识数控机床

（1）数控机床的概念与分类

数控机床是指采用数字控制技术对机床的加工过程进行自动控制的一类机床。数控机床的种类很多，常见的数控机床有数控车床、数控铣床、加工中心等，如图 1.1.24 所示。

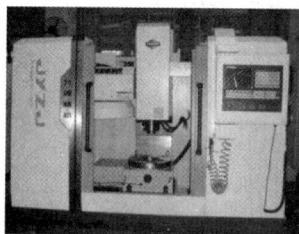

（a）数控车床　　　　　　　　（b）数控铣床　　　　　　　　（c）加工中心

图 1.1.24　常见数控机床

数控车床按主轴布置形式有卧式数控车床、立式数控车床和车铣复合车床等，按刀架加工方向有前置刀架与后置刀架。按导轨布局形式有平床身与斜床身，如图 1.1.25 所示。

（2）数控车床的机械结构

数控车床主要由车床本体与数控系统两大部分组成，车床本体由床身、导轨、刀架、主轴、尾座等组成，如图 1.1.26 所示。

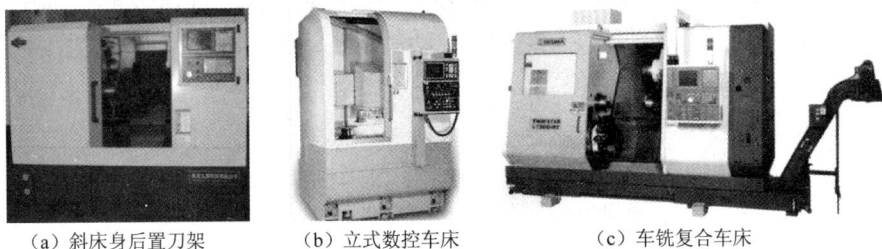

(a) 斜床身后置刀架   (b) 立式数控车床   (c) 车铣复合车床

图 1.1.25   常见数控车床

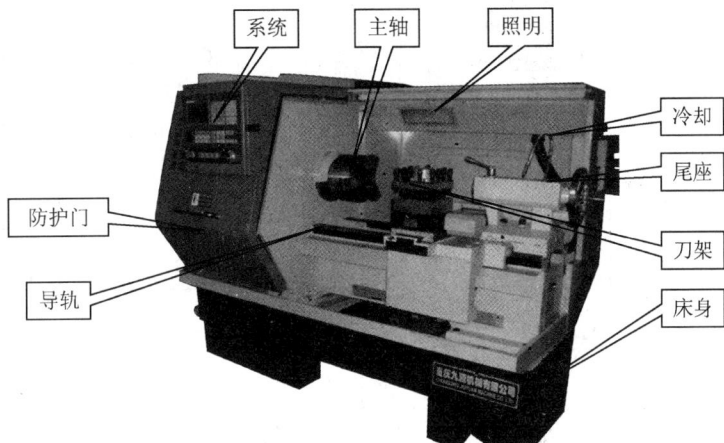

图 1.1.26   数控车床的机械结构

（3）数控车床的加工优点

数控车床具有自动化程度高、加工精度高、生成效率高、能加工形状复杂的零件等优点。

2．认识数控加工仿真系统软件

进入上海宇龙数控加工仿真系统，屏幕上出现如图 1.1.27 所示的窗口。该界面主要包括主菜单、工具栏、机床显示区、LCD 显示区、编辑键盘区、机床操作面板区等。

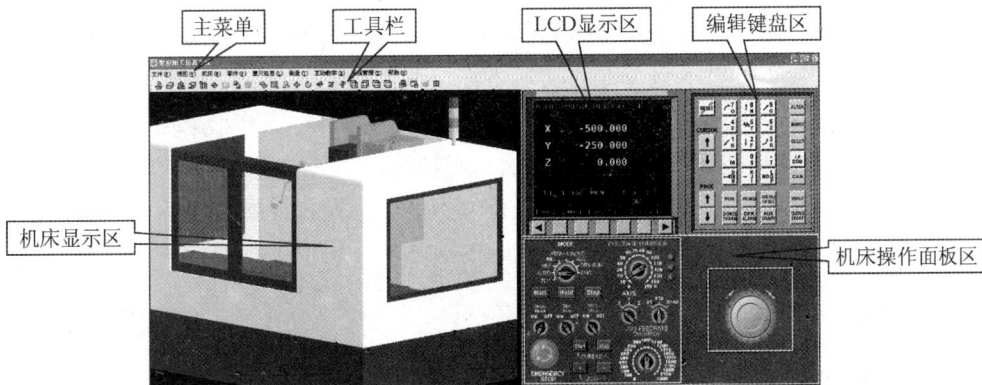

图 1.1.27   上海宇龙数控加工仿真系统窗口

① 主菜单：具有与 Windows 一样的视窗特性，是软件操作的命令集合地点，包括文件、视图、机床、零件、塞尺检查、测量、互动教学、系统管理及帮助 9 个主菜单。每个主菜单下都有下拉子菜单，如图 1.1.28 所示。

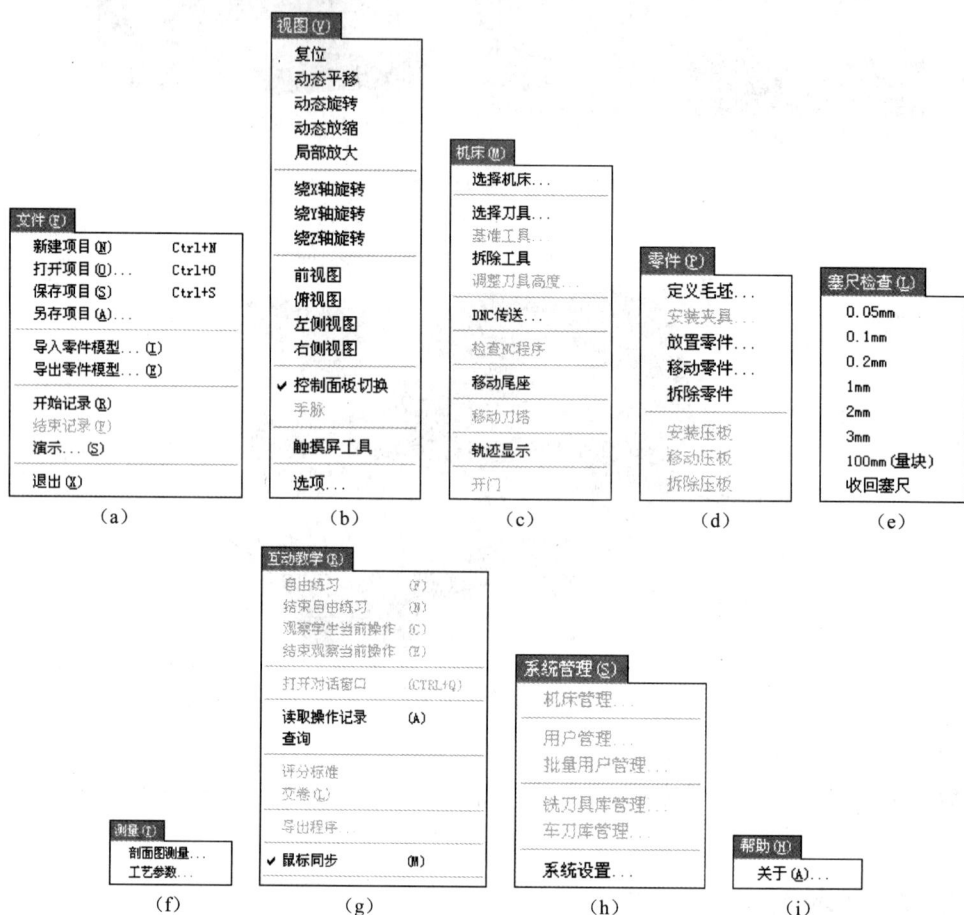

图 1.1.28　主菜单的下拉子菜单

② 工具栏：由一系列按钮构成，每个按钮都形象地表示了主菜单中的一个命令，如 ⚙ 表示选择机床，🔍 表示局部放大，✛ 表示动态平移，🔲 表示俯视图等，将鼠标停留在每个图标按钮上时，会实时显示该按键的功能名称。

③ 机床显示区：位于界面左半部分，主要显示机床实体，能够形象逼真地显示出加工状况。（利用工具栏图标按钮控制机床的放大、旋转等。）

④ LCD 显示区、编辑键盘区、机床操作面板区：显示操作数控机床时所应用的功能按钮，不同的数控系统、不同的厂家，其机床的这几个区域也不相同。

3．认识数控车床系统

认识 GSK-980TD 数控车床系统编辑键盘区、机床操作面板区各按钮，了解各按钮的位置、外观、名称、功能，如图 1.1.29 所示。

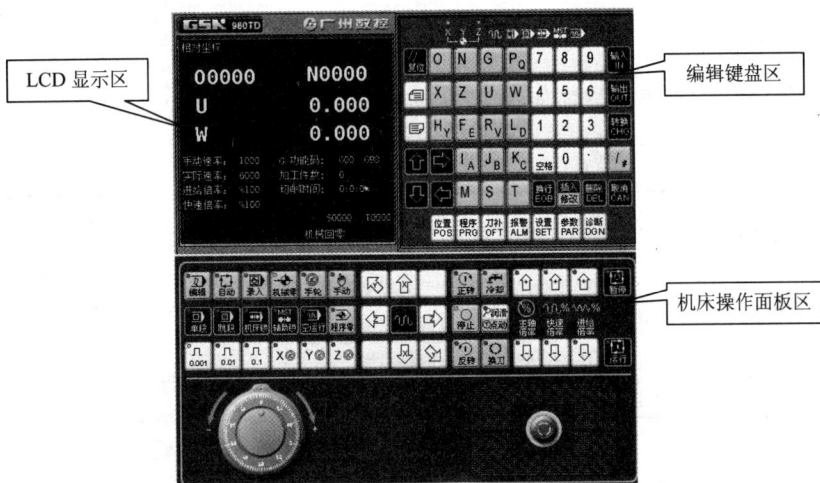

图 1.1.29 广州数控 GSK-980TD 数控车床系统
LCD 显示区、编辑键盘区、机床操作面板区

广州数控 GSK-980TD 数控车床系统窗口中各按钮具体功能意义请参阅机床厂家的说明书。

拓展与提高

1．请说出自由车削的方法、步骤并上机操作练习。
2．请说出数控车床系统窗口的划分区域。
3．请熟悉数控车床系统窗口的常用按钮的位置与功能。

任务 1.2 数控车床的自动车削

任务描述

在仿真软件上车削加工如图 1.2.1 所示零件，材料为 45 钢，毛坯尺寸为 $\phi 28mm \times 120mm$，刀具要求：35°刀片，93°刀柄。

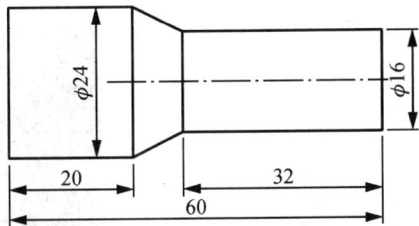

图 1.2.1 加工零件图样

任务目标

本任务要达成的学习目标如表 1.2.1 所示。

表 1.2.1　学习目标

知识目标	初步理解从开机到自动加工出机械零件的操作模式
	理解 G00、G01 等数控编程指令的应用
技能目标	进一步熟悉操作仿真软件工具栏中常用按钮
	初步熟悉输入刀补值、输入程序、自动加工等基本操作
情感目标	能养成爱护计算机等设施的好习惯
	能养成善于动脑、主动学习、相互学习的习惯

1.2.1　实践操作：数控车床的自动车削

1．操作准备

安装有上海宇龙数控加工仿真系统软件的教师机一台，学生机 50 台的计算机机房一间，上海宇龙数控加工仿真系统软件 4.8 版本加密狗。

2．操作步骤

01 打开上海宇龙数控加工仿真系统软件。

02 选取广州数控 GSK-980TD 数控车床，标准平床身前置刀架，进入广州数控 GSK-980TD 标准平床身前置刀架数控车床系统。

03 正确进行开机、回零操作。

04 按要求选择刀具并安装。刀具：选择 35° 刀片、93° 刀柄的刀具。

05 按要求设置毛坯并安装。毛坯：材料为 45 钢，尺寸为 $\phi28mm×120mm$。设置如图 1.2.2 所示。

06 在手动操作方式下输入所给刀补值。单击编辑键盘区的按钮，进入刀具偏置页面，在刀具偏置显示窗口中的序号 001 处输入 $Z890.550$，单击按钮，系统将机床位置的坐标 0.000 减去 890.550 后得到的值填入 001 的 Z 中，即显示 −890.550。在刀具偏置显示窗口中的序号 001 处输入 $X389.480$，单击按钮，系统将机床位置的坐标 0.000 减去 389.480 后得到的值填入 001 的 X 中，即显示 −389.480，如图 1.2.3 所示。

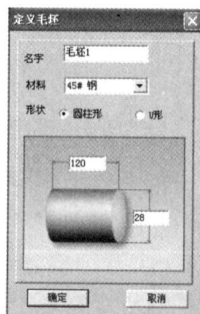

图 1.2.2　毛坯设置

图 1.2.3　输入刀补值

07　在编辑操作方式下，在程序页面中输入所给参考程序。

① 选择编辑操作方式，单击编辑键盘区的按钮[程序PRG]，进入程序页面。

② 开始输入程序，输入过程如下。

O0001 [换行EOB]

T0101 [换行EOB]

G00X100.0Z100.0 [换行EOB]

M03S600 [换行EOB]

依次将参考程序输入完毕直至

M30 [换行EOB]

所给参考程序输入完成，如图 1.2.4 所示。按下复位按钮[复位]，光标回到程序开头。

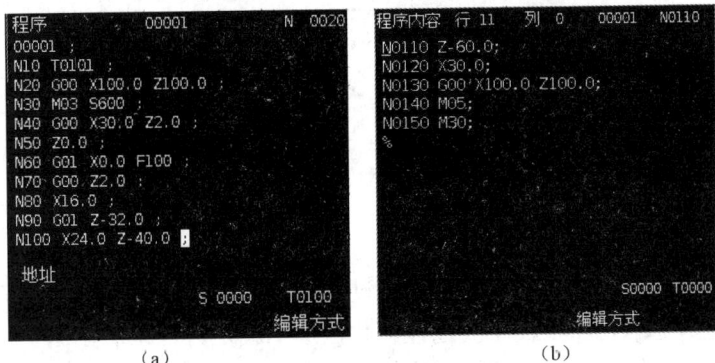

（a）　　　　　　　　　　（b）

图 1.2.4　程序输入页面

小贴士

按钮[换行EOB]的作用是输入程序中的分号";"并将程序分段。程序分段后的程序段顺序号自动生成，间隔为"10"，即程序中的 N10、N20、N30……输入时，"字"（"字母＋数字"）间自动生成间隔。

08　自动运行。单击机床操作面板区的自动运行方式按钮[ ]，进入自动加工方式，单击循环启动按钮[ ]，程序开始执行。加工出该零件，如图 1.2.5 所示。

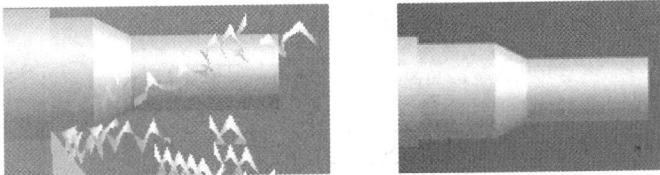

图 1.2.5　仿真自动加工结果

小贴士

1）输入刀补值前一定将机床先回零。

2）输入程序时要用好编辑键盘区的按钮。

3．学习评价

将学生上机操作完成情况的检测与评价填入表 1.2.2。

表 1.2.2　学习评价

序号	项　目	技 术 要 求	配分	评 分 标 准	检测记录	得分
1	软件操作	进入仿真软件	10	每错一次扣 3 分		
2	机床选择	正确选择机床	10	每错一次扣 3 分		
3	机床操作	开机、回零、装刀、装毛坯	10	每错一次扣 3 分		
4	机床操作	正确输入刀补值、输入程序	30	每错一次扣 5 分		
5		进行自动加工	10	每错一次扣 5 分		
6	其他系统	选其他系统进行自由车削	20	每另选一种得 10 分		
7	文明操作	爱护计算机设备	10	出现一次意外扣 2 分		

1.2.2　相关知识：数控编程、程序指令、G00 与 G01 指令意义

1．数控编程

（1）数控编程的概念

编程就是把零件的外形尺寸、加工工艺过程、工艺参数、刀具参数等信息，按照数控系统专用的编程指令编写加工程序的过程。数控加工就是数控系统按加工程序的要求，控制机床完成零件加工的过程。数控加工的工艺流程如图 1.2.6 所示。

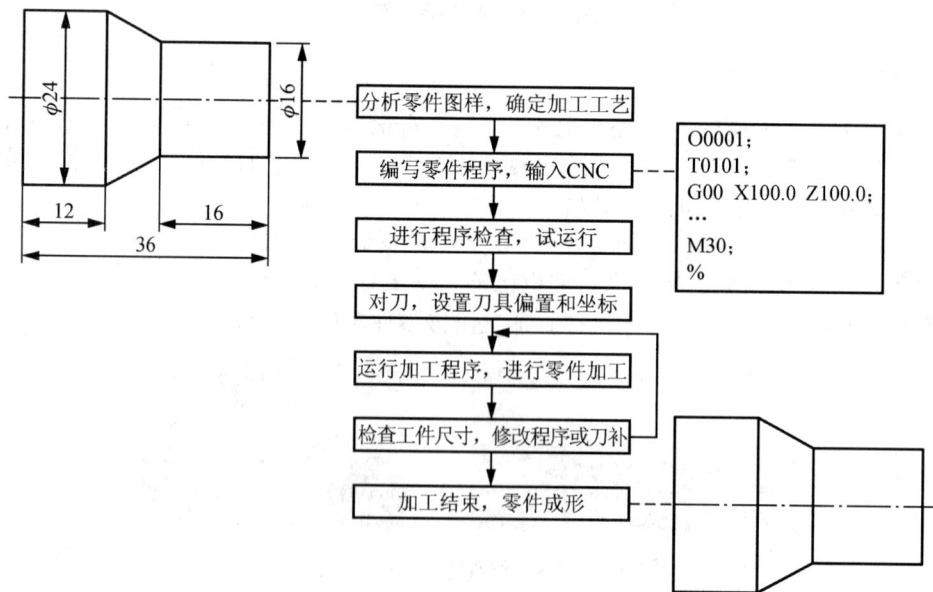

图 1.2.6　数控加工的工艺流程

（2）数控编程的方法

数控编程可分为手工编程和自动编程两大类。

1）手工编程。手工编程是指由人工完成数控编程的全部工作，从分析零件图样、制定工艺路线、选用工艺参数、进行数值计算、编写加工程序单等都由人工来完成。但对于一些形状复杂、工序较长的零件，则必须使用自动编程。

2）自动编程。自动编程是指用计算机及相应编程软件编制数控加工程序的过程。自动编程基于 CAD/CAM 软件，常见的 CAD/CAM 软件有 UG、CAXA 等。它适用于加工形状复杂或空间曲面零件的编程。

（3）数控编程的内容与步骤

1）分析零件图样与制定加工工艺。通过对零件材料、形状、尺寸、技术要求等进行分析，选择合适的数控机床，确定加工顺序、加工路线、装夹方式、刀具、切削用量等。

2）数值计算。选择编程坐标系原点，对零件轮廓上各基点或节点进行准确的数值计算，为编写加工程序单做好准备。

3）编写加工程序单。根据数控机床规定的指令及程序格式编写加工程序单。

2．数控程序指令功能

（1）相关定义

本书在讲解广州数控 GSK-980TD 数控车床系列的 G 指令的阐述中，未作特殊说明时有关词（字）的意义如下。

起点：当前程序段运行前的位置。

终点：当前程序段执行结束后的位置。

X：终点 X 轴的绝对坐标。

U：终点与起点 X 轴绝对坐标的差值。

Z：终点 Z 轴的绝对坐标。

W：终点与起点 Z 轴绝对坐标的差值。

F：切削进给速度。

（2）数控加工程序

```
O0001;
N10 T0101;
N20 G98 G00 X100.0 Z100.0;
N30 M03 S600;
N40 G00 X42.0 Z2.0;
N50 Z0.0;
N60 G01 X0.0 F100;
N70 G00 X100.0 Z100.0;
N80 M05;
N90 M30;
```

以上是一个简单的车削端面的加工程序。

（3）程序的组成结构

1）"字"：数控加工程序是要数控机床能够识别的机器语言，该机器语言也如同我们学习的汉语、英语一样，由许多的"字"组成。机器语言的"字"由"字母+数字"组成，其中字母表示数控程序的指令地址符，数字表示指令值。不同的"字"具有不同的含义，如N60、X0.0、F100等都是机器语言的"字"。

2）程序名：通常由程序名地址码（字母O或者%）+数字表示，如O0001为程序的程序名。

3）程序段：可作为一个单位来处理的、连续的一个或几个"字"组成，是数控加工程序中的一条语句。一个数控加工程序由若干个程序段组成，每个程序段由若干个"字"构成，多以"；"结束，即程序段之间用字符"；"分开。上面的程序中，每一行就是一个程序段。

4）程序结束符："%"为程序文件的结束符，在通信传送程序时，"%"为通信结束标志。新建程序时，数控系统自动在程序尾部生成"%"。

5）程序：由一个程序名与若干能完成一定加工功能的程序段，再加上"%"就构成一个完整的数控程序，如图1.2.7所示。

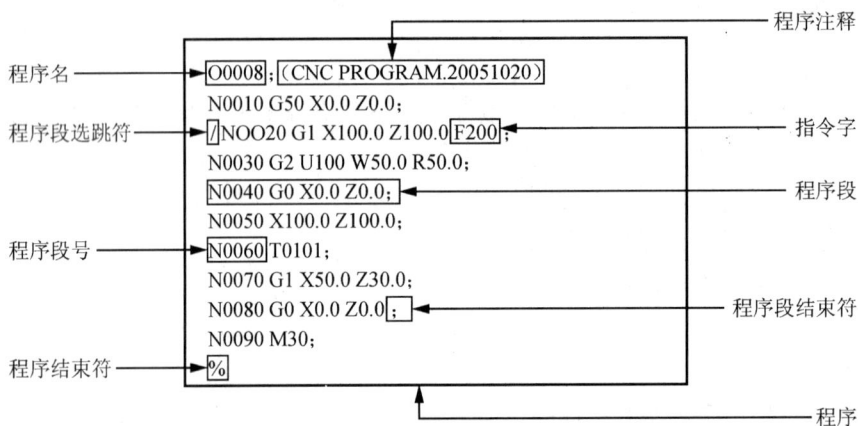

图1.2.7　程序的一般结构

（4）常见数控车床编程功能"字"

1）O指令："O+数字"表示程序名，数字范围为0000～9999，如O001、O0168、O2806等。

2）N指令："N+数字"表示程序段号，数字范围为0000～9999。前导零可省略，程序段号应位于程序段的开头，否则无效。程序段号可以不输入，但程序调用、跳转的目标程序段必须有程序段号。程序段号的顺序可以是任意的，其间隔也可以不相等，为了方便查找、分析程序，建议程序段号按编程顺序递增或递减，如上面的N10、N20、N30等。

3）T指令："T+数字"表示刀具选择功能，T后面接四位数字，前两位数字为刀具号，后两位数字为补偿号。如果前两位数字为00，表示不换刀；后两位数字为00，表示取消刀具补偿。例如，T0101表示调用1号刀，执行1号刀补。

4）S指令："S+数字"表示主轴转速功能，S后的数字表示主轴转速（r/min），如S600表示主轴转速为600r/min。

5）F 指令："F＋数字"表示刀具车削进给功能，F 后面的数字直接指定刀具车削进给速度。速度的单位有两种，一种是 mm/min，另一种是 mm/r。常用单位为 mm/min，如 F100 表示刀具车削进给速度为 100mm/min。F 具体是何种单位，由 G98 和 G99 指令决定。G98 后指定 F 的单位为 mm/min，G99 后指定 F 的单位为 mm/r，两者都是模态指令，可以相互取代。

6）坐标指令："X＋数字、Z＋数字"表示绝对坐标值；"U＋数字、W＋数字"表示相对坐标值。例如，"X100.0、Z100.0"表示刀具定位在绝对坐标 X 为 100.0、Z 为 100.0 处。

7）M 指令："M＋数字"表示辅助功能指令，数字范围为 00～99，前导零可省略。不同的数字，其指令功能意义完全不同。常见 M 指令如表 1.2.3 所示。

表 1.2.3 常见 M 指令

代　码	功　能	代　码	功　能
M00	程序暂停	M08	切削液开
M02	程序结束	M09	切削液关
M03	主轴正转	M30	程序结束，光标移至程序开头
M04	主轴反转	M98	子程序调用
M05	主轴停止	M99	子程序结束

M00：程序暂停指令。执行 M00 指令后，程序运行停止，显示"暂停"字样，单击循环启动按钮后，程序继续运行。

M03：主轴正转。M04：主轴反转。M05：主轴停止。

M02：程序结束指令。执行 M02 指令，自动运行结束，光标停留在 M02 指令所在的程序段，不返回程序开头。若要再次执行程序，必须让光标返回程序开头。

M30：程序结束并将光标移至程序开头指令。执行 M30 指令，自动运行结束，光标返回程序开头。

8）G 指令："G＋数字"表示准备功能指令，数字范围为 00～99，前导零可省略。G 指令用来规定刀具相对工件的运动方式、进行坐标设定等多种操作，不同的数字，其指令功能意义完全不同。常见 G 指令如表 1.2.4 所示。

表 1.2.4 常见 G 指令

指　令　字	组　别	功　能	备　注
G00		快速定位	初态 G 指令
G01		直线插补	
G02		圆弧插补（逆时针）	
G03		圆弧插补（顺时针）	
G32	01	螺纹切削	模态 G 指令
G90		轴向切削循环	
G92		螺纹切削循环	
G94		径向切削循环	

续表

指 令 字	组 别	功 能	备 注
G04	00	暂停、准停	非模态 G 指令
G10		数据输入方式有效	
G11		取消数据输入方式	
G28		返回机床第 1 参考点	
G30		返回机床第 2、3、4 参考点	
G50		坐标系设定	
G65		宏指令	
G70		精加工循环	
G71		轴向粗车循环	
G72		径向粗车循环	
G73		封闭切削循环	
G74		轴向切槽多重循环	
G75		径向切槽多重循环	
G76		多重螺纹切削循环	
G20	06	英制单位选择	模态 G 指令
G21		公制单位选择	初态 G 指令
G96	02	恒线速开	模态 G 指令
G97		恒线速关	初态 G 指令
G98	03	每分进给	初态 G 指令
G99		每转进给	模态 G 指令
G40	07	取消刀尖半径补偿	初态 G 指令
G41		刀尖半径左补偿	模态 G 指令
G42		刀尖半径右补偿	

G 指令字分为 00、01、02、03、06、07 组。除 01 与 00 组代码不能共段外，同一个程序段中可以输入几个不同组的 G 指令字，如果在同一个程序段中输入了两个或两个以上的同组 G 指令字时，最后一个 G 指令字有效。没有共同参数的不同组 G 指令可以在同一程序段中，功能同时有效并且与先后顺序无关。

G 指令执行后，其定义的功能或状态保持有效，直到被同组的其他 G 指令改变，这种 G 指令称为模态 G 指令。模态 G 指令执行后，其定义的功能或状态被改变以前，后续的程序段执行该 G 指令字时，不需要再次输入该 G 指令。G 指令执行后，其定义的功能或状态一次性有效，每次执行该 G 指令时，必须重新输入该 G 指令字，这种 G 指令称为非模态 G 指令。系统通电后，未经执行其功能或状态就有效的模态 G 指令称为初态 G 指令。通电后不输入 G 指令时，按初态 G 指令执行。广州数控 GSK-980TD 数控车床系统的初态指令为 G00、G21、G40、G97、G98。

3．G00、G01 指令意义

（1）快速定位——G00

快速定位是指刀具从起点以 X 轴、Z 轴的快速移动速度移动到指定的终点坐标值。坐标有绝对坐标和相对坐标，我们以绝对坐标进行讲解，相对坐标情况请同学们自行理解。刀具快速定位如图 1.2.8 所示。

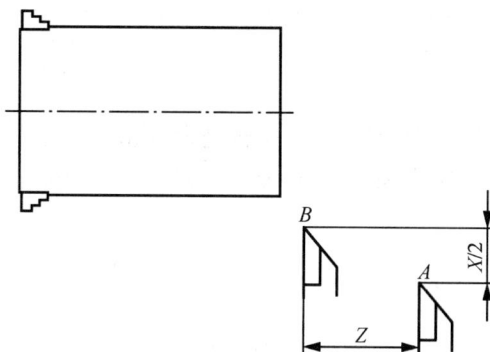

图 1.2.8　刀具快速定位

1）指令格式。

```
G00 X__ Z__ ;
G00 X__ ;        省略 Z,表示 Z 坐标值不变
G00 Z__ ;        省略 X,表示 X 坐标值不变
```

2）指令意义。

① G00：快速定位 G 指令。

② X__：刀具快速定位的终点 X 坐标值。

③ Z__：刀具快速定位的终点 Z 坐标值。

3）刀具快速定位轨迹。

① G00 X__ Z__；表示两轴是以各自独立的速度移动，一轴先到达终点，另一轴独立移动剩下的距离，其合成轨迹不一定是直线。如图 1.2.9（a）所示，如由 A 到 B，如两坐标轴同时到达，刀具快速定位轨迹为中间的一条斜线；若 X 轴先到达终点，则 Z 轴独立移动剩下的距离，刀具快速定位轨迹为斜线上方的折线；若 Z 轴先到达终点，则 X 轴独立移动剩下的距离，刀具快速定位轨迹为斜线下方的折线。由 B 到 A 如图 1.2.9（b）所示。

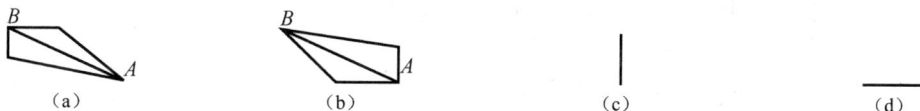

图 1.2.9　刀具快速定位轨迹

② G00 X__；省略 Z，表示 Z 坐标值不变，只改变了 X 坐标值。刀具快速定位轨迹为平行于 X 坐标轴的一条直线，如图 1.2.9（c）所示。

③ G00 Z__；省略 X，表示 X 坐标值不变，只改变了 Z 坐标值。刀具快速定位轨迹为平行于 Z 坐标轴的一条直线，如图 1.2.9（d）所示。

4）指令说明。

G00 为初态 G 指令。

X、U、Z、W 取值范围为 $-9999.999 \sim +9999.999$mm。

$X(U)$、$Z(W)$ 可省略一个或全部。当省略一个时，表示该轴的起点和终点坐标值一致；同时省略表示终点和起点是同一位置，X 与 U、Z 与 W 在同一程序段时 X、Z 有效，U、W 无效。

X、Z 轴各自快速移动速度分别由系统数据参数设定，实际的移动速度可通过机床操作面板的快速倍率按钮进行修调。

（2）直线插补——G01

直线插补（直线车削）是指刀具的运动轨迹为从起点到终点坐标值的一条直线。坐标有绝对坐标和相对坐标，我们以绝对坐标进行讲解，相对坐标情况请同学们自行理解。刀具直线插补如图 1.2.10 所示。

1）指令格式。

```
G01 X__ Z__ F__;
G01 X__ F__;        省略 Z,表示 Z 坐标值不变
G01 Z__ F__;        省略 X,表示 X 坐标值不变
```

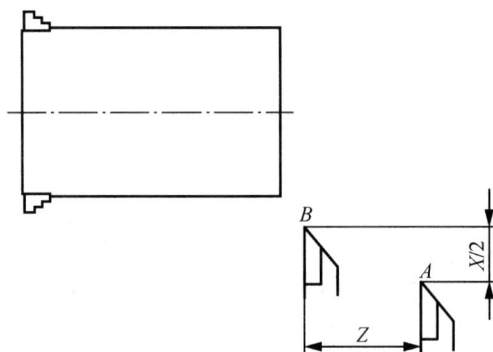

图 1.2.10 刀具直线插补

2）指令意义。

① G01：直线插补（直线车削）G 指令。

② X__：刀具直线插补（直线车削）的终点 X 坐标值。

③ Z__：刀具直线插补（直线车削）的终点 Z 坐标值。

④ F__：刀具直线插补（直线车削）的进给速度。

3）刀具直线插补（直线车削）轨迹。

① G01 X__ Z__ F__；表示两轴是以给定的 F 进给速度的矢量合成速度（实际的切削进给速度为进给倍率与 F 指令值的乘积）从起点到达终点坐标值的一条直线。即由起点到终点，两坐标轴必须同时到达，两个坐标值都有改变的刀具直线插补（直线车削）轨迹为一条斜线，主要用于加工零件的倒角和锥度，如图 1.2.11 所示。

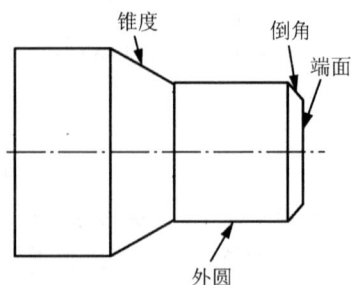

图 1.2.11 G01 直线车削

②　G01 X__ F__；省略 Z，表示 Z 坐标值不变，只改变了 X 坐标值。刀具直线插补（直线车削）轨迹为平行于 X 坐标轴的一条直线，主要用于加工零件的端面。

③　G01 Z__ F__；省略 X，表示 X 坐标值不变，只改变了 Z 坐标值。刀具直线插补（直线车削）轨迹为平行于 Z 坐标轴的一条直线，主要用于加工零件的外圆。

4）指令说明。

G01 为模态 G 指令。

X、U、Z、W 取值范围为 −9999.999～+9999.999mm。

X(U)、Z(W) 可省略一个或全部。当省略一个时，表示该轴的起点和终点坐标值一致；同时省略表示终点和起点是同一位置。

F 指令值为 X 轴方向和 Z 轴方向的瞬时速度的矢量合成速度，实际的切削进给速度为进给倍率与 F 指令值的乘积。F 指令值执行后，此指令值一直保持，直至新的 F 指令值被执行，相当于 F 指令为模态指令。

4．车削刀具的种类与选择

车削刀具的种类繁多，主要有外圆车刀、内孔车刀，内、外切槽刀，以及内、外螺纹刀，在尾座上还可以选择钻头进行安装。在进行仿真加工时，可时刻根据需要进行选取，但没有端面切槽刀等刀具，使用时应注意。

拓展与提高

1．分析如图 1.2.12 所示零件尺寸，熟悉数控车削加工程序的含义解释，如表 1.2.5 所示。

2．将如图 1.2.12 所示零件及加工程序用数控仿真加工出。材料为 45 钢，毛坯尺寸为 $\phi35\text{mm}\times120\text{mm}$，刀具要求：35° 刀片，93° 刀柄。回零后输入刀补值 X：389.480，Z：890.550。

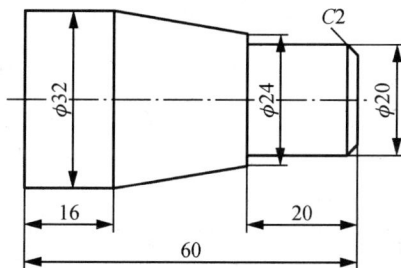

图 1.2.12　圆锥小轴零件图样

表 1.2.5　所编制参考程序及含义解释

程　　序	含　义　解　释
O0002;	程序名称
N10 T0101;	选用第一把刀执行其刀补，建立工件坐标
N20 G00 X100.0 Z100.0;	刀具快速定位到 X 坐标值为 100.0、Z 坐标值为 100.0 处（安全位置）
N30 M03 S600;	主轴正转，转速为 600r/min
N40 G00 X37.0 Z2.0;	刀具快速定位到 X 坐标值为 37.0、Z 坐标值为 2.0 处（靠近毛坯）

程　　序	含　义　解　释
N50 Z0.0;	刀具快速定位到 Z 坐标值为 0.0 处（G00 继续有效，X 坐标值不变，刀具定位）
N60 G01 X0.0 F100;	刀具直线车削到 X 坐标值为 0.0 处，进给速度为 100mm/min（车削端面）
N70 G00 Z2.0;	刀具快速定位到 Z 坐标值为 2.0 处（X 坐标值不变，退刀）
N80 X16.0;	刀具快速定位到 X 坐标值为 16.0 处（Z 坐标值不变，定位准备车削外形）
N90 G01 Z0.0;	刀具直线车削到 Z 坐标值为 0.0 处，进给速度仍为 100mm/min，X 坐标值不变，准备倒角
N100 X20.0 Z-2.0;	刀具直线车削到 X 坐标值 20.0、Z 坐标值为 -2.0 处，G01 继续有效，进给速度有效，车削倒角
N110 Z-20.0;	刀具直线车削到 Z 坐标值为 -20.0 处，G01 继续有效，进给速度有效，X 坐标值不变，车削 ϕ20mm 外圆
N120 X24.0	刀具直线车削到 X 坐标值为 24.0 处，G01 继续有效，进给速度有效，Z 坐标值不变，车削端面
N130 X32.0 Z-44.0;	刀具直线车削到 X 坐标值为 32.0、Z 坐标值为 -44.0 处，G01 继续有效，进给速度有效，车削锥度
N140 Z-60.0;	刀具直线车削到 Z 坐标值为 -60.0 处，G01 继续有效，进给速度有效，X 坐标值不变，车削 ϕ32mm 外圆
N150 X37.0;	刀具直线车削到 X 坐标值为 37.0 处，G01 继续有效，进给速度有效，Z 坐标值不变，车端面离开毛坯
N160 G00 X100.0 Z100.0;	刀具快速定位到 X 坐标值为 100mm、Z 坐标值为 100mm 处（刀具退回安全位置）
N170 M05;	主轴停止
N180 M30;	程序结束，光标返回程序开头

任务 *1.3* 对刀并车削带圆弧台阶小轴

任务描述

仿真车削如图 1.3.1 所示零件，材料为 45 钢，毛坯尺寸为 ϕ40mm×120mm，刀具：35° 刀片，93° 刀柄。

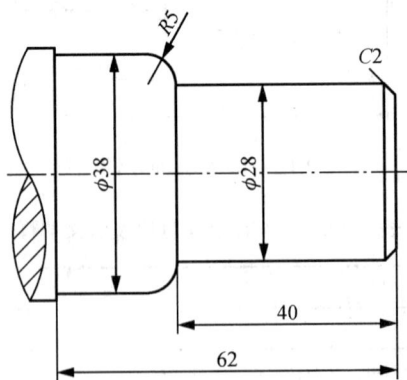

图 1.3.1　加工零件图样

任务目标

本任务要达成的学习目标如表1.3.1所示。

表1.3.1 学习目标

知识目标	能理解机床坐标系、工件坐标系的规定与建立
	能解释数控程序的构成和常见指令的功能
	能运用G00、G01、G02、G03等数控编程指令
	基本能进行程序的识读
技能目标	熟悉数控车床的基本操作
	初步熟悉试切法，对好一把外圆刀，并进行自动加工
情感目标	能养成爱护计算机等设施的好习惯
	能养成善于动脑、主动学习、相互学习的习惯

1.3.1 实践操作：对刀并车削带圆弧台阶小轴

1．操作准备

安装有上海宇龙数控加工仿真系统软件的教师机一台，学生机50台的计算机机房一间，上海宇龙数控加工仿真系统软件4.8版本加密狗。

2．操作步骤

01 打开仿真软件，选取广州数控GSK-980TD数控车床。

02 正确进行开机、回零操作。

03 按要求选择刀具并安装。刀具：选择35°刀片、93°刀柄的刀具。

04 按要求设置毛坯并安装。毛坯：材料为45钢，尺寸为$\phi 40mm \times 120mm$。

05 在手动操作方式下试切对刀（对一把刀）。

对刀口诀：车端面，输$Z0$，车外圆，输X测。

① 执行"视图"→"俯视图"命令或单击工具栏上的按钮 ，使机床以俯视图显示，在手动操作方式下移动刀具并靠近毛坯，如图1.3.2所示。

② 单击机床操作面板上的按钮 或 ，使主轴转动，单击机床操作面板上的移动按钮 ，试切工件端面，如图1.3.3所示。

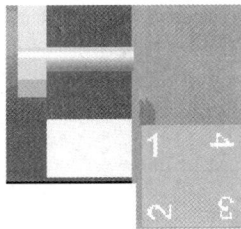

图1.3.2 刀具靠近毛坯

图1.3.3 刀具试切工件端面

③ 在刀具偏置显示窗口中输入 Z0，单击按钮 ^{输入}，系统将机床位置的坐标减去 0 后得到的值填入 001 的 Z 中。如图 1.3.4 所示。

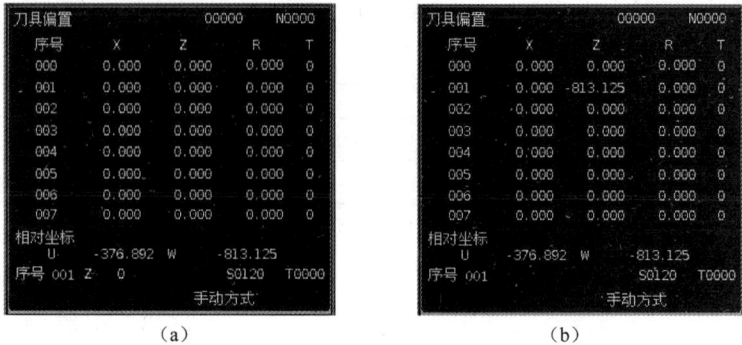

（a）　　　　　　　　　　　（b）

图 1.3.4　输入 Z0 及输入后的显示

车床坐标 W 显示为 -813.125，系统自动计算：$-813.125-0=-813.125\text{(mm)}$。$-813.125$ 即显示在 001 的 Z 中。

④ 单击按钮 将刀具退出一部分，单击按钮 ，用所选刀具试切工件外圆，如图 1.3.5（a）所示。

⑤ 将刀沿 方向退出，单击按钮 ，使主轴停止转动，如图 1.3.5（b）所示。

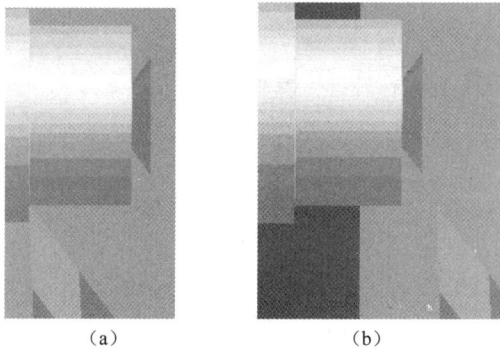

（a）　　　　　　　　（b）

图 1.3.5　车外圆

⑥ 执行"测量"→"剖视图测量"命令，出现如图 1.3.6 所示的"请您作出选择！"提示框，单击"是"按钮。进入如图 1.3.7 所示的"车床工件测量"面板，单击试切外圆时所切线段，选中的线段由红色变为黄色，此时在下方将有一行数据变成蓝色。该行数据表示所切外圆的尺寸值。记下对应的 X 的值，记为 x___。

图 1.3.6　"请您作出选择！"提示框

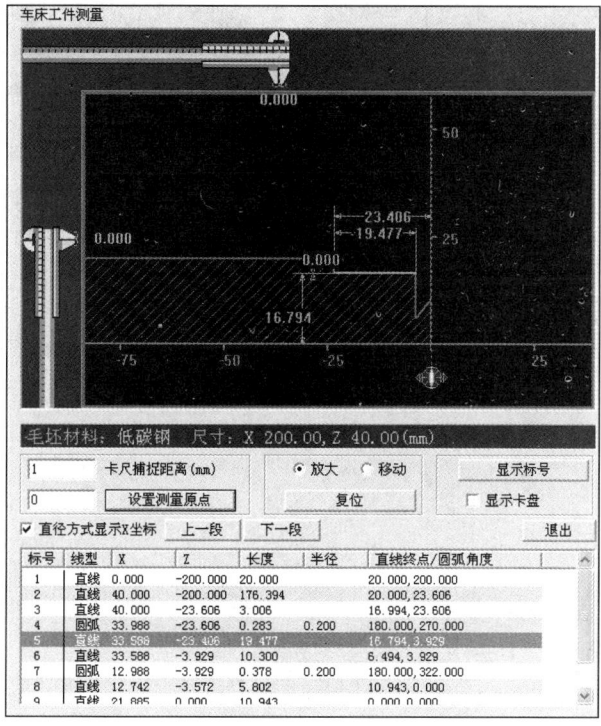

图 1.3.7　"车床工件测量"面板

⑦ 在刀具补偿窗口中输入 Xx___，单击按钮 ，系统将机床位置的坐标减去 x___后得到的值填入 001 的 X 中，如图 1.3.8 所示。

所测 X 直径为 33.588mm，车床坐标 U 显示为－355.892，系统自动计算：－355.892－33.588＝－389.480(mm)。－389.480 即显示在 001 的 X 中，如图 1.3.8（b）所示。

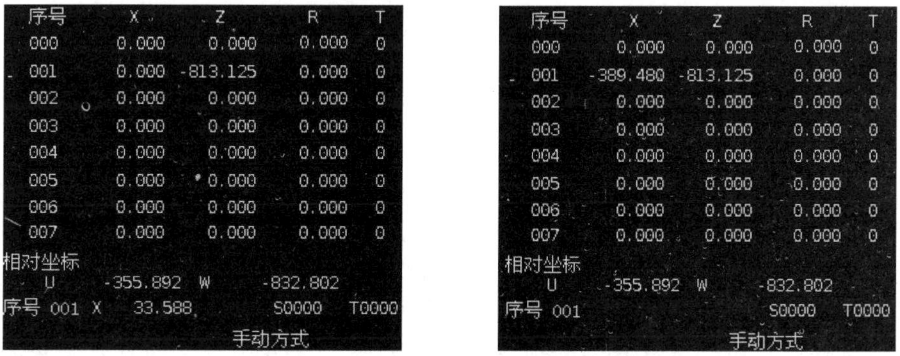

| (a) | | (b) |

图 1.3.8　输入 X 测及输入后的显示

至此，一把刀对刀完成，建立起了一把刀加工的工件坐标系。请同学们自己选一把刀并完成试切对刀操作。

06　在编辑操作方式下，在程序页面中输入参考程序，如图 1.3.9 所示。

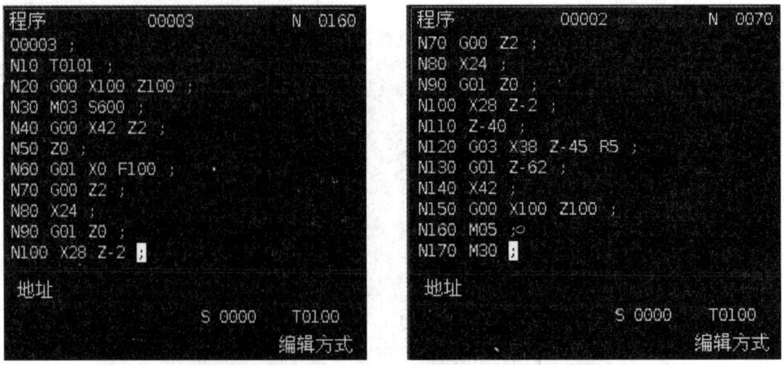

图 1.3.9 输入参考程序后的显示

参考程序如下。

```
O0003;
N10 T0101;
N20 G00 X100.0 Z100.0;
N30 M03 S600;
N40 G00 X42.0 Z2.0;
N50 Z0.0;
N60 G01 X0.0 F100;
N70 G00 Z2.0;
N80 X24.0;
N90 G01 Z0.0;
N100 X28.0 Z-2.0;
N110 Z-40.0;
N120 G03 X38.0 Z-45.0 R5.0;
N130 G01 Z-62.0;
N140 X42.0;
N150 G00 X100.0 Z100.0;
N160 M05;
N170 M30;
```

小贴士

输入程序前，执行"系统管理"→"系统设置"命令，打开"系统设置"对话框，切换到"广州数控属性"选项卡，取消勾选"没有小数点的数以千分之一毫米为单位"复选框，然后依次单击"应用"、"退出"按钮。这样在输入程序时，坐标值就可以输入整数了。

07 自动运行。单击机床操作面板上的自动运行方式按钮，进入自动加工方式；单击循环启动按钮，程序开始执行。

请自行进行单段运行，体会程序运行情况，也可以另选刀具进行对刀后再运行该程序，加工出该零件，如图 1.3.10 所示。

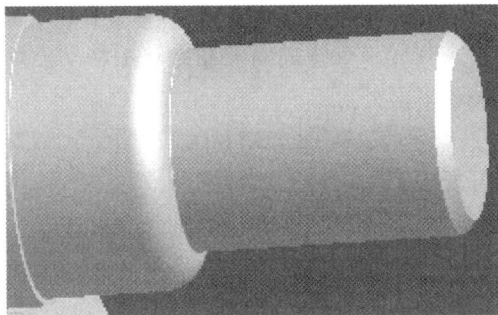

图 1.3.10 仿真自动加工结果

小贴士

试切对刀方法的刀补值有可能很大，数控系统经常设置为以坐标偏移方式执行刀补，因此，第一个程序段要用 T 指令执行刀具长度补偿或程序的第一个移动指令程序段应包含执行刀具长度补偿的 T 指令，如 T0101。

---

3. 学习评价

将学生上机操作完成情况的检测与评价填入表 1.3.2。

表 1.3.2 学习评价

序号	项 目	技 术 要 求	配分	评分标准	检测记录	得分
1	软件操作	进入仿真软件	2	每错一次扣2分		
2	机床选择	正确选择机床	3	每错一次扣3分		
3	机床操作	开机、回零	4	每错一次扣3分		
4		装刀、装毛坯	6	每错一次扣3分		
5	试切对刀	对刀并输入刀补值	30	每错一处扣5分		
6	程序输入	正确输入程序	15	每错一处扣5分		
7	自动运行	按程序要求自动加工	10	每错一处扣5分		
8	自动单段运行	进行单段运行、体会程序	10	另选一种得10分		
9	再次自动运行	另选刀具对刀后自动加工	10	每错一处扣5分		
10	文明操作	爱护计算机设备	10	一次意外扣2分		

1.3.2 相关知识：坐标系、对刀原理、圆弧插补、程序反读

1. 车削坐标系

（1）坐标

① 数轴——一维坐标。如图 1.3.11（a）所示，数轴上的点可表示任意实数，0 左边为负数，越向左负数越小；右边为正数，越向右正数越大。例如，钻床钻孔为一维操作。

数轴外的点无法用数轴来表示。

② 平面直角坐标系——二维坐标。如图 1.3.11（b）所示，平面直角坐标系可用一对数据表示该平面内的任意一点。例如，车床的溜板在导轨上移动为二维操作。

平面直角坐标系无法表示平面外点。

③ 三投影面体系——三维坐标。如图 1.3.11（c）所示，三投影面体系又称空间立体坐标系、笛卡儿坐标系，它可表示空间立体中的任意一点。

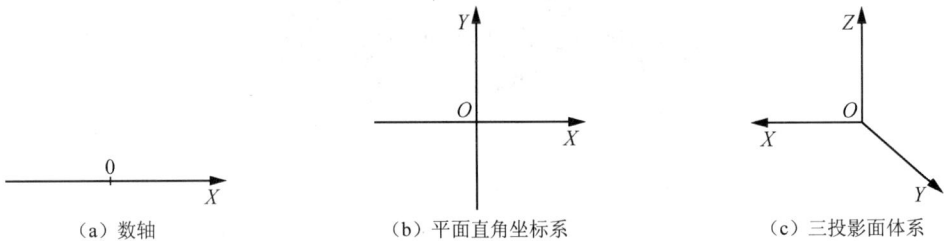

图 1.3.11　坐标

（2）数控机床的坐标

为了简化编制程序的方法和保证记录数据的互换性，对数控机床的坐标和方向的命名国际上很早就制定有统一标准，我国于 1982 年制定了 JB 3051—1982《数控机床坐标和运动方向的命名》（现为 GB/T 19660—2005《工业自动化系统与集成　机床数值控制坐标系和运动命名》）。在标准中统一规定采用右手笛卡儿直角坐标系对机床的坐标系进行命名。用 X、Y、Z 表示直线进给坐标轴，X、Y、Z 坐标轴的相互关系由右手定则决定，围绕 X、Y、Z 轴旋转的圆周进给坐标轴分别用 A、B、C 表示，根据右手螺旋定则确定 $+A$、$+B$、$+C$ 的方向，如图 1.3.12 所示。

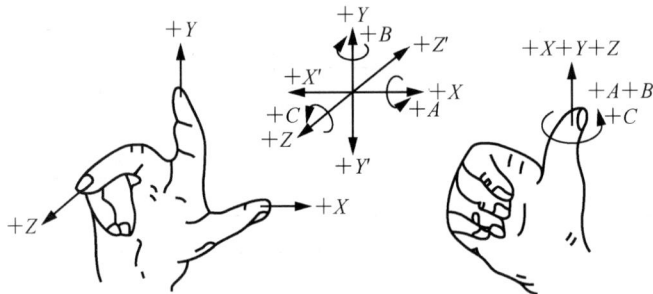

图 1.3.12　右手笛卡儿直角坐标系与右手螺旋定则

机床坐标轴的方向取决于机床的类型和各组成部分的布局，对车床而言：

① Z 坐标方向。Z 坐标的运动由主要传递切削动力的主轴所决定。对任何具有旋转主轴的机床，其主轴及与主轴轴线平行的坐标轴都称为 Z 坐标轴（简称 Z 轴）。根据坐标系正方向的确定原则，数控车床的 Z 轴与主轴轴线重合，刀具远离工件的方向为正方向（$+Z$）。

② X 坐标方向。X 坐标一般为水平方向并垂直于 Z 轴。对工件旋转的机床（如车床），X 对应于刀架的径向移动，刀具远离工件的方向为 X 轴的正方向（$+X$）。

数控车床没有 Y 坐标方向。常见数控车床坐标系如图 1.3.13 和图 1.3.14 所示。

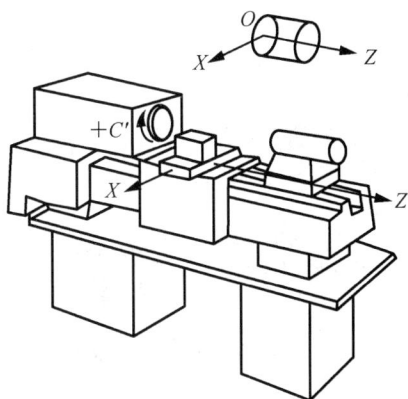

图 1.3.13　前置刀架（平床身）　　　　图 1.3.14　后置刀架（斜床身）

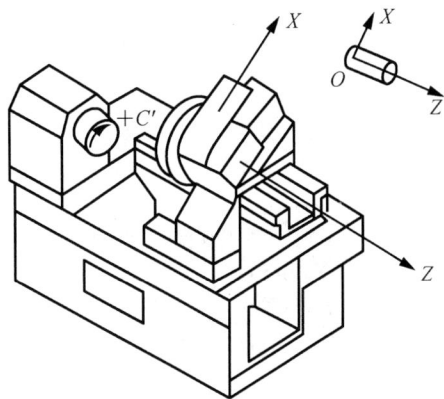

（3）机床原点和参考点

1）机床原点。

机床原点也称机床零点，是机床上设置好的一个固定点，即机床坐标系的原点。机床原点在机床装配、调试时就设置好，一般不允许用户进行更改，它是车床参考点及工件坐标系的基准点。对于机床原点，一些数控机床将机床原点设在卡盘中心处，还有一些数控机床将机床原点设在刀架位移的正向极限点位置。如图 1.3.15 所示。

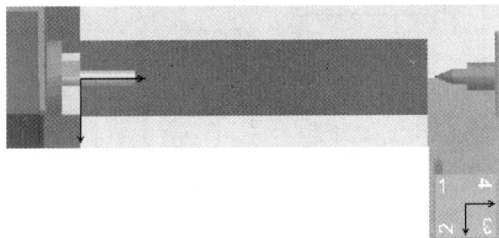

图 1.3.15　机床原点的选取

2）机床参考点。

机床参考点是机床上一个位置特殊的点，与机床原点的相对位置是固定的。对于大多数数控车床，开机第一步总是进行返回机床参考点（机械回零）操作。开机回参考点（机械回零）的目的是建立机床坐标系，并确定机床坐标系的原点。该坐标系一经建立，在机床不断电的前提下将保持不变，并且不能通过编程对它进行修改。

数控机床的参考点一般位于刀架正向移动的极限点位置，并由机床挡块来确定其具体的位置。机床参考点与机床原点的距离由系统参数设定。如果其值为零则表示机床参考点和机床零点重合，如图 1.3.16 所示为广州数控 GSK-980TD 数控车床机械回零后的情况。

如果其值不为零，则机床开机回参考点（机械回零）后显示的机床坐标系的值即系统参数中设定的距离值。如图 1.3.17 所示为广州数控 GSK-980T 数控车床机械回零后的情况。

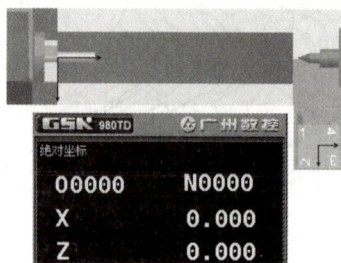

图 1.3.16　广州数控 GSK-980TD 数控车床机械回零后的情况

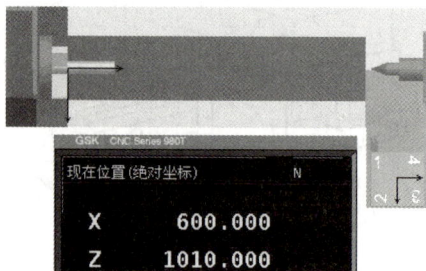

图 1.3.17　广州数控 GSK-980T 数控车床机械回零后的情况

2．车削对刀原理与方法

（1）工件坐标系与工件坐标原点

数控机床的刀具能在机床坐标中移动，而要自动加工机械零件就需要编制数控程序。在数控编程时，是按加工零件图上的尺寸来描述刀具的运动轨迹的，机床坐标系不能满足这个需要。为此我们选择被加工零件图上的某一点为坐标原点建立一个坐标系，这个坐标系称为工件坐标系，如图 1.3.18 所示。

工件坐标原点称为程序原点（编程原点）。工件坐标系一旦建立便一直有效，直到被新的工件坐标系所取代。工件坐标系的原点选择要尽量满足编程简单、尺寸换算少、引起的加工误差小等条件。数控车削零件常将加工工件右端面中心点设为工件坐标系原点。

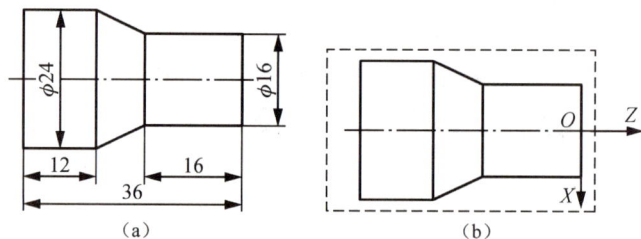

图 1.3.18　工件坐标系的建立

（2）试切对刀

在编程时，设定了工件坐标系，即以工件坐标原点按零件尺寸进行程序编制。数控车床回零后刀具运动为机床坐标运动。在数控车床上，工件在车床所夹持的毛坯中。要加工出工件，就得将机床坐标变为工件坐标，如图 1.3.19 所示。

如何将机床坐标变为工件坐标，即如何在机床坐标中设置工件坐标系原点。

为简化编程，允许在编程时不考虑刀具的实际位置，广州数控 GSK-980TD 数控车床提供了定点对刀、试切对刀及回机械零点对刀三种对刀方法，通过对刀操作来获得刀具偏置数据，建立起工件坐标系。本节主要讲解试切对刀法。

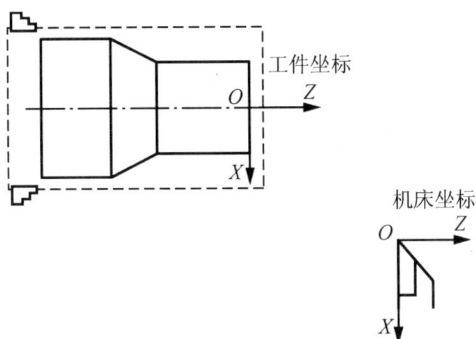

图 1.3.19 工件坐标与机床坐标

试切对刀是数控车床最常用的对刀方法。试切对刀主要利用刀具的偏移功能，将车刀刀尖位置平移到编程原点位置，如图 1.3.20 所示。

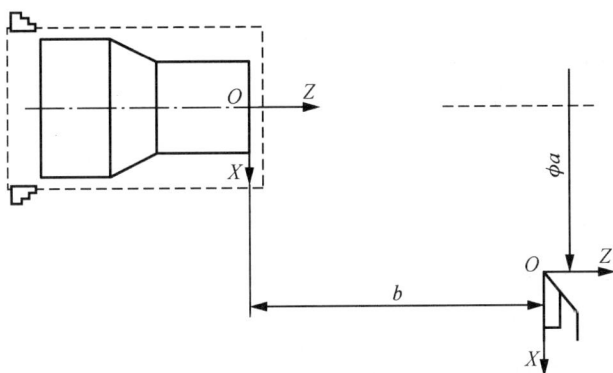

图 1.3.20 车刀刀尖与工件坐标原点位置关系

试切对刀的原理是用第一把刀车削毛坯右端面,确定 X 轴位置,即工件坐标中 $Z=0$mm,在刀补页面中的所选刀号中输入 $Z0$,系统自动计算出机床坐标原点到所建工件坐标原点的 Z 向距离 b 来,系统将机床位置的 Z 坐标减去 0 后得到的值填入所选刀号的 Z 刀补中。车削毛坯右端外圆,测量外圆直径尺寸,确定 Z 轴位置,即工件坐标中 $X=$所测直径大小,在刀补页面中的所选刀号中输入 X 测,系统自动计算出机床坐标原点到所建工件坐标原点的 X 向距离 ϕa 来。系统将机床位置的 X 坐标减去 X 测后得到的值填入所选刀号的 X 刀补中。这样车刀刀尖位置就由机床坐标原点平移到工件坐标的编程原点位置了。

（3）绝对坐标（X, Z）和相对坐标（U, W）

所有点的坐标均以坐标原点为基准计量的坐标系称为绝对坐标系。在绝对坐标系中用 X、Z 表示,如图 1.3.21 所示。

A 点的绝对坐标为 $X=20$mm、$Z=10$mm；B 点的绝对坐标为 $X=80$mm、$Z=50$mm。

运动轨迹终点坐标是以其起点为基准计量的坐标系称为相对坐标系（或称增量坐标系）。在相对坐标系中用 U、W 表示。

若 A 点为起点,B 点为终点,则 B 点的相对坐标为 $U=60$mm、$W=40$mm。

若 B 点为起点,A 点为终点,则 A 点的相对坐标为 $U=-60$mm、$W=-40$mm。

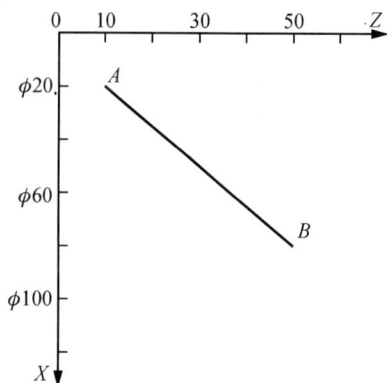

图 1.3.21　绝对坐标与相对坐标

在编写程序时，广州数控 GSK-980TD 数控车床允许在同一程序段 *X* 轴、*Z* 轴使用绝对坐标编程、相对坐标编程或混合坐标编程（在同一程序段 *X* 轴、*Z* 轴分别使用绝对坐标编程和相对坐标编程称为混合坐标编程）。

（4）直径编程和半径编程

按编程时 *X* 轴坐标值以直径值还是半径值输入可分为直径编程、半径编程。

3. 圆弧插补（圆弧车削）指令——G02、G03

圆弧插补（圆弧车削）指令用于刀具在指定平面内按给定的 F 进给速度进行圆弧插补（圆弧车削）运动、加工圆弧轮廓。

对于机械零件图样中的圆弧，我们很容易分辨出是凹圆弧还是凸圆弧，如图 1.3.22 所示。

在广州数控 GSK-980TD 数控系统的前置刀架中，G02 车削凹圆弧，G03 车削凸圆弧。

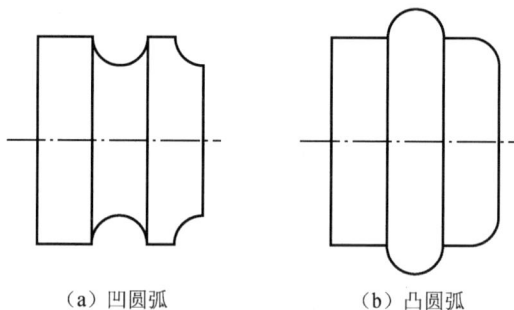

（a）凹圆弧　　　　　　　　　　　（b）凸圆弧

图 1.3.22　凹圆弧与凸圆弧

小贴士

　　两种圆弧的圆弧插补（圆弧车削）指令分别是 G02、G03，一种圆弧的圆弧插补（圆弧车削）指令是 G02，另一种圆弧的圆弧插补（圆弧车削）指令就是 G03，使用时注意加以区分。

（1）指令格式

```
G02 X(U)__ Z(W)__ R__ F__;
G03 X(U)__ Z(W)__ R__ F__;
```

（2）指令意义

1）G02：凹圆弧插补（凹圆弧车削）G 指令。

G03：凸圆弧插补（凸圆弧车削）G 指令。

2）X__：刀具圆弧插补（圆弧车削）的终点 X 坐标值。

U__：刀具圆弧插补（圆弧车削）的终点相对于起点的 X 方向增量值。

3）Z__：刀具圆弧插补（圆弧车削）的终点 Z 坐标值。

W__：刀具圆弧插补（圆弧车削）的终点相对于起点的 Z 方向增量值。

4）R__：所进行圆弧插补（圆弧车削）的圆弧半径值。

5）F__：刀具圆弧插补（圆弧车削）的进给速度。

4. 参考程序及其含义

所编制参考程序及各段含义如表 1.3.3 所示。

表 1.3.3　参考程序及含义解释

程　　序	含　义　解　释
O0003;	程序名称
N10 T0101,	选用第一把刀执行其刀补，建立工件坐标
N20 G00 X100.0 Z100.0;	刀具快速定位到 X 坐标值为 100.0、Z 坐标值为 100.0 处（安全位置）
N30 M03 S600;	主轴正转，转速为 600r/min
N40 G00 X42.0 Z2.0;	刀具快速定位到 X 坐标值为 X42.0、Z 坐标值为 2.0 处（靠近毛坯）
N50 Z0.0;	刀具快速定位到 Z 坐标值为 0.0 处（G00 继续有效，X 坐标值不变，刀具定位）
N60 G01 X0.0 F100;	刀具直线车削到 X 坐标值为 0.0 处，进给速度为 100mm/min（车削端面）
N70 G00 Z2.0;	刀具快速定位到 Z 坐标值为 2.0 处（X 坐标值不变，退刀）
N80 X24.0;	刀具快速定位到 X 坐标值为 24.0 处（Z 坐标值不变，定位准备车削外形）
N90 G01 Z0.0;	刀具直线车削到 Z 坐标值为 0.0 处，准备倒角
N100 X28 Z-2.0;	刀具直线车削到 X 坐标值为 28.0、Z 坐标值为 −2.0 处，车削倒角
N110 Z-40.0;	刀具直线车削到 Z 坐标值为 −40.0 处，车削 ϕ28mm 外圆
N120 G03 X38.0 Z-45.0 R5.0;	刀具凸圆弧车削到 X 坐标值为 38.0、Z 坐标值为 −45mm 处，G03 车削 R5mm 的凸圆弧
N130 G01 Z-62.0;	刀具直线车削到 Z 坐标值为 −62.0 处，G01 从新给定，车削 ϕ38mm 外圆
N140 X42.0;	刀具直线车削到 X 坐标值为 42.0 处，车端面离开毛坯
N150 G00 X100.0 Z100.0;	刀具快速定位到 X 坐标值为 100.0、Z 坐标值为 100.0 处（刀具退回安全位置）
N160 M05;	主轴停止
N170 M30;	程序结束，光标返回程序开头

5. 程序反读

1）刀具运行轨迹如图 1.3.23 所示。

2）图中各节点在工件坐标系中的坐标值如下。

A（100，100） B（42，2） C（42，0）

O（0，0） D（0，2） E（24，2）

F（24，0） G（28，−2） H（28，−40）

I（38，−45） J（38，−62） K（42，−62）

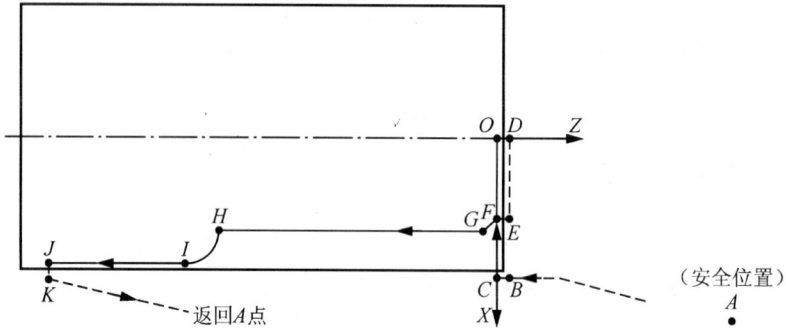

图 1.3.23　刀具运行轨迹及各节点

3）刀具运行轨迹及选用 G 指令说明。

选刀、对刀并建立工件坐标→主轴正转→刀具先回安全位置（A）→靠近毛坯（B）→定位准备车削端面（C）→车削端面（O）→刀具退离毛坯（D）→定位准备车削外形（E）→定位准备倒角（F）→车削倒角（G）→车削ϕ28mm 外圆（H）→刀具车削凸圆弧 $R5$mm（I）→车削ϕ38mm 外圆（J）→刀具车削端面离开毛坯到ϕ42mm（K）→刀具返回安全位置（A）。

其中 A→B→C、O→D→E、K→A 为快速定位 G00 指令运行轨迹。C→O、E→F→G→H、I→J→K 为直线插补（直线车削）G01 指令车削轨迹。H→I 为凸圆弧插补（凸圆弧车削）G03 指令车削轨迹。

根据零件图分析及程序指令就可编写出该零件的数控车削加工程序来。

拓展与提高

1．分析如图 1.3.24 所示零件的尺寸并读懂加工数控车削程序。

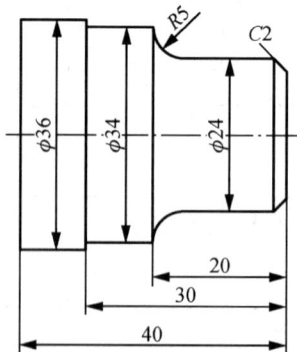

图 1.3.24　圆弧小轴零件图样

参考程序：

```
O0004;
N10 T0101;
N20 G00 X100.0 Z100.0;
N30 M03 S600;
N40 G00 X42.0 Z2.0;
N50 Z0.0;
N60 G01 X0.0 F100;
N70 G00 Z2.0;
N80 X20.0;
N90 G01 Z0.0;
N100 X24.0 Z-2.0;
N110 Z-15.0;
N120 G02 X34.0 Z-20.0 R5.0;
N130 G01 Z-30.0;
N140 X36.0;
N150 Z-40.0;
N160 X42.0;
N170 G00 X100.0 Z100.0;
N180 M05;
N190 M30;
```

2. 将如图1.3.24所示零件用仿真系统加工出来。

3. 选择正确答案，并填在括号内。

(1) 程序的开始部分应是（　　）。

    A．建立工件坐标系指令   B．刀具功能指令

    C．程序名   D．主轴功能指令

(2) 数控系统中（　　）指令在加工过程中是模态的。

    A．G01、F   B．G27、G28   C．G04   D．M02

(3) 在下列G功能代码中（　　）为圆弧插补。

    A．G02   B．G00   C．G01   D．G03

(4) 辅助功能中与主轴有关的M指令是（　　）。

    A．M06   B．M09   C．M08   D．M05

项目 2

轴类零件的编程与加工

学习目标

1. 掌握台阶、外圆、圆弧的车削方法及编程思路，熟练运用复合循环指令进行编程。

2. 初步了解数控车削加工工艺，掌握加工余量的分配、加工路线的正确选择，能分析加工质量异常的原因。

3. 了解刀具的刀尖圆弧半径对车削质量的影响，能在编程与加工中进行刀尖半径补偿。

4. 掌握调头加工保证加工零件总长的对刀原理与方法。

轴是组成机械的重要零件，也是机械加工中常见的零件。轴类零件是旋转零件，其长度一般大于直径，由内、外圆柱面，圆锥面，圆弧面，内、外螺纹及相应的端面组成。本项目重点学习外圆柱面、圆锥面、圆弧面及相应的端面组成的轴类零件的编程与加工。

数控车削编程是数控加工零件的一个重要步骤，程序的优劣决定了加工质量。编制程序要求能确定零件加工的工艺路线、加工顺序及车削参数并熟练掌握数控编程的指令与方法，同时要求将编写好的程序输入数控装置以进行加工。为确保实际加工的安全与质量，先将程序输入仿真系统进行仿真加工以检验编程与加工是否准确无误。

任务 *2.1* 复合循环指令 G71、G70

任务描述

仿真车削如图 2.1.1 所示零件，材料为 45 钢，毛坯尺寸为 ϕ40mm×120mm。

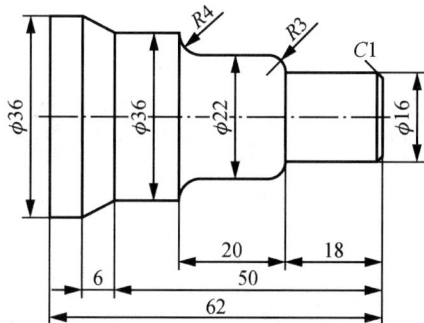

图 2.1.1 加工零件图样

任务目标

本任务要达成的学习目标如表 2.1.1 所示。

表 2.1.1 学习目标

知识目标	能初步理解数控车削加工工艺过程
	能正确分析零件图及进行简单节点计算
	能运用 G00、G01、G02、G03、G71、G70 等数控编程指令进行简单编程
	掌握将"外形一刀切"变成"外形刀刀切"的编程思路
	能熟悉程序输入，明确程序与刀具运行轨迹的联系
技能目标	能进一步熟悉数控车床的基本操作
	能进行试切对刀、程序输入及自动加工操作
情感目标	能养成爱护计算机等设施的好习惯
	能养成善于动脑、主动学习、相互学习的习惯

2.1.1 实践操作：复合循环指令 G71、G70

1. 操作准备

安装有上海宇龙数控加工仿真系统软件的教师机一台，学生机 50 台的计算机机房一间，上海宇龙数控加工仿真系统软件 4.8 版本加密狗。

2. 操作步骤

01 打开上海宇龙数控加工仿真系统软件。

02 选取广州数控 GSK-980TD 数控车床，标准平床身前置刀架，进入广州数控 GSK-980TD 标准平床身前置刀架数控车床系统。

03 正确进行开机、回零操作。

04 按要求选择刀具并安装。刀具：选择35°刀片、93°刀柄的刀具。

05 按要求设置毛坯并安装。毛坯：材料45钢，$\phi 40mm \times 120mm$。

06 在手动操作方式下试切对刀（对一把刀）。

对刀口诀：车端面，输 Z0，车外圆，输 X 测。

07 在编辑操作方式下，在程序页面中输入编写的"外形一刀切"数控车削程序，如图 2.1.2 所示。

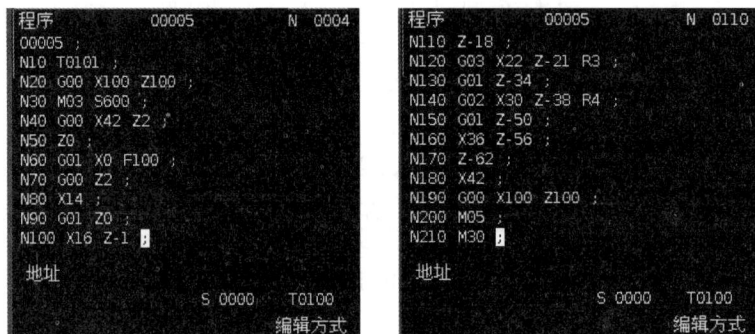

```
程序              00005         N 0004        程序              00005         N 0110
00005;                                        N110 Z-18;
N10 T0101;                                    N120 G03 X22 Z-21 R3;
N20 G00 X100 Z100;                            N130 G01 Z-34;
N30 M03 S600;                                 N140 G02 X30 Z-38 R4;
N40 G00 X42 Z2;                               N150 G01 Z-50;
N50 Z0;                                       N160 X36 Z-56;
N60 G01 X0 F100;                              N170 Z-62;
N70 G00 Z2;                                   N180 X42;
N80 X14;                                      N190 G00 X100 Z100;
N90 G01 Z0;                                   N200 M05;
N100 X16 Z-1;                                 N210 M30;

地址                                          地址

             S 0000    T0100                              S 0000    T0100
                       编辑方式                                       编辑方式
```

图 2.1.2   程序输入

08 自动运行。单击机床操作面板上的自动运行方式按钮▢，进入自动加工方式。单击循环启动按钮▢，程序开始执行。加工出该零件，如图 2.1.3 所示。

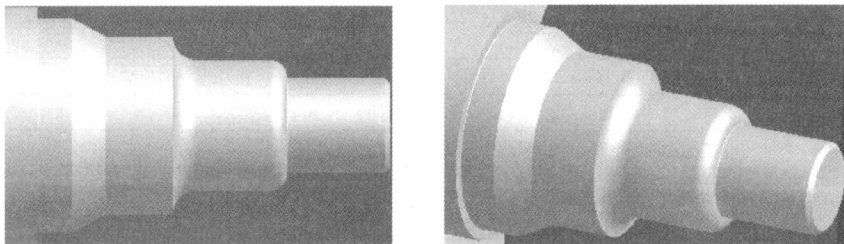

图 2.1.3   仿真自动加工结果

请自行进行单段运行，体会程序运行情况。

请输入"外形刀刀切"数控车削程序（2.1.2 节）进行自动运行，体会程序运行情况。

可以另选刀具或另选系统进行对刀后运行该程序，加工出该零件。

小贴士

　　"外形一刀切"数控车削程序只能在数控仿真软件中运行，不能直接用于实际数控车床加工。因"外形一刀切"数控车削程序在加工零件外形时是一刀切削，实际数控车床加工的吃刀量不能这么大，否则会伤刀、碰刀，甚至损坏车床。只有将"外形一刀切"数控车削程序变为"外形刀刀切"数控车削程序后，即使用复合循环指令编程后，才能用于实际数控车床加工。

3．学习评价

将学生上机操作完成情况的检测与评价填入表 2.1.2。

表 2.1.2　学习评价

序号	项　目	技 术 要 求	配分	评 分 标 准	检测记录	得分
1	软件操作	进入仿真软件	2	每错一次扣 2 分		
2	机床选择	正确选择机床	3	每错一次扣 3 分		
3	机床操作	开机、回零	4	每错一次扣 3 分		
4		装刀、装毛坯	6	每错一次扣 3 分		
5	试切对刀	对刀并输入刀补值	20	每错一处扣 5 分		
6	程序输入	正确输入程序	25	每错一处扣 5 分		
7	自动运行	按程序要求自动加工	10	每错一处扣 5 分		
8	自动单段运行	进行单段运行、体会程序	10	每错一次扣 3 分		
9	再次自动运行	另选刀具对刀后自动加工	10	每错一处扣 5 分		
10	文明操作	爱护计算机设备	10	一次意外扣 2 分		

2.1.2　相关知识：复合循环指令、加工工艺、图样分析与编程

1．复合循环指令

广州数控 GSK-980TD 数控车床系统的轴向粗车循环指令 G71、径向粗车循环指令 G72、封闭切削循环指令 G73、精加工循环指令 G70、轴向切槽多重循环指令 G74、径向切槽多重循环指令 G75 及多重螺纹切削循环指令 G76 都为多重循环指令。系统执行这些指令时，根据编程轨迹、进刀量、退刀量等数据自动计算切削次数和切削轨迹，进行多次进刀→切削→退刀→再进刀的加工循环，自动完成工件毛坯的粗、精加工。复合循环指令的起点和终点相同。

（1）轴向粗车循环指令——G71

1）指令格式。

```
G71 U(Δd) R(e) F__ S__ T__;        ①
G71 P(ns) Q(nf) U(Δu) W(Δw);       ②
N(ns) ……;
……;
……F;                              ③
……S;
……;
N(nf) ……;
```

2）G71 指令三个部分的含义。

① G71 U(Δd) R(e) F__ S__ T__；给定粗车时的切削量、退刀量和切削速度、主轴转速、刀具功能的程序段。

41

② G71 P(ns) Q(nf) U(Δu) W(Δw)；给定定义精车轨迹的程序段区间、精车余量的程序段。

③ N(ns)…N(nf)…；定义精车轨迹的若干连续的程序段，执行 G71 时，这些程序段仅用于计算粗车的轨迹，实际并未被执行。

G71 沿与 Z 轴平行的方向切削，通过多次进刀→切削→退刀的切削循环完成工件的粗加工。本指令适用于非成形毛坯（棒料）的成形粗车。

3）指令意义。

① G71：轴向粗车循环指令。

② Δd：粗车时 X 轴的吃刀量，无符号。

③ e：粗车时 X 轴的退刀量，无符号，退刀方向与进刀方向相反。

④ F__：切削进给速度；S__：主轴转速；T__：刀具号、刀具偏置号。

⑤ ns：精车轨迹的第一个程序段段号。

⑥ nf：精车轨迹的最后一个程序段段号。

⑦ Δu：X 轴的精加工余量，有符号，粗车轮廓相对于精车轨迹的 X 轴坐标偏移。

⑧ Δw：Z 轴的精加工余量，有符号，粗车轮廓相对于精车轨迹的 Z 轴坐标偏移。

4）G71 指令循环走刀轨迹。

G71 指令循环走刀轨迹如图 2.1.4 所示。

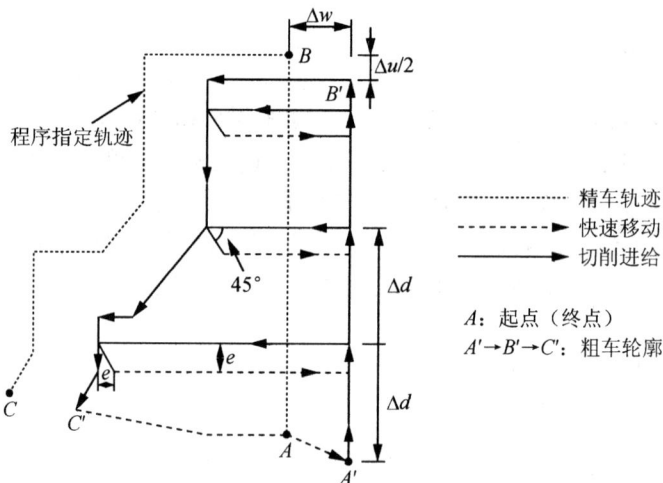

图 2.1.4　G71 指令循环走刀轨迹

指令执行过程如下。

① 从起点 A 点快速移动到 A′ 点，X 轴移动 Δu、Z 轴移动 Δw。

② 从 A′ 点 X 轴移动 Δd（进刀），ns 程序段是 G00 时按快速移动速度进刀，ns 程序段是 G1 时按 G71 的切削进给速度 F 进刀，进刀方向与 A 点→B 点的方向一致。

③ Z 轴切削进给到粗车轮廓，进给方向与 B 点→C 点 Z 轴坐标变化一致。

④ X 轴、Z 轴按切削进给速度退刀 e（45° 直线），退刀方向与各轴进刀方向相反。

⑤ Z 轴以快速移动速度退回到与 A′ 点 Z 轴绝对坐标相同的位置。

⑥ 如果 X 轴再次进刀（Δd+e）后，移动的终点仍在 A′ 点→B′ 点的连线中间（未达

到或超出 *B′* 点），*X* 轴再次进刀（Δ*d*+*e*），然后执行③；如果 *X* 轴再次进刀（Δ*d*+*e*）后，移动的终点到达 *B′* 点或超出了 *A′* 点→*B′* 点的连线，*X* 轴进刀至 *B′* 点，然后执行⑦。

⑦ 沿粗车轮廓从 *B′* 点切削进给至 *C′* 点。

⑧ 从 *C′* 点快速移动到 *A* 点，G71 循环执行结束，程序跳转到 nf 程序段的下一个程序段执行。

5）指令说明。

① ns～nf 程序段必须紧跟在 G71 程序段后编写。

② 执行 G71 时，ns～nf 程序段仅用于计算粗车轮廓，程序段并未被执行。ns～nf 程序段中的 F、S、T 指令在执行 G71 循环时无效，此时 G71 程序段的 F、S、T 指令有效；执行 G70 精加工循环时，ns～nf 程序段中的 F、S、T 指令有效。

③ ns 程序段只能是不含 Z（W）指令字的 G00、G01 指令，否则报警。

④ 精车轨迹（ns～nf 程序段）及 *X* 轴、*Z* 轴的尺寸都必须是单调变化（一直增大或一直减小）。

留精车余量时坐标偏移方向：Δ*u*、Δ*w* 反映了精车时坐标偏移和切入方向，按Δ*u*、Δ*w* 的符号有四种不同组合，如图 2.1.5 所示。图中，*B*→*C* 为精车轨迹，*B′* →*C′* 为粗车轮廓，*A* 为起刀点。

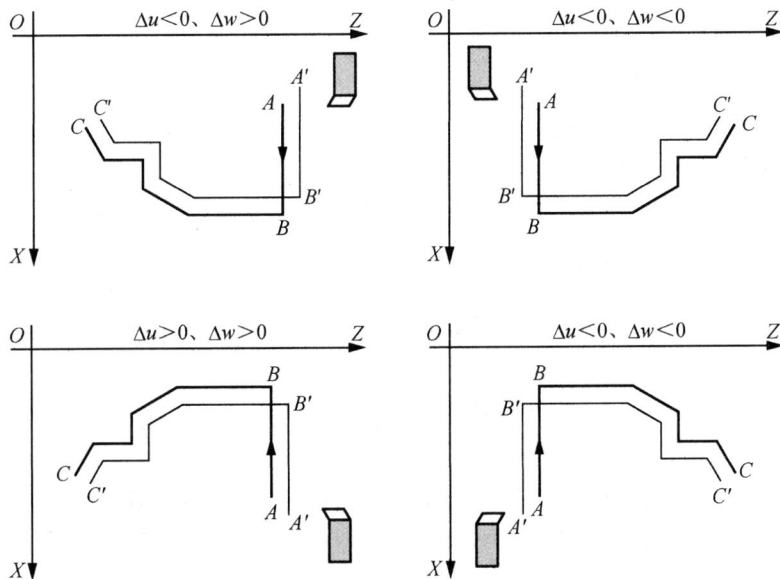

图 2.1.5　留精车余量时坐标偏移方向

示例：见本任务"外形刀刀切"的程序。

（2）精加工循环指令——G70

1）指令格式。

```
G70 P(ns) Q(nf);
```

2）指令意义。

G70：精加工循环指令。

ns：精车轨迹的第一个程序段段号。

nf：精车轨迹的最后一个程序段段号。

3）G70 指令运行轨迹。

刀具从起点位置沿着 ns～nf 程序段给出的工件精加工轨迹进行精加工。在 G71、G72 或 G73 进行粗加工后，用 G70 指令进行精车，单次完成精加工余量的切削。G70 循环结束时，刀具返回到起点并执行 G70 程序段后的下一个程序段。

G70 指令轨迹由 ns～nf 程序段的编程轨迹决定。ns、nf 在 G71～G73 程序段中的相对位置关系如下。

```
......
G71/G72/G73 ......
N (ns) ......            精车轨迹的第一个程序段段号
......
...... F;
...... S;               精加工路线程序段群
......
......
N(nf)......             精车轨迹的最后一个程序段段号
......
G70 P(ns) Q(nf);
......
```

4）指令说明。

① G70 必须在 ns～nf 程序段后编写。

② 执行 G70 精加工循环时，ns～nf 程序段中的 F、S、T 指令有效。

2. 数控车削加工工艺过程

数控编程应先进行数控加工工艺分析。合理的工艺方案和参数选择是程序编制的基础，是完成数控车削加工的前提。

01 分析零件图样。分析零件图样就是进行零件图的工艺分析，它包括零件的结构工艺性和轮廓几何要素分析、尺寸计算、交点计算等。

02 划分工序。数控加工要求工序尽可能集中，粗、精加工通常在一次安装下完成。数控加工中，应将需用同一把刀加工的加工部位全部完成后，再换另一把刀来加工其他部位，同时应尽量减少空行程。

03 加工定位分析。数控车床常使用通用三爪自定心卡盘、四爪卡盘等夹具。如果大批量生产，则使用自动控制的液压、电动及气动夹具。

04 加工顺序分析。数控车床车削加工顺序一般遵循下列原则：先粗后精、先近后远、刀具集中、基面先行等。对于某些特殊的情况，则需要采取灵活可变的方案。

05 刀具的选择。刀具的选择是数控加工工艺中的重要内容之一，加工外圆、内孔、端面、螺纹、车槽等应用不同的车刀。车刀按结构可分为整体车刀、焊接车刀、机夹车刀、可转位车刀和成形车刀。

06 切削用量的选择。数控车削加工时，切削用量包括背吃刀量、主轴转速、切削速度（恒线速度切削时用）、进给速度等。选用这些参数时，应考虑机床给定的允许范围。生产实际中多采用查表法确定进给速度，可查阅相关手册。

3．零件图样分析

零件图样见任务描述，此处略。

01 总体分析零件图样。该零件有一处 C1 的倒角、R3mm 凸圆弧、R4mm 凹圆弧、一处锥度，外圆台阶尺寸分别为 ϕ16mm、ϕ22mm、ϕ30mm、ϕ36mm，长度尺寸完整。

02 建立工件坐标系。该零件的长度尺寸基准为右端面，径向尺寸基准为零件轴线，加工从右往左进行，因此工件坐标系建立在零件的右端面中心处，X、Z 坐标轴方向与机床夹持毛坯、加工工件时的机床坐标轴一致。即工件右端面中心处为工件坐标系的原点，零件直径方向为 X 坐标轴正方向，零件轴线为 Z 坐标轴，向右为正方向。

03 找各个节点坐标。

① C1 的意义及点计算。C1 的意义：45°倒角，倒角距离为 1mm。Z 轴坐标移动距离为 1mm，X 轴的半径值移动为 1mm，直径值移动为 2mm，如图 2.1.6（a）所示。

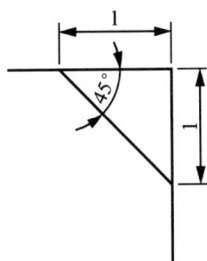
（a）C1 倒角意义及计算

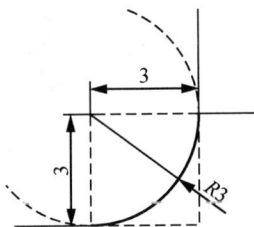
（b）R3mm 凸圆弧意义及计算

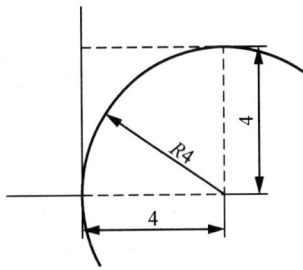
（c）R4mm 凹圆弧意义及计算

图 2.1.6 倒角、圆角节点计算

② 圆弧连接意义及点的计算。圆弧连接是圆弧与两条直线相切，圆心到切点的距离等于圆弧的半径。同样 Z 轴坐标移动距离为圆弧半径值，X 轴的半径值移动为圆弧半径值，直径值移动为 2 倍圆弧半径值，如图 2.1.6（b）、（c）所示。

③ 各个节点的计算及坐标。各个节点如图 2.1.7 所示，节点及坐标如下。

O（0，0）——工件右端面中心处是工件坐标系的原点。

F（14，0）——X：ϕ16mm 倒角 C1，直径为 16mm 减去 2mm；Z：坐标未变。

G（16，-1）——X：ϕ16mm 外圆；Z：倒角 C1，减少 1mm，坐标为负方向。

H（16，-18）——X：ϕ16mm 外圆；Z：长度为 18mm，坐标为负方向。

I（22，-21）——X：R3mm 凸圆弧，直径增加 6mm；Z：长度增加 3mm，坐标为负方向。

J（22，-34）——X：ϕ22mm 外圆；Z：长度为 38mm 减去 4mm，坐标为负方向。

K（30，-38）——X：R4mm 凹圆弧，直径增加 8mm；Z：长度为 38mm，坐标为负方向。

L（30，-50）——X：ϕ30mm 外圆；Z：长度为 50mm，坐标为负方向。

M（36，-56）——X：锥度到 ϕ36mm 外圆；Z：长度为 56mm，坐标为负方向。

N（36，-62）——X：ϕ36mm 外圆；Z：长度为 62mm，坐标为负方向。

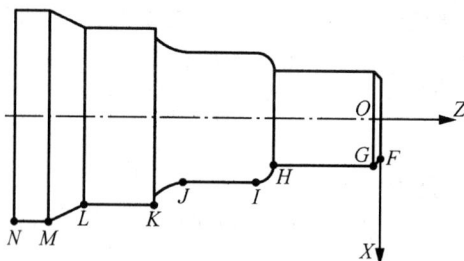

图 2.1.7　节点坐标确定

04 分析加工轨迹，确定各个外形的加工所用 G 指令。

① 刀具"外形一刀切"沿工件形状运行轨迹如图 2.1.8 所示。

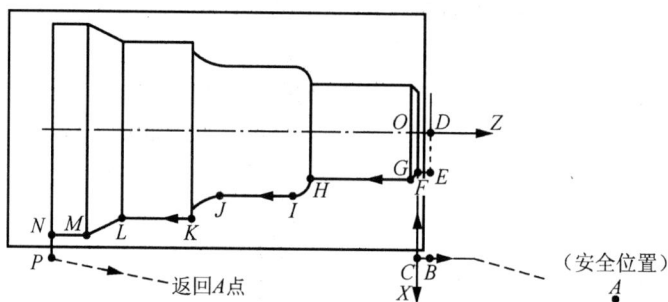

图 2.1.8　刀具"外形一刀切"沿工件形状运行轨迹

② 刀具运行轨迹及选用 G 指令说明。

$A→B→C$、$O→D→E$、$P→A$ 为快速定位 G00 指令运行轨迹。其中 $A→B→C$ 是刀具由安全位置开始靠近毛坯，然后定位 X 轴准备车削端面；$O→D→E$ 是刀具由车削完端面后退离毛坯，重新定位准备加工零件外形；$P→A$ 是刀具由车削完外形后回到安全位置。

$C→O$、$F→G→H$、$I→J$、$K→M→N→P$ 为直线插补（直线车削）G01 指令车削的轨迹。其中 $C→O$ 为直线插补（直线车削）G01 指令车削端面轨迹；$F→G→H$ 为直线插补（直线车削）G01 指令车削倒角和 $\phi16mm$ 外圆轨迹；$I→J$ 为直线插补（直线车削）G01 指令车削 $\phi22mm$ 外圆轨迹；$K→L→M→N→P$ 为直线插补（直线车削）G01 指令车削 $\phi30mm$ 外圆、锥度、$\phi36mm$ 外圆、端面的轨迹。

$H→I$ 为凸圆弧插补（凸圆弧车削）G03 指令车削凸圆弧 $R3mm$ 的轨迹；$J→K$ 为凹圆弧插补（凹圆弧车削）G02 指令车削凹圆弧 $R4mm$ 的轨迹。

4．数控车削编程

01 分析零件图样确定加工工艺。根据零件图样分析零件结构、形状，如零件中的倒角、锥度、外圆、端面、凸圆弧、凹圆弧、切槽、螺纹等。根据零件结构、形状选取刀具，确定加工方法、加工路径，确定背吃刀量、主轴转速、进给速度等。找出需要使用的数控编程指令。

02 建立工件坐标系。工件坐标系一般建在工件右端面中心处，即工件右端面中心处为工件坐标系的原点，X、Z 坐标轴方向与机床夹持毛坯、工件时的机床坐标轴一致。

03 确定基点、节点、拐点坐标值。找出端面、外圆、倒角、锥度、圆弧等交点的坐标值，确定程序的走刀路线。

04 理清思路。为完成一个加工工序，要理清编程的思路。总结前面四个已经编制好的数控程序可以看出，每个数控车削程序都包括车削端面、车削外形、程序结尾三大部分。

① 车削端面。

工件在毛坯里面，或者说工件是经过毛坯去除材料后形成的，编制数控车削程序是以建立的工件坐标系（一般建在工件右端面中心处）为依据的。先车削端面，确定工件的加工基准。

车削端面的程序就是各个程序中的前六个程序段，仔细阅读前面四个已经编制好的数控程序的前六个程序段会发现其基本一样。其车削端面的编程思路：选取刀具并建立的工件坐标系（调用已经对好的刀具并执行其刀补值）：T0101→刀具回编程的安全位置：G00 X100.0 Z100.0→主轴正转（给定转速）：M03 S600→刀具靠近毛坯：G00 X__ Z2——刀具定位，做好准备：G00 X__ Z0.0→车削端面：G01 X0.0 F100。（其中靠近毛坯时的 X 坐标值要根据毛坯大小来确定，一般在毛坯外 2~5mm。）

② 车削外形。

机械零件的外形各种各样，编制的程序也千变万化。但仔细阅读前面两个已经编制好的数控程序的车削外形部分，会发现编制程序的思路基本是一样的——"外形一刀切"。

"外形一刀切"的编制程序思路相当于车削外形的精车路径，数控仿真上刀具的吃刀量即使很大也能正常加工，但实际数控车床肯定不能这样进行。学习了循环加工指令后，可将"外形一刀切"变为"外形刀刀切"。

"外形一刀切"的编程思路：车削端面后退刀→定位→一刀切加工零件外形→车削离开毛坯。

"外形刀刀切"的编程思路：车削端面后退刀→移出毛坯定位→G71 循环→车削外形的精车路径（一刀切加工零件外形）→G70 精车→刀具回安全位置。

③ 程序结尾。

结尾部分的程序就是各个程序中的最后三个程序段，仔细阅读前面四个已经编制好的数控程序的最后三个程序段会发现其完全一样。其结尾部分的编程思路：加工完零件外形并车削离开毛坯后，刀具回安全位置：G00 X100.0 Z100.0→主轴停止正转：M05→程序结束，光标移至程序头：M30。

05 编制数控车削加工程序。

"外形一刀切"参考程序如图 2.1.2 所示。

"外形刀刀切"参考程序如下。

```
O0006;
N10 T0101;
N20 G00 X100.0 Z100.0;
N30 M03 S600;                    ⎫
N40 G00 X42.0 Z2.0;              ⎬ 车端面
N50 Z0.0;                        ⎭
N60 F100;
```

```
N70  G00 Z2.0;                          ┐
                                        ├ 移出毛坯定位
N80  X42.0;                             ┘
N90  G71 U2.0 R1.0;                     ┐
                                        ├ G71 轴向粗车循环
N100 G71 P110 Q210 U0.2 W0.1;           ┘
N110 G00 X14.0;                         ┐
N120 G01 Z0.0;                          │
N130 X16 Z-1.0;                         │
N140 Z-18.0;                            │
N150 G03 X22.0 Z-21.0 R3.0;             │
N160 G01 Z-34.0;                        │
                                        ├ 精车轨迹
N170 G02 X30.0 Z-38.0 R4.0;             │
N180 G01 Z-50.0;                        │
N190 X36.0 Z-56.0;                      │
N200 Z-62.0;                            │
N210 X42.0;                             ┘
N220 G70 P110 Q210;                       G70 精车
N230 G00 X100.0 Z100.0;                 ┐
N240 M05;                               ├ 程序结尾三段
N250 M30;                               ┘
```

① G71 指令的起点、终点相同，必须定位于毛坯之外，将靠近毛坯的 *B* 点作为 G71 指令的起点、终点。

② G71 轴向粗车循环的精车路线为"外形一刀切"的刀具运行轨迹。

③ G70 精车路线轨迹为与 G71 轴向粗车循环的精车路线一样。

拓展与提高

1. 如图 2.1.9 所示零件，材料为 45 钢。请试着自己编写数控车削程序并上机进行仿真加工。

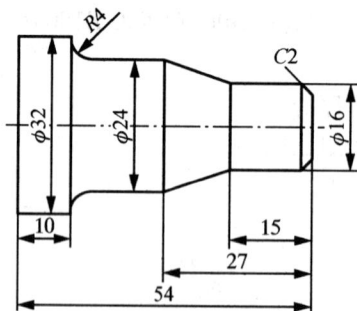

图 2.1.9　带圆弧的圆锥小轴零件图样

2. 选择正确答案，并填在括号内。

（1）在 GSK 等数控系统中，（　　）指令是精加工循环指令。

    A．G71　　　　　　B．G72　　　　　　C．G73　　　　　　D．G70

（2）程序段"G70 P10 Q20;"中，P10 的含义是（　　）。

    A．X 轴移动 10mm　　　　　　　B．精加工循环的最后一个程序段的程序号

    C．Z 轴移动 10mm　　　　　　　D．精加工循环的第一个程序段的程序号

（3）（　　）指令是轴向粗加工循环指令，主要用于棒料毛坯的粗加工。

    A．G70　　　　　B．G71　　　　　C．G72　　　　　D．G73

（4）在 G71 P(ns) Q(nf) U(Δu) W(Δw) S500 程序格式中，（　　）表示精加工路径的第一个程序段顺序号。

    A．Δw　　　　　B．ns　　　　　C．Δu　　　　　D．nf

任务 2.2　圆弧刀尖半径补偿

任务描述

仿真车削如图 2.2.1 所示零件，材料为 45 钢，毛坯尺寸为 ϕ40mm×120mm。

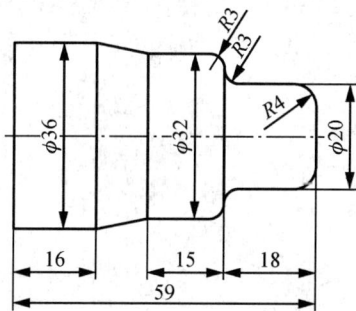

图 2.2.1　加工零件图样

任务目标

本任务要达成的学习目标如表 2.2.1 所示。

表 2.2.1　学习目标

知识目标	能进一步理解数控车削加工工艺过程，能进行节点计算
	能熟练运用 G71、G70 等数控编程指令进行简单编程
	了解刀具的刀尖圆弧半径对车削质量的影响
	能在编程与加工中进行刀尖半径补偿
技能目标	能进一步熟悉数控车床的基本操作
	能正确填写所用刀尖半径及刀尖补偿方位号
	能熟练进行试切对刀、程序输入及自动加工操作
情感目标	能养成爱护计算机等设施的好习惯
	能养成善于动脑、主动学习、相互学习的习惯

2.2.1 实践操作：圆弧刀尖半径补偿

1. 操作准备

安装有上海宇龙数控加工仿真系统软件的教师机一台，学生机 50 台的计算机机房一间，上海宇龙数控加工仿真系统软件 4.8 版本加密狗。

2. 操作步骤

01 打开仿真系统软件并选取广州数控 GSK-980TD 数控车床。

02 正确进行开机、回零、装刀、装毛坯操作。

03 在手动操作方式下试切对刀（对一把刀）。

对刀口诀：车端面，输 Z0，车外圆，输 X 测。

输入刀尖半径值 0.2mm，输入刀尖半径补偿方位号 T3，如图 2.2.2 所示。

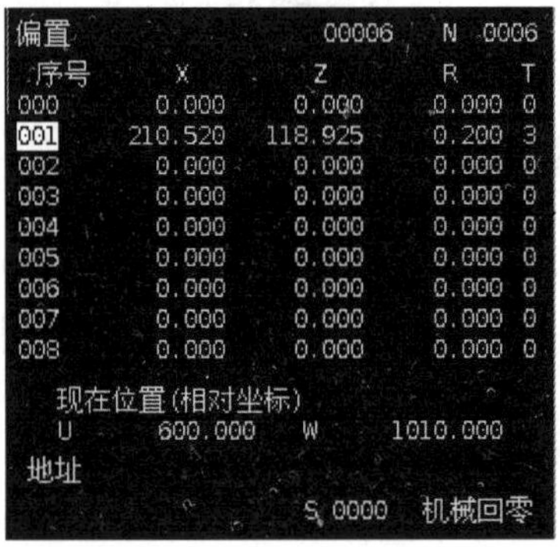

图 2.2.2　输入对刀、刀尖半径及方位号后的显示

04 在编辑操作方式下，在程序页面中输入编写的数控车削程序，如图 2.2.3 所示。

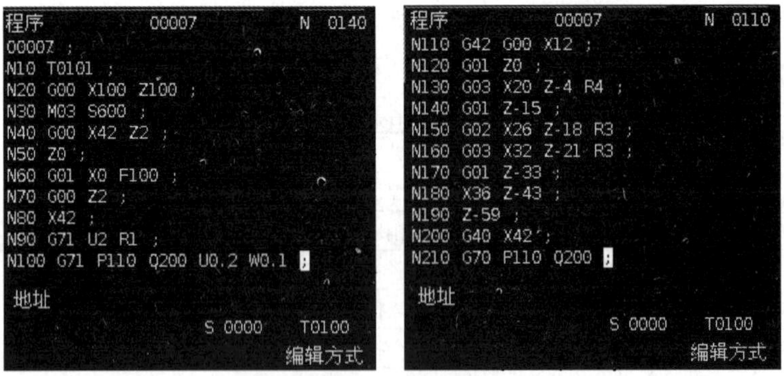

图 2.2.3　程序输入

05 自动运行。单击机床操作面板上的自动运行方式按钮，进入自动加工方式，单击循环启动按钮，程序开始执行。加工出该零件，如图 2.2.4 所示。

图 2.2.4　仿真自动加工结果

如果不进行刀尖半径补偿，加工的零件将出现切削不足、切削过多的情况。切削不足，如图 2.2.5 所示 R3mm 的凹圆弧；切削过多，如图 2.2.6 所示 R3mm 的凸圆弧。请自己在仿真系统软件上进行切削测量对比。

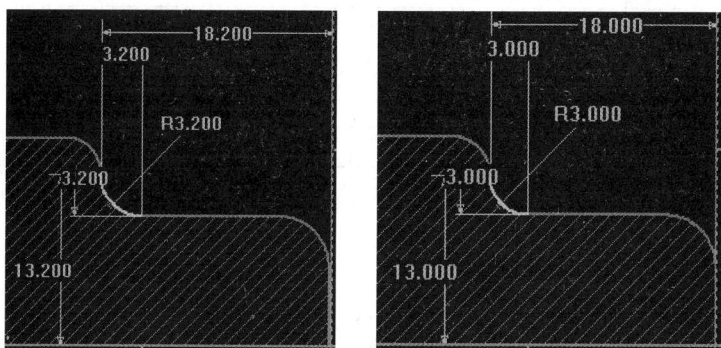

图 2.2.5　凹圆弧切削不足情况

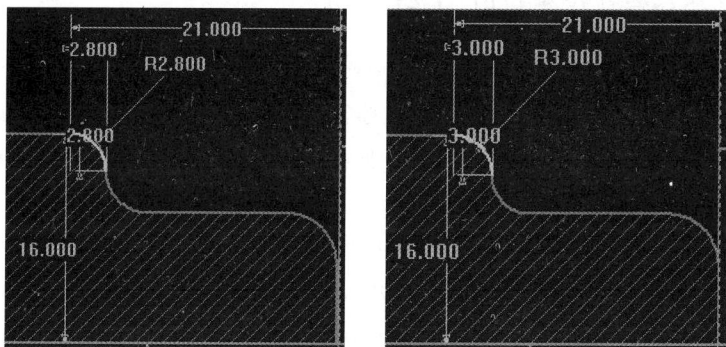

图 2.2.6　凸圆弧切削过多情况

小贴士

1）刀尖半径补偿方法如下。

① 程序中要进行刀尖半径补偿编程，即将 G42、G41、G40 用于程序中。

② 在对刀输入刀补值时，记得输入所用刀尖半径及刀尖方位号。

2）刀尖半径 R 值不能输入负值，刀尖半径补偿的建立与撤销只能用 G00 或 G01 指令，不能是圆弧指令（G02 或 G03）。在程序结束前必须指定 G40 取消偏置模式。否则，再次执行时刀具轨迹偏离一个刀尖半径值。

3．学习评价

将学生上机操作完成情况的检测与评价填入表 2.2.2。

表 2.2.2　学习评价

序号	项　　目	技　术　要　求	配分	评分标准	检测记录	得分
1	软件操作	进入仿真软件	2	每错一次扣 2 分		
2	机床选择	正确选择机床	3	每错一次扣 3 分		
3	机床操作	开机、回零	4	每错一次扣 3 分		
4		装刀、装毛坯	6	每错一次扣 3 分		
5	试切对刀	对刀并输入刀补值	10	每错一处扣 5 分		
6	刀尖半径补偿	输入刀尖半径及补偿方向	15	每错一处扣 5 分		
7	程序输入	正确输入程序	15	每错一处扣 5 分		
8	自动运行	按程序要求自动加工	15	每错一处扣 5 分		
9	测量	按照图样测量各处尺寸	10	少测一处扣 2 分		
10	再次运行、测量	取消 G42 后自动加工并测量	10	少测一处扣 2 分		
11	文明操作	爱护计算机设备	10	一次意外扣 2 分		

2.2.2　相关知识：刀尖半径补偿及指令、图样分析与编程

1．刀尖半径补偿及指令 G40、G41、G42

（1）刀尖半径补偿的应用

零件加工程序一般是以刀具的某一点（通常情况下以试切对刀的假想刀尖，如图 2.2.7 的 A 点所示）按零件图样进行编制的。但实际加工中的车刀，由于工艺或其他要求，刀尖往往不是一个假想点，而是一段圆弧。切削加工时，实际切削点与理想状态下的切削点之间的位置有偏差，会造成过切或少切，影响零件的精度。因此在加工中进行刀尖半径补偿以提高零件精度。

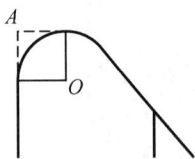

图 2.2.7　假想刀尖与实际刀尖情况

（2）假想刀尖方向

在程序的编制过程中刀具被假想为一个点，而实际的切削刃因工艺要求或其他原因不可能是一个理想的点。这种由于切削刃不是一个理想点而是一段圆弧造成的加工误差，可用刀尖圆弧半径补偿功能来消除。在实际加工中，假想刀尖点与刀尖圆弧中心点有不同的位置关系，因此要正确建立假想刀尖的刀尖方向，即对刀点是刀具的哪个位置。

从刀尖中心往假想刀尖的方向看，由切削中刀具的方向确定假想刀尖号。假想刀尖共有 10（T0～T9）种设置，共表达了 9 个方向的位置关系。需特别注意，即使同一刀尖方向号在不同坐标系（后置刀架坐标系与前置刀架坐标系）表示的刀尖方向也是不一样的。

车刀刀尖的方位号定义了刀具刀位点与刀尖圆弧中心的位置关系，如图 2.2.8 所示为前置刀架坐标系 T1～T8 的情况。如图 2.2.9 所示为后置刀架坐标系 T1～T8 的情况。T0 与 T9 是刀尖中心与起点一致时的情况，图中说明了刀尖与起点间的关系，箭头终点是假想刀尖。图中"·"代表刀具刀位点，"＋"代表刀尖圆弧圆心。

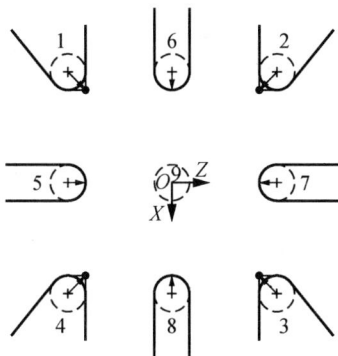

图 2.2.8　前置刀架车刀刀尖方位图　　　　图 2.2.9　后置刀架车刀刀尖方位图

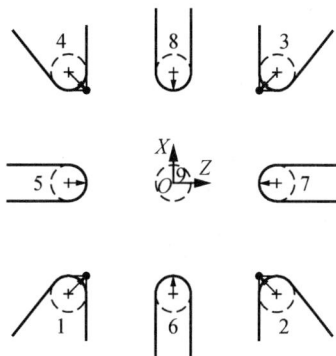

（3）补偿值的设置

每把刀的假想刀尖号与刀尖半径值必须在应用 C 刀补前预先设置。刀尖半径补偿值在偏置页面（表 2.2.3）下设置，R 为刀尖半径补偿值，T 为假想刀尖方位号。

表 2.2.3　数控系统刀尖半径补偿值显示设置页面

序　号	X	Z	R	T
000	0.000	0.000	0.000	0
001	0.020	0.030	0.020	2
002	1.020	20.123	0.180	3
...	...	...	...	...
032	0.050	0.038	0.300	6

（4）指令格式

```
G40 G00 X__ Z__;或者 G40 G01 X__ Z__ F__;
G41 G00 X__ Z__;或者 G41 G01 X__ Z__ F__;
G42 G00 X__ Z__;或者 G42 G01 X__ Z__ F__;
```

其中：

G40：取消刀尖半径补偿。

G41：后置刀架坐标系中指定左刀补，前置刀架坐标系中指定右刀补。

G42：后置刀架坐标系中指定右刀补，前置刀架坐标系中指定左刀补。

（5）补偿方向

应用刀尖半径补偿，必须根据刀尖与工件的相对位置来确定补偿的方向。前置刀架坐标系补偿方向如图 2.2.10 所示，后置刀架坐标系补偿方向如图 2.2.11 所示。

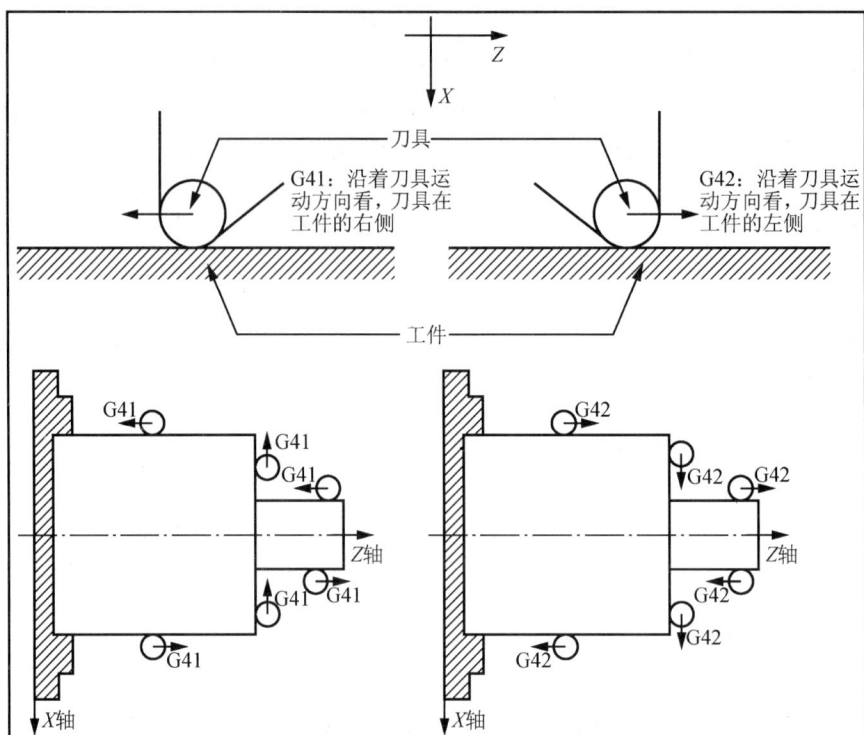

图 2.2.10　前置刀架坐标系补偿方向

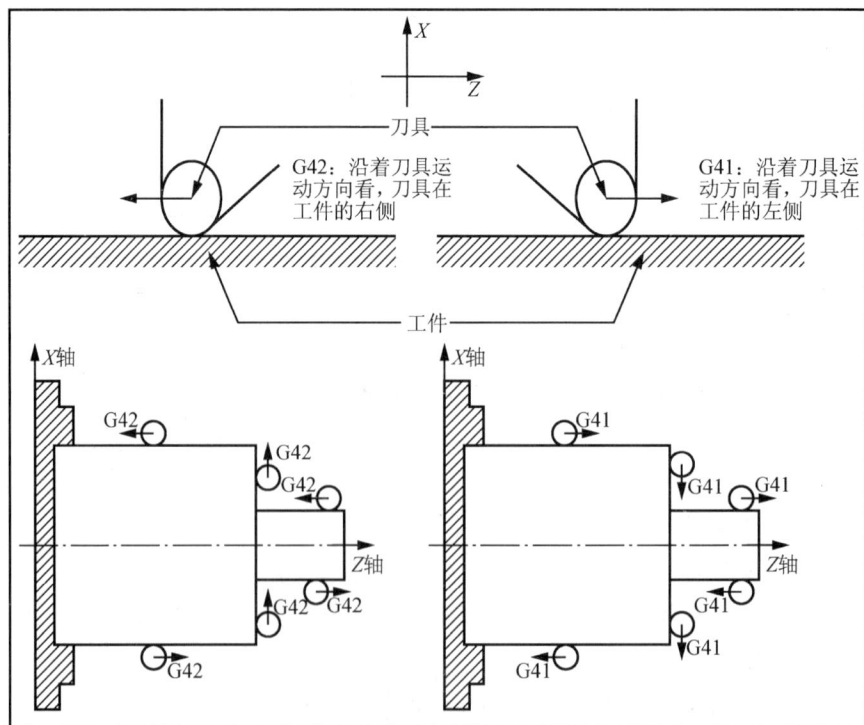

图 2.2.11　后置刀架坐标系补偿方向

常见前置刀架从右往左加工数控车床，进行外圆车削时，刀尖半径补偿指令为 G42，刀尖方位号 T 为 3；进行内孔车削时，刀尖半径补偿指令为 G41，刀尖方位号 T 为 2。

2．零件图样分析

零件图样见任务描述，此处略。

01　分析零件图样。该零件有三处圆弧，分别是 R4mm、R3 mm 凸圆弧、R3mm 凹圆弧，有一处锥度，外圆台阶尺寸分别为 φ20mm、φ32mm、φ36mm，长度尺寸完整。

02　建立工件坐标系。该零件的长度尺寸基准为右端面，径向尺寸基准为零件轴线，加工从右往左进行，因此工件坐标系建立在零件的右端面中心处，X、Z 坐标轴方向与机床夹持毛坯、工件时的机床坐标轴一致。即工件右端面中心处为工件坐标系的原点，零件直径方向为 X 坐标轴正方向，零件轴线为 Z 坐标轴，向右为正方向。

03　找各个节点坐标。

① 圆弧连接意义及切点的计算。圆弧连接是圆弧与两条直线相切，圆心到切点的距离等于圆弧的半径。同样 Z 轴坐标移动距离为圆弧半径值，X 轴的半径值移动为圆弧半径值，直径值移动为 2 倍圆弧半径值，如图 2.2.12 所示。

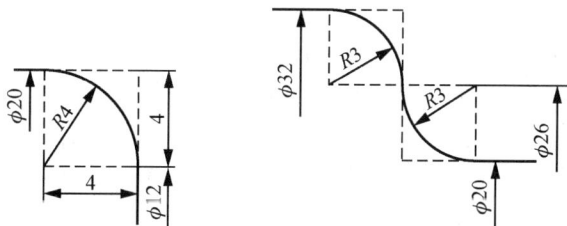

（a）R4mm 凸圆弧意义及计算　　（b）R3mm 凸圆弧、凹圆弧意义及计算

图 2.2.12　圆弧连接切点计算

② 各个节点的计算。各个节点如图 2.2.13 所示，节点及坐标如下。

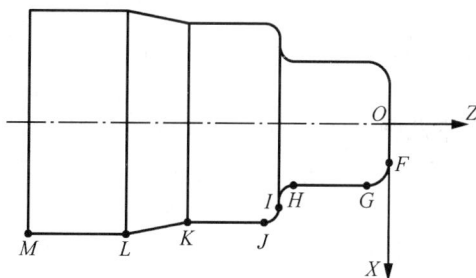

图 2.2.13　节点坐标确定

O（0，0）——工件右端面中心处是工件坐标系的原点。

F（12，0）——X：R4mm 凸圆弧起点，直径为 20mm 减去 8mm；Z：坐标未变。

G（20，-4）——X：R4mm 凸圆弧终点；Z：长度为 4mm，坐标为负方向。

H（20，-15）——X：φ20mm 外圆；Z：长度为 18mm 减去 3mm，坐标为负方向。

I（26，-18）——X：R3mm 凹圆弧终点；Z：长度为 18mm，坐标为负方向。

J（32，-21）——X：R3mm 凸圆弧终点；Z：长度为 18mm 加上 3mm，坐标为负方向。

K（32，−33）——*X*：ϕ32mm 外圆；*Z*：长度为 33mm，坐标为负方向。

L（36，−43）——*X*：锥度到 ϕ36mm 外圆；*Z*：长度为 59mm 减去 16mm，坐标为负方向。

M（36，−59）——*X*：ϕ36mm 外圆；*Z*：长度为 59mm，坐标为负方向。

04 分析加工轨迹。刀具沿工件形状精车运行轨迹如图 2.2.14 所示。

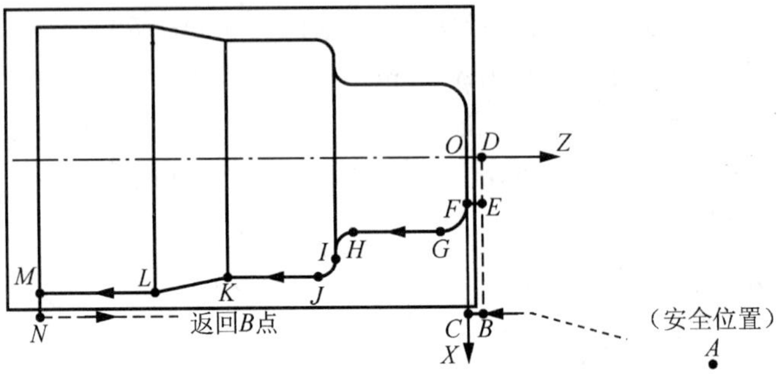

图 2.2.14 刀具沿工件形状精车运行轨迹

① G71 指令的起点、终点相同，必须定位于毛坯之外，将靠近毛坯的 *B* 点作为 G71 指令的起点、终点。

② 车削端面的轨迹为 *A*→*B*→*C*→*O*，刀退回 *B* 点的轨迹为 *O*→*D*→*B*。

③ G71 轴向粗车循环的精车路线为 *B*→*E*→*F*→*G*→*H*→*I*→*J*→*K*→*L*→*M*→*N*→*B*。

④ G70 精车路线轨迹为 *B*→*E*→*F*→*G*→*H*→*I*→*J*→*K*→*L*→*M*→*N*→*B*。

⑤ *A*→*B*→*C*、*O*→*D*→*B*、*B*→*A* 为快速定位 G00 指令运行轨迹。其中，*A*→*B*→*C* 是刀具由安全位置开始靠近毛坯，然后定位 *X* 轴准备车削端面；*O*→*D*→*B* 是刀具由车削完端面后退离毛坯，重新定位准备 G71 轴向粗车循环指令粗加工零件外形；*B*→*A* 是刀具由车削完外形后回到安全位置；*C*→*O* 为直线插补（直线车削）G01 指令车削端面轨迹。

⑥ 在精车路线轨迹 *B*→*E*→*F*→*G*→*H*→*I*→*J*→*K*→*L*→*M*→*N*→*B* 中，*B*→*E* 为 G00 快速定位；*E*→*F* 是车削空刀，刀具到达 *F* 点准备车削凸圆弧 R4mm；*F*→*G* 为凸圆弧插补（凸圆弧车削）G03 指令车削凸圆弧 R4mm；*G*→*H* 为直线插补（直线车削）G01 指令车削 ϕ20mm 外圆；*H*→*I* 为凹圆弧插补（凹圆弧车削）G02 指令车削凹圆弧 R3mm；*I*→*J* 为凸圆弧插补（凸圆弧车削）G03 指令车削凸圆弧 R3mm；*J*→*K* 为直线插补（直线车削）G01 指令车削 ϕ32mm 外圆；*K*→*L* 为直线插补（直线车削）G01 指令车削锥度；*L*→*M* 为直线插补（直线车削）G01 指令车削 ϕ36mm 外圆；*M*→*N* 为直线插补（直线车削）G01 指令车削端面；*N*→*B* 为 G71 或 G70 循环运行完成后自动返回循环起点。

3．数控车削编程

01 理清编程思路。该零件的编程思路、步骤说明、程序及走刀轨迹说明如表 2.2.4 所示。

2.2.4 编制的加工程序解释

编程思路	步骤说明	程序	走刀轨迹说明
程序名称		O0007;	

编程思路	步骤说明	程序	走刀轨迹说明
车削端面	选刀并建立工件坐标系	T0101;	
	刀具回编程的安全位置	G00 X100.0 Z100.0;	刀具回工件坐标的 A 点
	主轴正转并给定转速	M03 S600;	
	刀具靠近毛坯	G00 X42.0 Z2.0;	刀具定位 B 点
	刀具定位，做好准备	G00 X42.0 Z0.0;	刀具定位 C 点
	刀具车削端面	G01 X0.0 Z0.0 F100;	刀具车削到原点 O
准备粗车循环	车完端面后退刀	G00 X0.0 Z2.0;	刀具退位到 D 点
	定位准备粗车循环	G00 X42.0 Z2.0;	刀具定位到 B 点
指定 G71 指令	吃刀量2，退刀量1	G71 U2.0 R1.0;	
	精车轨迹首段、尾段	G71 P__ Q__ U0.2 W0.1;	
精车轨迹，实现由"外形一刀切"变为"外形刀刀切"	精车轨迹第一段	N__ G00 X12.0 Z2.0;	刀具进到 E 点
	车空刀，准备车削	G01 X12.0 Z0.0;	刀具进到 F 点
	车削 R4mm 凸圆弧	G03 X20.0 Z-4.0 R4.0 F100;	刀具凸圆弧车削到 G 点
	直线车削 φ20mm 外圆	G01 X20.0 Z-15.0 F100;	刀具车削 φ20mm 外圆到 H 点
	R3mm 凹圆弧车削	G02 X26.0 Z-18.0 R3.0 F100;	刀具车削凹圆弧到 I 点
	R3mm 凸圆弧车削	G03 X32.0 Z-21.0 R3.0 F100;	刀具车削凸圆弧到 J 点
	直线车削 φ32mm 外圆	G01 X32.0 Z-33.0 F100;	刀具直线车削 φ32mm 外圆到 K 点
	直线车削锥度	G01 X36.0 Z-43.0 F100;	刀具直线车削锥度到 L 点
	直线车削 φ36mm 外圆	G01 X36.0 Z-59.0 F100;	刀具车削 φ36mm 外圆到 M 点
	车端面，刀具退离毛坯，精车轨迹最后一段	N__ G01 X42.0 Z-59.0 F100;	刀具车削端面退到 N 点
指定 G70 指令	精车	G701 P__ Q__;	
程序结尾	刀具重新回安全位置	G00 X100.0 Z100.0;	刀具重新返回 A 点
	主轴停止正转	M05;	
	程序结束，光标移至程序开头	M30;	

小贴士

表中程序未变的坐标没有省略，该程序没有执行刀尖半径补偿。

02 编制数控车削加工程序。参考程序如下。

```
O00007;
N10 T0101;
N20 G00 X100.0 Z100.0;          ⎫
N30 M03 S600;                    ⎬ 车端面
N40 G00 X42.0 Z2.0;
N50 Z0.0;
N60 G01 X0.0 F100;
N70 G00 X0.0 Z2.0;              ⎭
N80 X42.0;
N90 G71 U2.0 R1.0;              ⎫ G71 轴向粗车循环
N100 G71 P110 Q200 U0.2 W0.1;   ⎭
```

```
N110 G42 G00 X12.0;                          G42 进行刀尖半径补偿
N120 G01 Z0.0;
N130 G03 X20.0 Z-4.0 R4.0;
N140 G01 Z-15.0;
N150 G02 X26.0 Z-18.0 R3.0;                  精车轨迹
N160 G03 X32.0 Z-21.0 R3.0;
N170 G01 Z-33.0;
N180 X36.0 Z-43.0;
N190 Z-59.0;
N200 G40 G01 X42.0;                          G40 取消刀尖半径补偿
N210 G70 P110 Q200;                          G70 精车
N220 G00 X100.0 Z100.0;
N230 M05;                                    程序结尾三段
N240 M30;
```

拓展与提高

1. 如图 2.2.15 所示零件，材料为 45 钢。请试着自己编写数控车削程序并上机进行仿真加工（注意刀尖半径补偿）。

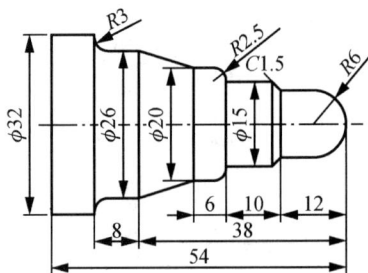

图 2.2.15　多圆弧的圆锥小轴零件图样

2. 选择正确答案，并填在括号内。

（1）数控车床上用正手刀车削外圆锥面或外圆弧面要求精度较高时，要用（　　）指令进行刀尖半径补偿。

    A. G40　　　　　　B. G41　　　　　　C. G42　　　　　　D. G43

（2）数控车床刀具补偿包括半径补偿和（　　）。

    A. 长度补偿　　　B. 位置补偿　　　C. 高度补偿　　　D. 直径补偿

（3）数控车削刀具进行刀尖圆弧半径补偿时，须输入刀具（　　）值。

    A. 刀尖的半径　　　　　　　　　　　B. 刀尖的直径

    C. 刀尖的半径和刀尖方位号　　　　　D. 刀具的长度

（4）若未考虑车刀刀尖圆弧半径的补偿值，会影响车削工件（　　）的加工精度。

    A. 外径　　　　　B. 内径　　　　　C. 长度　　　　　D. 圆锥面及圆弧面

（5）指定 G41 或 G42 指令必须在含有（　　）指令的程序段中才能生效。

    A. G00 或 G01　　B. G02 或 G03　　C. G01 或 G02　　D. G01 或 G03

任务 2.3　轴类零件的调头加工

任务描述

仿真车削如图 2.3.1 所示零件，材料为 45 钢，毛坯尺寸为 ϕ50mm×85mm。

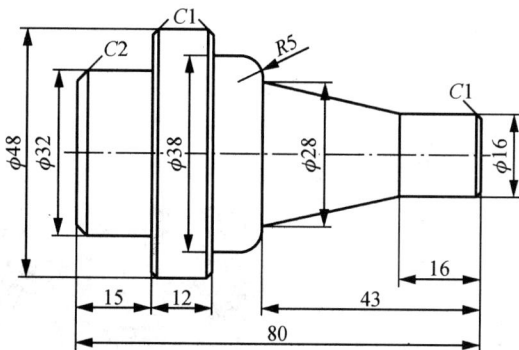

图 2.3.1　加工零件图样

任务目标

本任务要达成的学习目标如表 2.3.1 所示。

表 2.3.1　学习目标

知识目标	熟悉调头加工保证零件总长的对刀原理与方法
	能理清调头加工零件的程序编写思路及加工工艺
	能编写调头加工零件的数控车削程序
技能目标	能进行调头后所用刀具的试切对刀并输入刀补的操作
	能在记事本中输入程序并保存
	能在仿真系统中调入计算机中保存的程序
	能掌握调头加工零件的加工步骤并完成自动加工
情感目标	能养成爱护计算机等设施的好习惯
	能养成善于动脑、主动学习、相互学习的习惯

2.3.1　实践操作：轴类零件的调头加工

1. 操作准备

安装有上海宇龙数控加工仿真系统软件的教师机一台，学生机 50 台的计算机机房一间，上海宇龙数控加工仿真系统软件 4.8 版本加密狗。

2．操作步骤

01 打开仿真系统软件并选取广州数控 GSK-980TD 数控车床。

02 正确进行开机、回零、装刀（装两把刀）、设置并安装毛坯操作。

因毛坯长度与零件总长很接近，为保证零件加工时刀具不与主轴碰撞，将毛坯放置在工作台上时，系统将自动弹出移动零件对话框，如图 1.1.17（b）所示。通过单击按钮◁、▷，可控制零件的左右移动。在此单击按钮，使安装的毛坯尽量向右移出，一般直至毛坯不能再右移为止，如图 2.3.2 所示。单击"退出"按钮可以关闭移动零件对话框。

03 在手动操作方式下试切对刀（对第一把刀）。

① 车端面，输 Z0，车外圆，输 X 测，系统自动计算刀补值。

② 输入刀尖半径值（如半径为 0.2mm），输入刀尖半径补偿方向 T3，如图 2.3.3 所示。

图 2.3.2　移动毛坯位置　　　　图 2.3.3　第一把刀的刀补、刀尖半径及刀尖方位号

04 在编辑操作方式下，在程序页面中输入加工左端的数控车削程序，如图 2.3.4 所示。

图 2.3.4　输入/调入左端参考程序后的显示

也可先将所编写好的程序输入记事本或写字板等编辑软件并保存为文本格式文件，在使用时调入仿真系统。

1）广州数控 GSK 系列数控系统的程序调入方法如下。

① 在记事本或写字板等编辑软件中先将所编写好的程序输入，并保存为文本格式文件（*.txt）。例如，输入程序"O1236"，并将文件名保存为"1122"；输入程序"O1238"，并将文件名保存为"1123"，如图 2.3.5 所示。

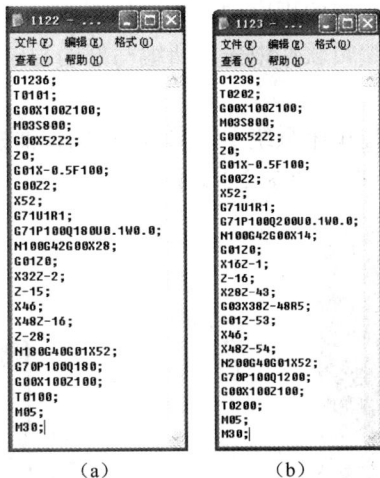

图 2.3.5　记事本输入并保存的数控程序

②　在仿真系统软件中，执行"机床"→"DNC 传送"命令，进入选择文件的"打开"对话框，如图 2.3.6 所示。

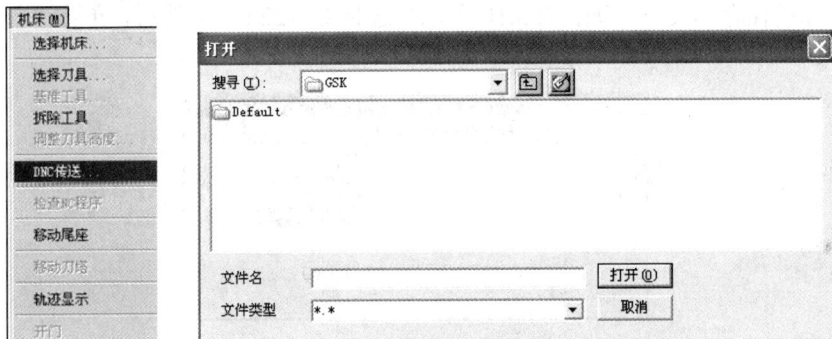

图 2.3.6　进入选择文件的"打开"对话框

③　选择所保存的文件。如图 2.3.7 所示，选择 1122.txt 文件后，单击"打开"按钮。

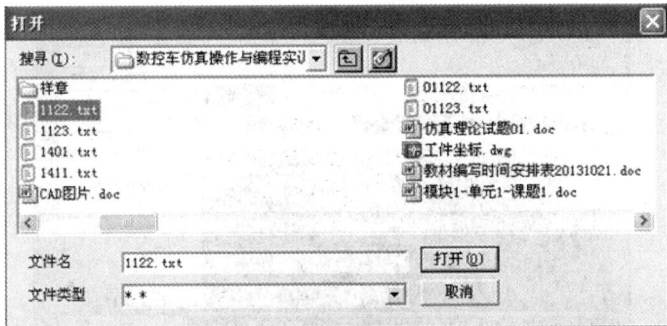

图 2.3.7　选择需要的程序文件

④　在编辑操作方式下，在程序页面中输入 1122.txt 文件所保存的程序名，即输入 O1236 后单击"输入"按钮，如图 2.3.8 所示。程序被调入，如图 2.3.4 所示。

2）华中世纪星系列数控系统的程序调入方法如下。

① 在记事本或写字板等编辑软件中先将所编写好的程序输入，并保存为文本格式文件（*.txt）。

② 在华中世纪星系列数控车床系统中，单击机床操作面板上的"DNC 通讯 F7"的"F7"按钮，弹出"串口通讯"对话框，如图 2.3.9 所示。

图 2.3.8　输入保存文件中的程序名　　　　　图 2.3.9　"串口通讯"对话框

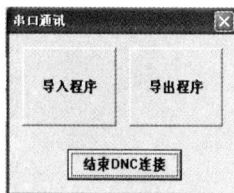

③ 单击"导入程序"按钮，进入选择文件的"打开"对话框。

④ 选择所保存的文件。如图 2.3.10 所示，选择 O1122.txt 文件后，单击"打开"按钮，程序被调入。

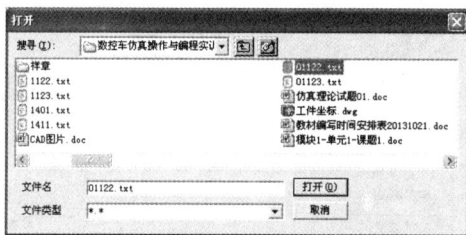

图 2.3.10　选择需要的程序文件

⑤ 在弹出的"串口通讯"对话框中单击"结束 DNC 连接"按钮。

单击机床操作面板上的"显示切换"按钮，查看调入的程序，如图 2.3.11 所示。

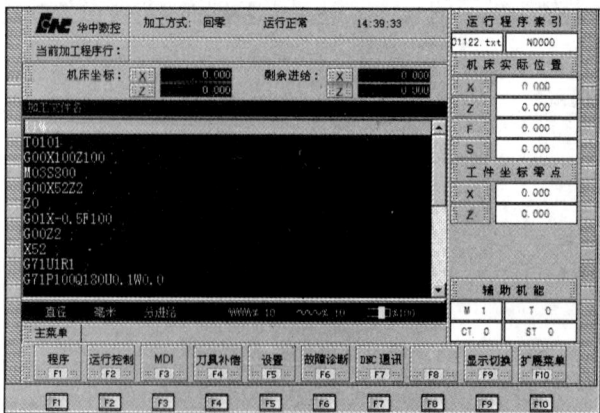

图 2.3.11　查看调入的程序

05　自动运行。单击机床操作面板上的自动运行方式按钮█，进入自动加工方式，单击循环启动按钮█，程序开始执行。加工出该零件左端部分，如图 2.3.12 所示。

06　工件调头装夹。执行"零件"→"移动零件"命令，弹出移动零件对话框，单击中间的调头按钮█，工件调头后退出，如图 2.3.13 所示。

图 2.3.12　仿真自动加工左端结果　　　　图 2.3.13　工件调头装夹及操作

小贴士

工件调头后一般不移动，换毛坯进行下次车削时，可不再对刀。

07　对第二把刀。

调头后加工要使用 2 号刀进行粗车和精车，因此应在工件调头后对第二把刀。

① 在手动方式下换刀到 2 号刀。

② Z 向对刀：试切端面，沿试切端面退刀，执行"测量"→"剖视图测量"命令，测量工件总长，如图 2.3.14 所示。

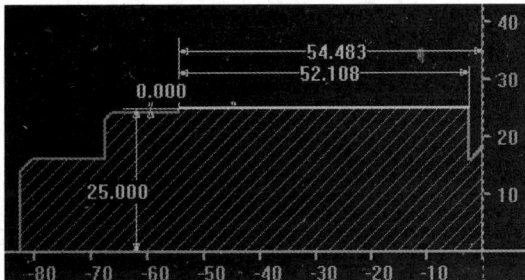

（a）　　　　　　　　　　　　　　（b）

图 2.3.14　试切端面并测量

右端已经加工长度为 28mm，零件总长 80mm，测量未加工长度为 52.108mm，计算 Z 方向刀补值为 52.108−(80−28)=0.108(mm)。

③ 在刀具偏置显示窗口中输入 Z0.108，单击按钮█，系统将机床位置的坐标减去 0.108 后得到的值填入 002 的 Z 中，如图 2.3.15 所示。

④ 车外圆，输 X 测，并输入刀尖半径和刀尖方位号，完成对刀，如图 2.3.15 所示。

图 2.3.15　第二把刀的刀补、刀尖半径及刀尖方位号

08 在编辑操作方式下，在程序页面中输入/调入参考程序"O1238"，并自动加工。程序调入如图 2.3.16 所示，加工完成如图 2.3.17 所示。

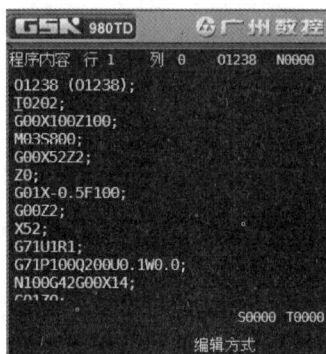

图 2.3.16　程序的输入/调入

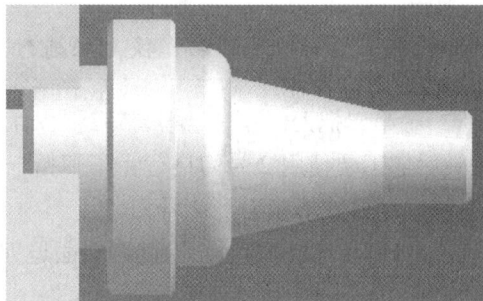

图 2.3.17　仿真自动加工结果

09 尺寸检测。检测所加工的零件尺寸，如图 2.3.18 所示。

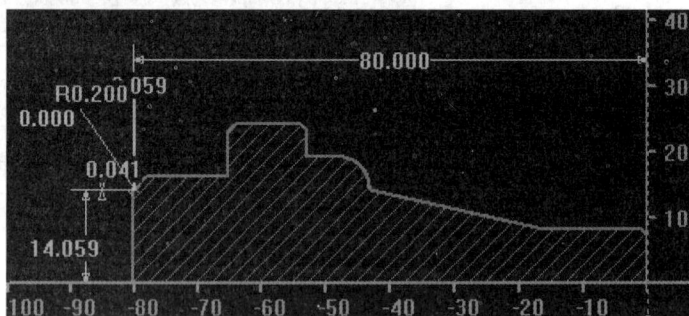

图 2.3.18　检测所加工的零件尺寸

----小贴士

　　1) 调头加工在 Z 向对刀时，车削端面后，刀具沿端面退出，主轴停止后测量未加工长度，计算 Z 向刀补值：

$$Z 向刀补值 = 测量的未加工长度 - （零件总长 - 已加工长度）。$$

X向对刀与第一把刀的对法一样。

2）有圆弧加工时，一定要注意进行刀尖半径补偿。

3）在广州数控 GSK-980TD 数控车床系统中输入记事本中程序时，在编辑操作方式下的程序页面中输入的是程序名，不是文件名。

3．学习评价

将学生上机操作完成情况的检测与评价填入表 2.3.2。

表 2.3.2 学习评价

序号	项 目	技 术 要 求	配分	评 分 标 准	检测记录	得分
1	软件操作	进入仿真软件	2	每错一次扣2分		
2	机床选择	正确选择机床	3	每错一次扣3分		
3	机床操作	开机、回零	4	每错一次扣3分		
4		装刀、装毛坯	6	每错一次扣3分		
5	试切对刀	对刀并输入刀补值	30	每错一处扣5分		
6	程序输入	正确输入程序	15	每错一处扣5分		
7	自动运行	按程序要求自动加工	10	每错一处扣5分		
8	自动单段运行	进行单段运行、体会程序	10	另选一种得10分		
9	再次自动运行	另选刀具对刀后自动加工	10	每错一处扣5分		
10	文明操作	爱护计算机设备	10	一次意外扣2分		

2.3.2 相关知识：保证零件总长、图样分析与编程

1．调头加工如何保证零件总长

调头加工必须保证零件总长。保证零件总长的关键是 Z 向对刀，特别是第二把刀的 Z 向对刀，不能像第一把刀对刀那样，车削端面直接输入 Z0，而要退刀、主轴停止，进行 Z 向总长测量并计算 Z 向刀补值。有时测量总长不方便就测量未加工零件长度，按下式进行计算即可：

Z 向刀补值＝测量得未加工长度－（零件总长－已加工长度）。

计算所得值即为该刀的 Z 向刀补值，若为正，直接输入 Z 向刀补值为正；若为负，直接输入的 Z 向刀补值也为负。系统将机床位置的坐标减去输入的 Z 向刀补值后得到的值填入该刀的 Z 向刀补中。

如所给毛坯与零件长度接近，对第一把刀时，车削的端面要少，否则会造成调头后总长不够，需要重新对第一把刀。一般毛坯长度比零件长度长 30～50cm。

2．零件图样分析

1）零件左端各点坐标的确定。如图 2.3.19 所示，请同学自己完成。

2）零件右端各点坐标的确定。右端各点中 P 点坐标在图中直接给出了，即 O（28，－43），该点为锥度与圆弧交点。如图 2.3.20 所示，其他点的坐标请同学自己完成。

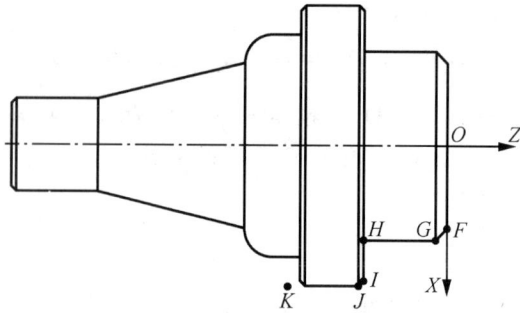

图 2.3.19　零件左端各点坐标的确定

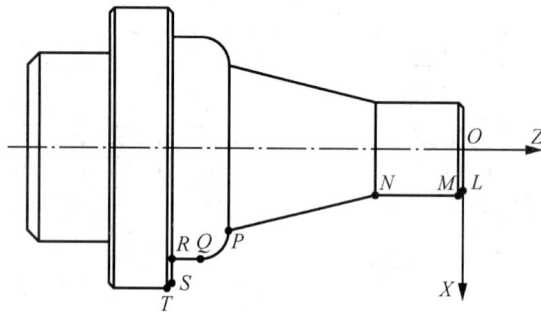

图 2.3.20　零件右端各点坐标的确定

3．程序编写

程序编写参考图 2.3.5 所示的记事本文件中程序，该程序中省略了绝大部分程序段顺序号，但 G71、G70 循环指令中所指示的精车轨迹的第一段顺序号和精车轨迹的末段的顺序号不能省略。

拓展与提高

1．请尝试将调头加工的两个程序合并为一个程序并进行仿真自动加工。

2．如图 2.3.21 所示零件，材料为 45 钢，毛坯尺寸为 ϕ40mm×75mm。请试着自己编写数控车削程序并上机进行仿真加工（注意刀尖半径补偿、调头加工保证总长）。

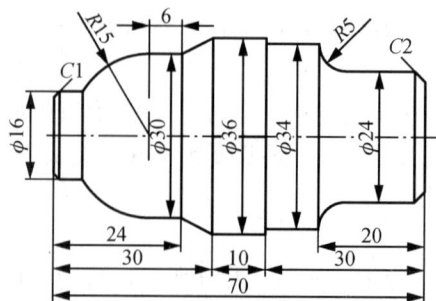

图 2.3.21　圆弧轴零件

内 孔 加 工

1. 知道孔加工的基本过程，学会钻孔方法，掌握扩孔加工工艺。
2. 能根据不同的孔选用恰当的内孔车刀，掌握内孔车刀的对刀方法。
3. 掌握恒线切削速度功能控制指令 G96、G97、G50 和钻削循环指令 G74 的应用。

在机械零件的加工或使用过程中常见如下列所示的各类带内孔的轴类零件。

事实上在机器设备中，导正、限位、止转、固定及定位都可能用到轴套类零件，即带内孔的轴类零件。例如，齿轮、轴套、带轮等就既有外圆面，又有内孔面。

在数控车销中，内孔面的加工与轴类零件的加工指令及程序大致相同，只在部分参数的设置、刀具的选用、背吃刀量和进给速度等方面有一定区别。在实际加工时我们应根据孔的类别（如直孔或锥孔、通孔或盲孔）及壁的厚薄等确定加工工艺。

任务 *3.1* 通孔类零件加工

任务描述

加工如图 3.1.1 所示零件的内孔，材料为 45 钢，毛坯尺寸为 $\phi 40mm \times 40mm$，外圆与倒角已加工，内孔 $\phi 18mm$ 已钻。粗车内孔车刀 80° 刀片，75° 主偏角；精车内孔车刀 55° 刀片，75° 主偏角。

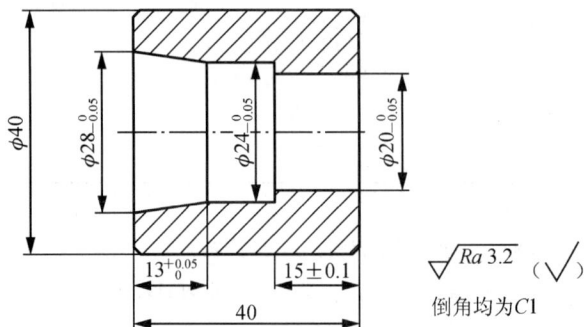

图 3.1.1　通孔加工零件图样

任务目标

本任务需要达到的学习目标如表 3.1.1 所示。

表 3.1.1　学习目标

知识目标	知道孔加工的基本过程
	掌握扩孔加工工艺
	进一步运用 G01 等简单编程指令进行编程
	掌握恒线切削速度功能指令的应用
技能目标	进一步熟悉数控车床的基本操作
	知道钻孔方法
	掌握通孔加工方法及尺寸控制方法
	会根据实际零件编写程序并进行仿真加工
情感目标	能养成爱护计算机等设施的好习惯
	能养成善于动脑、主动学习、相互学习的习惯

3.1.1　实践操作：通孔类零件加工

1．操作准备

安装有上海宇龙数控加工仿真系统软件的教师机一台，学生机 50 台的计算机机房一间，上海宇龙数控加工仿真系统软件 4.8 版本加密狗。

2．操作步骤

01 打开上海宇龙数控加工仿真系统软件。

02 选取广州数控 GSK-980TD 数控车床、标准平床、前置刀架，进入广州数控 GSK-980TD 数控车床系统。

03 正确进行开机、回零操作。

04 程序输入/调入，结果如图 3.1.2 所示。

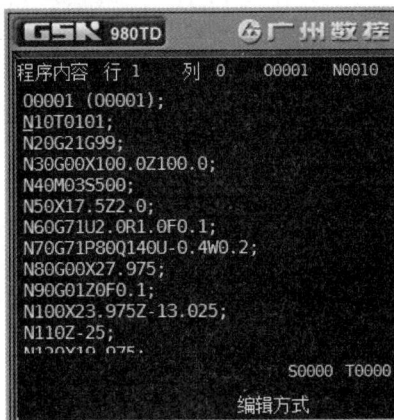

图 3.1.2　程序导入

05 定义毛坯及装夹。在上海宇龙数控加工仿真系统软件中只有用尾座进行手动钻孔，因此这里省去钻孔这一步骤，直接定义ϕ40mm，内孔为ϕ18mm，长度为 40mm 的 U 形孔作为毛坯。

① 执行"零件"→"定义毛坯"命令，如图 3.1.3 所示，弹出"定义毛坯"对话框，在"定义毛坯"对话框中点选"U 形"单选按钮，如图 3.1.4 所示。然后修改各参数，完成后单击"确定"按钮，如图 3.1.5 所示。

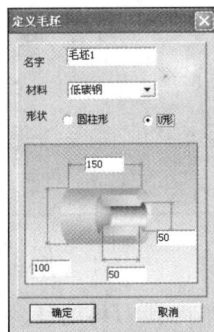

图 3.1.3　定义毛坯　　图 3.1.4　选择 U 形毛坯　　图 3.1.5　设置 U 形毛坯参数

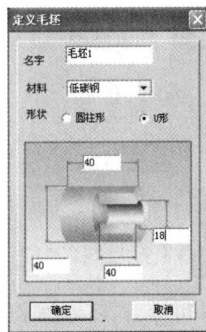

② 安装并向右移动，执行"视图"→"选项"命令，在"视图选项"对话框中点选"全剖"单选按钮，如图 3.1.6 所示。

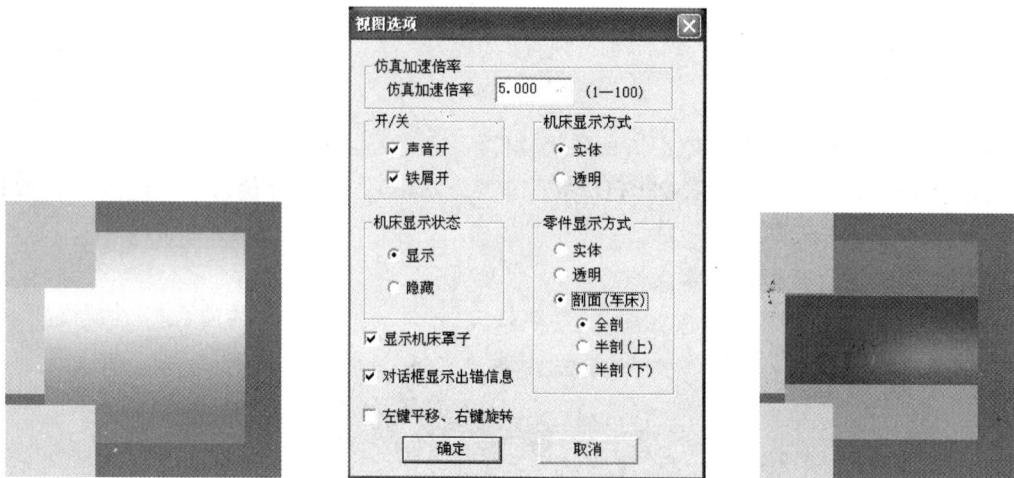

图 3.1.6　安装 U 形毛坯剖切示意图

06　内孔刀具的选择及安装。在"选择刀位"图框中的刀架图中单击所需刀位，如安装 1 号刀时单击刀位 1，如图 3.1.7 所示。

分别安装粗车内孔刀具 T1 和精车内孔刀具 T2，共两把内孔车刀。

① 选择刀片类型：粗车内孔刀具选择 ◇ 刀片。

② 选择刀柄类型。根据孔深和孔直径选择刀具和刀柄。如图 3.1.8 所示为 1 号刀的选择。

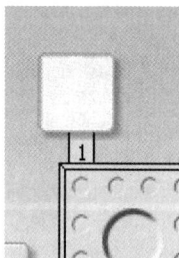

图 3.1.7　选择刀位

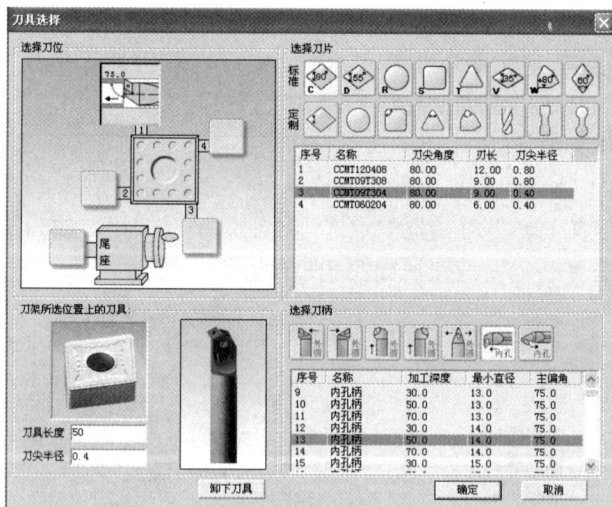

图 3.1.8　选择 1 号刀

用同样方法安装 2 号刀，2 号精车内孔刀具选择 ◇ 刀片。

③ 确认操作完成，单击"确认"按钮，两把内孔车刀安装好。

07　对刀。因为是切削内孔，为了便于观察，执行"视图"→"选项"命令，如图 3.1.9 所示。弹出"视图选项"对话框，在"零件显示方式"选项组中点选"剖面车床"中的"全剖"单选按钮，如图 3.1.10 所示。

图 3.1.9 选择选项

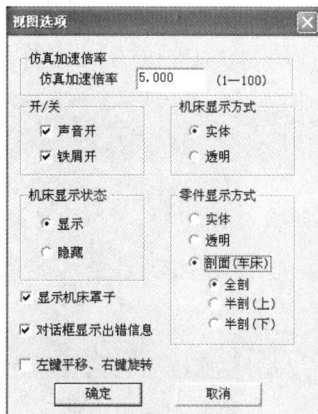

图 3.1.10 视图选项对话框

① 对 1 号刀，车内孔，输−Z 测；车内孔，输 X 测。

将刀具靠近工件表面，如图 3.1.11 所示，主轴正转，单击操作面板上的按钮，用 1 号刀切削工件一小部分，如图 3.1.12 所示。

图 3.1.11 1 号刀靠近工件表面

图 3.1.12 1 号刀试切工件表面

单击按钮，保持刀具 Z 向不动，X 向退刀，如图 3.1.13 所示，主轴停止，测量 Z 值，如图 3.1.14 所示。

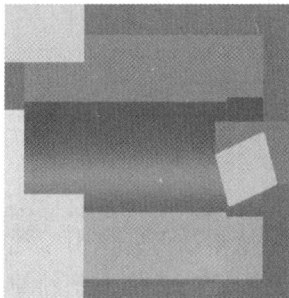

图 3.1.13 X 向退刀

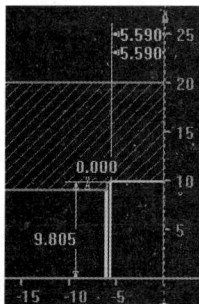

图 3.1.14 测量 Z 值

测得 Z 值为 5.590，单击按钮，进入刀具补偿窗口，使用翻页按钮/或光标移动按钮/将光标移到序号 001 处，在刀具补偿窗口中输入−Z 测，即 Z−5.590，单击按钮，刀具 Z 向偏移量会自动输入。

主轴正转，单击移动按钮，试切一小部分，再保持 X 向不动，单击按钮 Z 向退刀，如图 3.1.15 所示，主轴停止，测量 X 值，如图 3.1.16 所示。

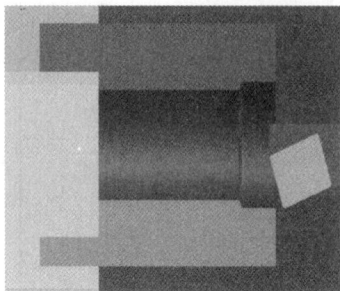

图 3.1.15　Z 向退刀

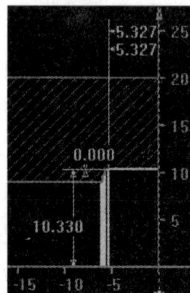

图 3.1.16　测量 X 值

测量出对应的 X 值 $10.330 \times 2 = 20.660$，在刀具补偿窗口中，使用翻页按钮 / 或光标移动按钮 / 将光标移到序号 001 处，输入 X 测，即 $X20.660$，单击按钮，刀具 X 向偏移量会自动输入。

② 换 2 号刀，在刀具补偿窗口，使用翻页按钮 / 或光标移动按钮 / 将光标移到序号 002 处，重复对 1 号刀的操作即可完成对 2 号刀的对刀操作。

08 自动加工。单击按钮，选择要执行的程序 O0100，单击按钮 → ，程序开始执行。最终加工结果如图 3.1.17 所示。

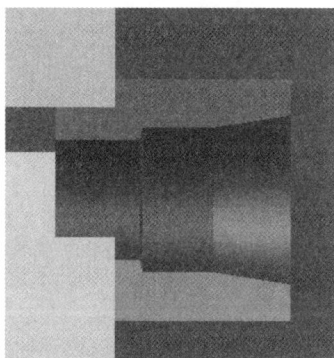

图 3.1.17　工件外形图

小贴士

1）选择通孔车刀时要注意刀柄长度不能太长，否则刀具刚性太差，易产生让刀、振动现象。刀柄一般比被加工孔深长 5～10mm。

2）车通孔的切削用量选择与车削外圆相似，粗车、精车分开，但由于通孔车刀的刀柄直径受孔径的限制，刚性较差，故其背吃刀量及进给速度应略小于外圆加工。

3．学习评价

将学生上机操作完成情况的检测与评价填入表 3.1.2。

表 3.1.2 学习评价

序号	项 目	技 术 要 求	配分	评 分 标 准	检测记录	得分
1	软件操作	进入仿真软件	3	每错一次扣2分		
2	机床选择	正确选择机床	4	每错一次扣3分		
3	机床操作	开机、回零	4	每错一次扣3分		
4		装刀、定义毛坯、装毛坯	9	每错一次扣3分		
5	试切对刀	对刀并输入刀补值	20	每错一处扣5分		
6	程序输入	正确输入程序	20	每错一处扣5分		
7	自动运行	按程序要求自动加工	10	每错一处扣5分		
8	再次自动运行	另选刀具对刀后自动加工	20	每错一处扣5分		
9	文明操作	爱护计算机设备	10	一次意外扣2分		

3.1.2 相关知识：孔加工方法、编程指令、程序说明

1．孔加工方法

在车床上加工内孔结构有钻孔、扩孔、铰孔、车孔等加工方法。内孔面加工应根据零件结构尺寸及技术要求的不同选用相应的工艺方法。

1）麻花钻钻孔。由于麻花钻价格便宜、工艺简单、操作方便，因此生产中常用麻花钻进行钻孔加工。但是麻花钻钻孔也有自身的特点和局限：

① 麻花钻钻头的两个主刀刃不易磨得完全对称，切削时受力不均衡；钻头刚性较差，钻孔时钻头容易发生偏斜，因此在实际生产中常用刚性好的钻头，如中心钻钻一小孔，用于引正麻花钻的定位和钻削方向。

② 麻花钻钻孔时切下的切屑体积大，钻孔时排屑困难，产生的切削热大而冷却效果差，使得刀刃容易磨损，同时限制了钻孔的进给速度和切削速度，降低了钻孔的生产率。

由上可见，麻花钻加工精度低（IT12～IT13），表面粗糙度值大（$Ra12.5\mu m$），一般只能进行粗加工。钻孔时，可以通过扩孔、铰孔或车孔等方法提高孔的加工精度和表面质量。

2）硬质合金可转位刀片钻头钻孔。数控车床通常也使用硬质合金可转位刀片钻头。用硬质合金可转位刀片钻头钻孔时不需要钻中心孔。可转位刀片的钻孔速度通常要比高速钢麻花钻的钻孔速度高得多，这种刀片钻头需要较高的功率和高压冷却系统。

3）扩孔。扩孔是用扩孔钻对已钻孔或铸、锻出的孔进行加工，扩孔时切屑体积小，排屑较为方便，扩孔能修正孔轴线的歪斜。

4）铰孔。铰孔是孔的精加工方法之一。铰孔的加工余量小，切削速度低。铰孔直径一般不大于80mm，铰孔不能纠正孔的位置误差。

5）车孔。车孔一般用于将已有孔扩大到指定的直径，可用于加工精度要求较高的孔。车床车孔的主要优点是工艺灵活、适应性较广。一把结构简单的内孔车刀，有时既可以进行孔的粗加工，又可进行半精加工和精加工，加工精度为 IT6～IT10，表面粗糙度值 Ra 为 $3.2\mu m$、$6.3\mu m$。车孔还可以找正原有孔轴线歪斜或位置偏差。

2．镗孔的加工

1）加工方案应先内后外。在加工既有内表面（内孔），又有外表面的零件时，通常安排先加工内表面再加工外表面。这是由于加工内表面时，受刀具刚性较差的影响及工件刚性不足，其振动会加大，不易控制其内表面的尺寸和表面形状的精度。如图3.1.18所示薄壁工件，就是应先内后外加工的零件，若先把外表面加工好，再加工内表面，这时工件的刚性较差，内孔刀柄刚性又不足，加上排屑困难，在加工时，孔的尺寸和表面粗糙度等都不易得到保证。

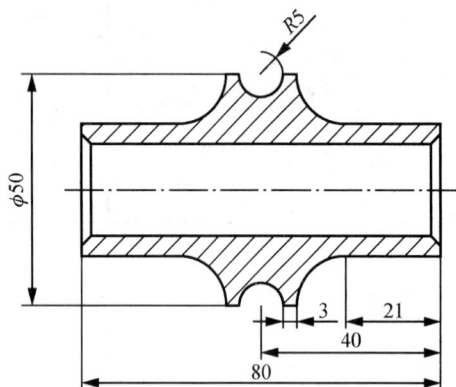

图3.1.18　薄壁工件示意图

2）适用对象为中、大直径孔。车孔时刀具要在孔内回转，所以刀具的回转直径必须小于预加工孔径，而刀柄的长度要大于孔深，刀柄还要保证一定的强度和刚度，所以车孔加工主要适用于大、中直径的孔加工。

3）刀具选择。

根据不同的加工情况，内孔车刀可分为通孔车刀和盲孔车刀两种。

通孔车刀切削部分的几何形状和外圆车刀相似，为了减小径向切削抗力，防止车孔时振动，主偏角应取得大些，一般在60°～75°，副偏角在15°～30°。

4）切削用量确定。

车孔切削时在径向力的作用下，刀具容易产生变形和振动，影响车孔的质量。特别是加工孔径小、长度大的孔时，不如铰孔容易保证质量。因此车孔时多采用较小的切削用量，以减小切削力的影响。

当零件的精度要求较高时，则应考虑留出精车余量，所留精车余量一般要比普通车削时所留余量小，常取0.1～0.5mm。

3．编程指令

（1）恒线切削速度指令——G96、G97

1）功能。使用恒线切削速度功能后，可以使刀具切削点速度始终为常数，用此功能可以提高表面加工质量。在切削锥孔时，为保证速度的恒定，常使用恒线切削速度指令。

2）指令。

```
G96 S__;    恒线切削速度生效,S表示切削速度(m/min)
G50 S__;    主轴转速上限,S表示主轴转速(r/min).加工端面、锥度和圆弧时,由于X坐标
            不断发生变化,故当刀具逐渐移近工件旋转中心时,主轴转速会越来越大。为防止
            事故发生,有时必须限制主轴转速上限,这时就用G50 S__
G97 S__;    取消恒线切削速度,S表示主轴转速(r/min)
```

（2）外圆、内孔粗加工复合固定循环指令——G71

1）功能。当需要车阶梯较大的轴或内孔，以及比较复杂的外形加工，利用 G71 固定循环指令功能，只要给出粗加工背吃刀量、最终加工路径和精加工余量，系统根据精加工尺寸自动设定精加工前的形状及粗加工的刀具路径，完成外圆、内孔的表面加工。

2）指令。

① 粗车固定循环 G71。

```
G71 U(Δd) R(e);
G71 P(ns) Q(nf) U(Δu) W(Δw) F(f) S(s) T(t);
```

参数说明：与加工外圆不同的是在Δu 加工内轮廓时取负值。

使用说明：用恒线切削速度控制时，顺序号 ns～nf 程序段中的 G96 或 G97 无效，而在 G71 程序段或之前的程序段中的 G96 或 G97 有效。

② 恒线切削速度功能指令——G96、G97。

指令功能：使用恒线切削速度功能后，可以使刀具切削点切削速度始终为常数（主轴转速×直径＝常数），用此功能可以提高表面加工质量。

指令代码：

```
G96 S__;    恒线切削速度生效，S 表示切削速度（m/min）
G50 S__;    主轴转速上限，S 表示主轴转速（r/min）
G97 S__;    取消恒线切削速度，S 表示主轴转速（r/min）
```

4．程序说明

1）参考工序说明如表 3.1.3 所示。

表 3.1.3 孔类零件加工程工序

序号	加工内容	刀具号	刀 具 类 型	背吃刀量 /mm	进给速度 f/(mm/r)	主轴转速 /(r/min)
1	粗车内孔	T01	主偏角<90° 硬质合金内孔刀	1～2	0.15	500
2	精车内孔	T02		0.2	0.08	800

2）参考程序说明如表 3.1.4 所示。

表 3.1.4 参考程序及含义解释

程 序	含 义 解 释
O0001	程序名称
N10 T0101;	换 1 号刀
N20 G21 G99;	米制输入，每转进给
N30 G00 X100.0 Z100.0;	设定起刀点
N40 M03 S500;	主轴正转，转速 500r/min
N50 X17.5 Z2.0;	快进至循环起点

续表

程　　序	含 义 解 释
N60 G71 U2.0 R1.0 F0.1;	设置循环参数，调用粗加工循环
N70 G71 P80 Q140 U−0.1 W0.2;	
N80 G00 X27.975;	
N90 G01 Z0.0 F0.08;	
N100 X23.975 Z−13.025;	
N110 Z−25.0;	
N120 X19.975;	
N130 Z−40.5;	
N140 X17.5;	
N150 G00 Z100.0;	退刀
N160 X100.0;	退刀至换刀点
N170 M05;	停止主轴
N180 T0202;	换 2 号刀
N190 M03;	主轴正转
N200 G50 S2000;	最高转速 2000r/min
N210 G96 S120;	恒线速切削，120m/min
N220 G00 X17.5 Z2.0;	快进至循环起点
N230 G70 P80 Q140 F0.08;	调用精加工循环，低进给速度，较高转速
N240 G97;	取消恒线切削速度
N250 G00 Z100.0;	快速退刀
N260 X100.0;	退刀至换刀点
N270 M30;	程序结束

拓展与提高

1. 分析图 3.1.19 所示零件尺寸并编制数控车削程序。

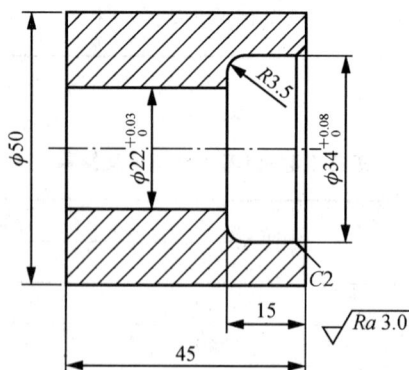

图 3.1.19　拓展加工零件图样

2. 将图 3.1.19 所示零件用数控仿真加工出来。

任务 3.2 锥度台阶孔加工

任务描述

加工如图 3.2.1 所示零件，材料为 45 钢，毛坯尺寸为 $\phi55\text{mm} \times 80\text{mm}$。

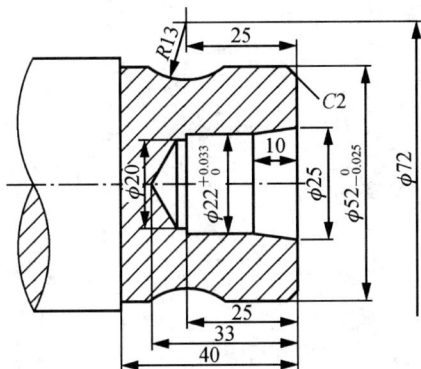

图 3.2.1 加工零件图样

任务目标

本任务的学习目标如表 3.2.1 所示。

表 3.2.1 学习目标

知识目标	知道盲孔加工的基本过程
	知道盲孔加工的工艺要求
	进一步运用 G70、G71 编程指令进行编程，掌握 G74 的编程要点
	了解自动钻孔的方法
技能目标	进一步熟悉数控车床的基本操作
	掌握盲孔加工方法及尺寸控制方法
	会根据实际零件编写程序并进行仿真加工
情感目标	能养成爱护计算机等设施的好习惯
	能养成善于动脑、主动学习、相互学习的习惯

3.2.1 实践操作：锥度台阶孔加工

1. 操作准备

安装有上海宇龙数控加工仿真系统软件的教师机一台，学生机 50 台的计算机机房一间，上海宇龙数控加工仿真系统软件 4.8 版本加密狗。

2. 操作步骤

01 打开上海宇龙数控加工仿真系统软件并选取广州数控 GSK-980TD 数控车床。

02 正确进行开机、回零操作。

03 按要求定义毛坯并安装。

04 正确将程序输入/调入，并命名为O0001。

05 按要求进行刀具的选择与安装。

① 安装粗车、精车两把外圆车刀，两把外圆车刀均选用主偏角 93°硬质合金外圆车刀，其中粗车刀选用 55°刀片，精车刀选用 35°刀片。

② 车孔刀具选用两把主偏角93°硬质合金内孔车刀。

③ 安装钻头。在"选择刀位"图框中单击"尾座"图标，选择钻头，如图 3.2.2 所示。

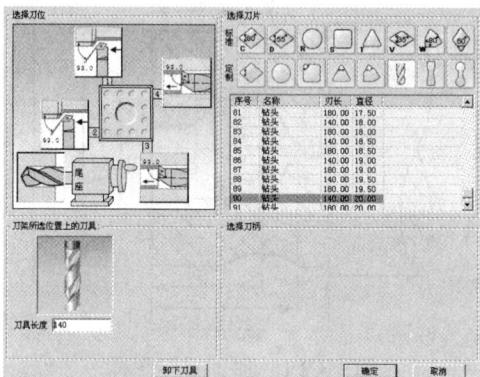

图 3.2.2　刀具选择与安装

④ 操作完成，单击"确认"按钮，刀具安装完成。

06 手动钻孔。执行"机床"→"移动尾座"命令，出现如图 1.1.22 所示对话框。

先将刀架靠近工件，在手动式下让主轴正转，然后单击按钮，移动尾座钻孔，如图 3.2.3 所示。钻孔完成后，将尾座移回原来的位置，停止主轴。

结果如图 3.2.4 所示。

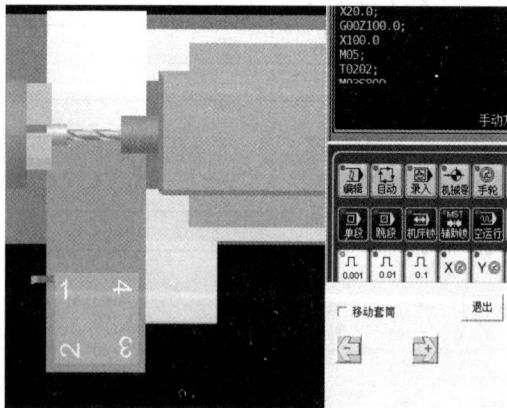

图 3.2.3　尾座钻孔

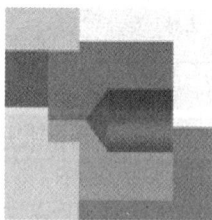

图 3.2.4　内孔示意图

小贴士

由于一般的钻孔精度要求都不高，所以仿真中的手动钻孔没有设计自动控制尺寸，所以需要多次停下测量，一般钻孔深度约大于设计尺寸即可。

07 对刀。

① 对 1 号刀：车端面，输 Z0，车外圆，输 X 测，系统自动计算刀补值，输入刀尖半径值（如半径为 0.2mm），输入刀尖半径补偿方向 T3。

② 对 2 号刀：用输入刀具偏移量法。

具体操作如下。

将刀具靠近工件表面，如图 3.2.5 所示，主轴正转，单击操作面板上的按钮⇐，用 2 号刀具切削工件一小部分，如图 3.2.6 所示。

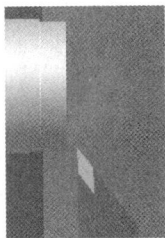

图 3.2.5 2 号刀靠近工件表面

图 3.2.6 2 号刀试切工件表面

单击按钮⇒，保持刀具 X 向不动，Z 向退刀，如图 3.2.7 所示，主轴停止，测量 X 值，如图 3.2.8 所示。

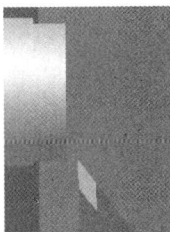

图 3.2.7 Z 向退刀

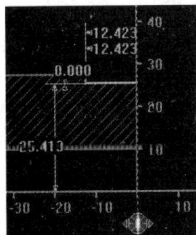

图 3.2.8 测量 X 值

测量出对应的 X 值 25.413×2＝50.826，在刀具补偿窗口中，使用翻页按钮 📄 / 📄 或光标移动按钮 ⬇ / ⬆ 将光标移到序号 002 处，输入 X 测，即 X50.826，单击按钮 📝，刀具 X 向偏移量会自动输入。

再次将刀具靠近工件表面，如图 3.2.5 所示，为了不伤及端面，因此 2 号刀已不能再车端面，也只能 Z 向走刀：主轴正转，单击操作面板上的按钮⇐，用 2 号刀切削工件一小部分，如图 3.2.6 所示。

单击按钮⬇，保持刀具 Z 向不动，X 向退刀，如图 3.2.9 所示，主轴停止，测量 Z 值，如图 3.2.10 所示。

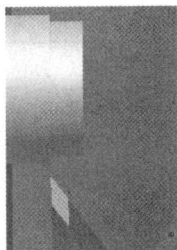

图 3.2.9 X 向退刀

图 3.2.10 测量 Z 值

测得 Z 值为 12.818，单击按钮 ，进入刀具补偿窗口，使用翻页按钮 / 或光标移动按钮 ↓/↑ 将光标移到序号 002 处，在刀具补偿窗口中输入 $-Z$ 测，即 $Z-12.818$，单击按钮 ，刀具 Z 向偏移量会自动输入。

③ 对 3 号刀和 4 号刀按任务 3.1 中的对刀方法对刀即可。

08 自动加工。单击按钮 ，选择要执行的程序 O0001，单击按钮 →。程序开始执行。结果如图 3.2.11 所示。

图 3.2.11　工件加工示意图

小贴士

不通孔加工一般也根据"先近后远"、"先粗后精"的原则，先粗车大孔、小孔，再精车大孔、小孔。

3. 学习评价

将学生上机操作完成情况的检测与评价填入表 3.2.2。

表 3.2.2　学习评价

序号	项　　目	技 术 要 求	配分	评 分 标 准	检测记录	得分
1	软件操作	进入仿真软件	2	每错一次扣 2 分		
2	机床选择	正确选择机床	3	每错一次扣 3 分		
3	机床操作	开机、回零	4	每错一次扣 3 分		
4		装刀、装毛坯	6	每错一次扣 3 分		
5	尾座钻孔	移动、尺寸把握	10	每错一次扣 5 分		
6	试切对刀	对刀并输入刀补值	20	每错一处扣 4 分		
7	程序输入	正确输入程序	15	每错一处扣 5 分		
8	自动运行	按程序要求自动加工	10	每错一处扣 5 分		
9	自动单段运行	进行单段运行、体会程序	10	另选一种得 10 分		
10	再次自动运行	另选刀具对刀后自动加工	10	每错一处扣 5 分		
11	文明操作	爱护计算机设备	10	一次意外扣 2 分		

3.2.2　相关知识：钻孔、盲孔车刀的选择、图样分析与编程

1. 钻孔

钻孔既可用尾座手动钻孔，亦可自动钻孔。由于仿真系统软件钻头不装夹到刀架上，

所以我们选择尾座钻孔。

在实际生产中，钻中心孔、钻浅孔时，采用 G01 指令即可完成钻削。但加工深孔时要考虑钻削时排屑的方便，故钻头钻入一定深度时必须退出充分排屑，然后再次钻入。各种数控系统对于钻削加工都有一定的固定循环指令，在广州数控 GSK-980TD 数控车床上用的，也是在多数机床上用的，都是 G74 循环指令。

```
G74 R(e)__;
G74 Z(W)__ Q(Δk)__ F__;
```

e：退刀量。

$Z(W)$：钻削深度。

Δk：每次钻削长度（不加符号，以 0.001mm 为默认单位）。

示例：如图 3.2.12 所示，在工件上加工直径为 20mm、孔深为 33mm 的孔。工件及中心孔已加工。

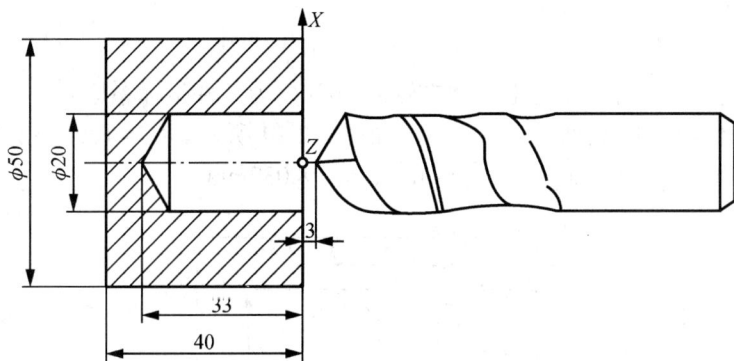

图 3.2.12 钻孔示意图

程序如下

```
O1000;
N10 T0101;                    20mm 麻花钻
N20 G00 X0.0 Z3.0 S700 M03;
N30 G74 R2.0;
N40 G74 Z-33.0 Q8000 F0.1;
N50 G00 Z50.0;
N60 X100.0;
N70 M05;
N80 M30;
```

2. 盲孔车刀的选择

盲孔车刀用来车削盲孔或台阶孔，切削部分的几何形状与偏刀相似，其主偏角大于 90°，一般为 92°～95°，刀尖在刀柄的最前端，刀尖与刀柄外端的距离 a 应小于内孔半径 R，否则孔底中心部分就无法车平，如图 3.2.13 所示。为了节省刀具材料和增加刀柄强度，可将刀头做得很小，装在刀柄上。

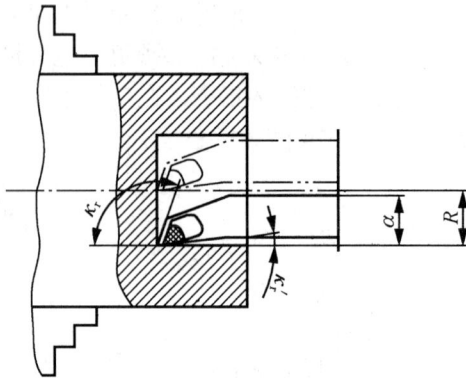

图 3.2.13　盲孔车刀

3．图样分析与编程

01　确定工件坐标系，选取工件右端面中心 O 为工件坐标系原点。

02　对 $R13$ mm 圆弧部分进行计算，如图 3.2.14 所示。$AC=(72-52)/2$ mm$=10$ mm，$AB=13$ mm，$BC=\sqrt{AB^2-AC^2}=\sqrt{169-100}$ mm≈8.037 mm。

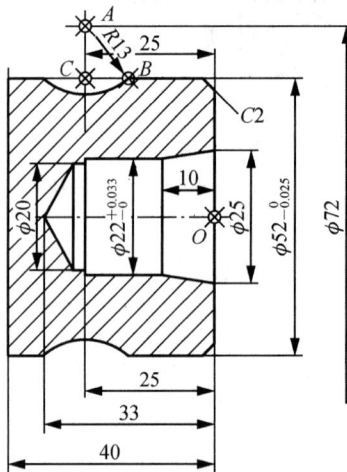

图 3.2.14　工件圆弧计算

03　编制加工工序及程序。

① 参考工序说明如表 3.2.3 所示。

表 3.2.3　盲孔类零件加工工序

序号	加工内容	刀具号	刀具类型	背吃刀量 /mm	进给速度 f/(mm/r)	主轴转速 /(r/min)
1	手动钻中心孔		中心钻		0.05	1500
2	手动钻孔		$\phi20$ mm 麻花钻		0.08	400

序号	加 工 内 容	刀具号	刀 具 类 型	背吃刀量 /mm	进给速度 f/(mm/r)	主轴转速 /(r/min)
3	外圆粗车刀	T01	主偏角 93° 硬质合金 外圆粗车刀	2～4		800
4	外圆精车刀	T02	主偏角 93° 硬质合金 外圆精车刀	0.3		1200
5	粗车内孔	T03	主偏角 93° 硬质合金 内孔粗车刀	1～2	0.15	800
6	精车内孔	T04	主偏角 93° 硬质合金 内孔精车刀	0.2	0.08	120

② 参考程序及说明如表 3.2.4 所示。

表 3.2.4 程序说明

程 序	含 义 解 释
O0001;	程序名称
N10 G21 G99 G40;	公制、每转进给、取消刀补
N20 T0101;	调 1 号刀
N30 G00 X100.0 Z120.0;	设定起刀点
N40 M03 S800;	主轴正转，转速 800r/min
N50 G00 X56.0 Z2.0;	快速定位
N60 G71 U1.0 R1.0;	粗车外圆
N70 G71 P80 Q110 U0.3 F0.16;	
N80 G00 X48.0;	循环参数设定
N90 G01 Z0.0 F0.08;	
N100 X52.0 Z-2.0;	
N110 Z-40.0;	
N120 G00 X54.0 Z-20.0;	粗车圆弧面
N130 G01 X52.0;	
N140 G02 Z-30.0 R13.0;	
N150 G00 X54.0 Z-18.07;	
N160 G01 X52.0;	
N170 G02 Z-31.93 R13.0;	
N180 G00 X100.0 Z120.0;	返回换刀点
N190 T0202 S1200;	换 2 号刀
N200 G42 G00 X56.0;	进行半径右补偿
N210 Z2.0;	快速定位
N220 G70 P80 Q110;	精车外轮廓
N230 G00 X54 Z-16.693;	精车圆弧面
N240 G01 X52.0;	
N250 G02 Z-33.307 R13.0;	
N260 G00 X100.0 Z120.0;	快速返回换刀点
N270 M05;	停止主轴

程　　序	含　义　解　释
N280 T0303;	换 3 号刀
N290 M03 S800;	主轴正转
N300 X19.5 Z3.0;	快进至循环起点
N310 G71 U1.0 R0.5 F0.10;	
N320 G71 P330 Q370 U−0.5 W0.2;	
N330 G00 X25.0;	
N340 G01 Z0.0;	调用粗加工循环
N350 X22.016 Z−10.0;	
N360 Z−25.0;	
N370 X19.5;	
N380 G00 X100.0 Z100.0;	快速返回换刀点
N390 M05;	停止主轴
N400 T0404;	换 2 号刀
N410 M03;	主轴正转
N420 G50 S2000;	最高转速 2000r/min
N430 G96 S120;	恒线速切削，120m/min
N440 G00 X19.5 Z3.0;	快进至循环起点
N450 G70 P330 Q370 F0.08;	调用精加工循环，低进给速度，较高转速
N460 G97;	取消恒线速切削
N470 G00 X100.0 Z100.0;	退刀至换刀点
N480 M30;	程序结束

拓展与提高

1．分析如图 3.2.15 所示零件尺寸并编制数控车削程序。设外圆、端面已加工完毕，中心孔已打，材料为 45 钢，毛坯尺寸为 ϕ50mm×50mm。

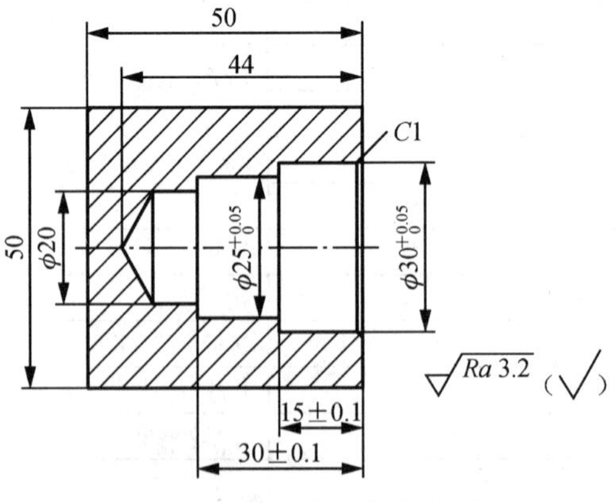

图 3.2.15　拓展加工零件图样

2．将图 3.2.15 所示零件用数控仿真加工出来。

项目 4

沟槽加工

学习目标

1. 学会沟槽的切削。
2. 掌握 G75 指令及其应用。
3. 会进行切槽刀的对刀。
4. 掌握子程序调用指令 M98 及其应用。

回转体表面常有退刀槽、砂轮越程槽等沟槽，在回转体表面车出沟槽的方法称为车槽。常见的沟槽有在外圆表面加工的沟槽、在内孔面加工的内沟槽和在端面上加工的沟槽，如下所示。

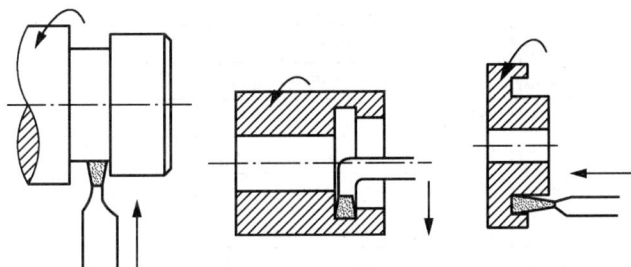

与车槽类似的加工是切断，就是将坯料或零件从夹持端上分离出来，主要用于圆棒料按尺寸要求下料或把加工完毕的零件从坯料上切下来。

沟槽加工是 CNC 车床加工的一个重要组成部分。工业领域中使用的有各种各样的沟槽及油槽等，同时沟槽也可以作为传动电动机的滑轮，如 V 形槽或用于填充密封橡皮的环槽等。如下图所示是部分常见的带沟槽零件。

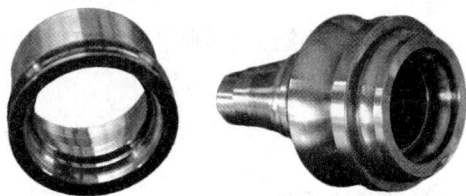

任务 *4.1* 外圆面沟槽加工

任务描述

零件要求：如图 4.1.1 所示零件，材料为 45 钢，毛坯尺寸为 $\phi32\text{mm}\times80\text{mm}$。

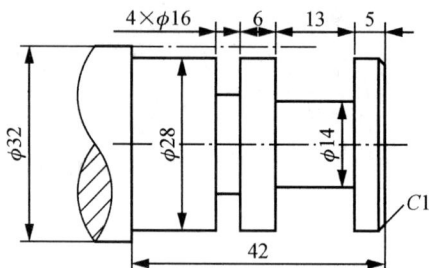

图 4.1.1　外圆面沟槽加工零件

任务目标

本任务需要达到的学习目标如表 4.1.1 所示。

表 4.1.1　学习目标

知识目标	了解槽的种类
	了解切槽刀及切断刀
	掌握外圆面沟槽的切削方法
	掌握 G75 指令及其应用
	掌握外圆面沟槽及切断加工的工艺
技能目标	会进行切槽刀的对刀
	能应用合理加工方法保证槽的精度
	会编写外圆面沟槽及切断加工程序并进行仿真校验
	会根据实际零件编写程序并进行仿真加工
情感目标	能养成爱护计算机等设施的好习惯
	能养成善于动脑、主动学习、相互学习的习惯

4.1.1　实践操作：外圆面沟槽加工

1．操作准备

安装有上海宇龙数控加工仿真系统软件的教师机一台，学生机 50 台的计算机机房一间。上海宇龙数控加工仿真系统软件 4.8 版本加密狗。

2．操作步骤

01 打开上海宇龙数控加工仿真系统软件。

02　选取广州数控 GSK-980TD 数控车床、标准平床身前置刀架，进入广州数控 GSK-980TD 标准平床身前置刀架数控车床系统。

03　正确进行开机、回零操作。

04　按要求进行程序输入/调入。

05　按要求定义毛坯并安装。

06　按要求选择刀具并安装。按图 4.1.2 选择刀具，其中 3 号刀选择 4mm 刀宽切槽刀，10mm 切槽深度的刀柄。

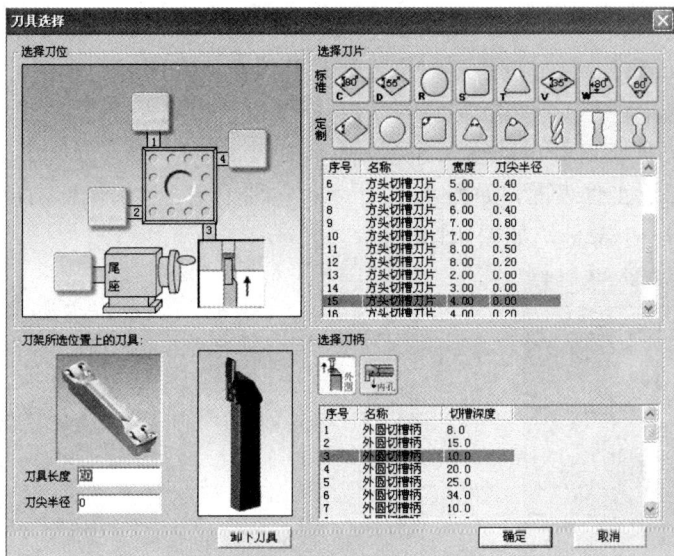

图 4.1.2　切槽刀的选择

07　对刀。对切槽刀（3 号刀）时，选用左刀尖作为刀位点（如图 4.1.14 中的"刀位点 1"），因为对 1、2 号刀时已确定工件右端面为 Z0 点，故用输入刀具偏移量法对刀。

具体操作如下。

将刀具靠近工件表面，如图 4.1.3 所示，主轴正转，单击机床操作面板上的按钮 ，用 3 号刀具切削工件一小部分，如图 4.1.4 所示。

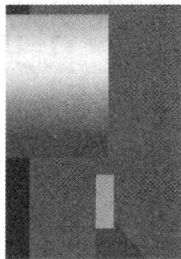

图 4.1.3　切槽刀靠近工件表面

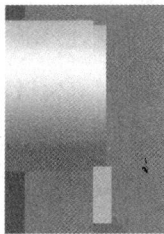

图 4.1.4　试切工件表面

单击按钮 ，保持刀具 Z 向不动，X 向退刀，如图 4.1.5 所示，主轴停止，测量 Z 值，如图 4.1.6 所示。

图 4.1.5　X 向退刀

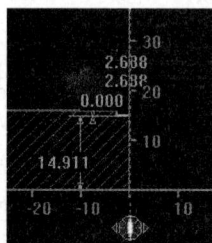

图 4.1.6　测量 Z 值

测得 Z 值为 2.688，单击按钮🔘，进入刀具补偿窗口，使用翻页按钮▣／▣或光标移动按钮⬇／⬆将光标移到序号 003 处，在刀具补偿窗口中输入−Z 测，即 Z−2.688，单击按钮🔘，刀具 Z 向偏移量会自动输入。

再次将刀具靠近工件表面，如图 4.1.7 所示，主轴正转，单击操作面板上的按钮◁，用 3 号刀具切削工件一小部分，如图 4.1.8 所示。

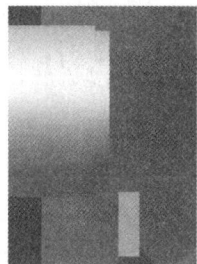

图 4.1.7　切槽刀靠近工件表面

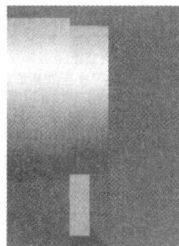

图 4.1.8　试切工件表面

单击按钮▷，保持刀具 X 向不动，Z 向退刀，如图 4.1.9 所示，主轴停止，测量 X 值，如图 4.1.10 所示。

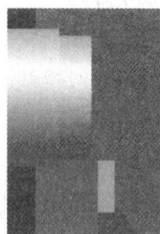

图 4.1.9　Z 向退刀

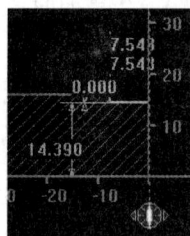

图 4.1.10　测量 X 值

测量出对应的 X 值 $14.390 \times 2 = 28.780$，在刀具补偿窗口中输入 X 测，即 X28.780，单击按钮🔘，刀具 X 向偏移量会自动输入。

小贴士

在实际加工中，Z 向对刀时，因试切量不可能太大，所以 Z 值不好测量，如图 4.1.6 中的 2.688。因此常用左刀位点从右靠近工件端面，确定 Z0 值进行对刀。

08 自动加工。成形后工件如图 4.1.11 所示。

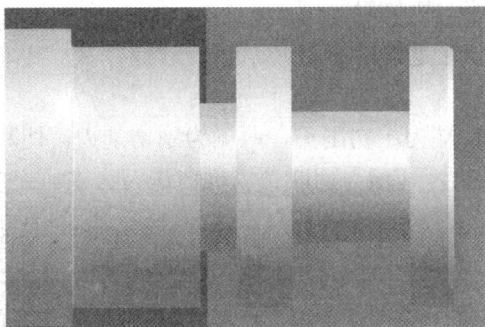

图 4.1.11 工件加工效果图

小贴士

1）刀具安装应使切槽刀或切断刀的主切削刃平行于零件轴线，两副偏角相等，刀尖与零件轴线等高。切断刀安装时刀尖必须严格对准零件中心。若刀尖装得过高或过低，切断处均将剩有凸起部分，且刀头容易折断或不易切削。此外还应注意切断时车刀伸出刀架的长度不要过长。

2）切槽及切断加工切削速度应低些，尤其快断切时应放慢进给速度，以防刀头折断。

3．学习评价

将学生上机操作完成情况的检测与评价填入表 4.1.2。

表 4.1.2 学习评价

序号	项 目	技 术 要 求	配分	评分标准	检测记录	得分
1	软件操作	进入仿真软件	2	每错一次扣 2 分		
2	机床选择	正确选择机床	3	每错一次扣 3 分		
3	机床操作	开机、回零	4	每错一次扣 3 分		
4		装刀、装毛坯	6	每错一次扣 3 分		
5	试切对刀	对刀并输入刀补值	25	每错一处扣 5 分		
6	程序输入	正确输入程序	25	每错一处扣 5 分		
7	自动运行	按程序要求自动加工	10	每错一处扣 5 分		
8	另选系统	另选系统进行操作	10	每选一种得 10 分		
9	文明操作	爱护计算机设备	15	一次意外扣 2 分		

4.1.2 相关知识：孔加工工艺、编程指令、程序说明

1．孔加工工艺

（1）矩形外圆沟槽的作用

常用的矩形外圆沟槽的作用如下。

1）使装配在轴上的零件有正确的轴向定位。

2）螺纹加工时作为退刀槽使用。

3）磨削加工时作为砂轮越程槽使用。

（2）切槽刀与切断刀

切槽刀（图4.1.14）前端为主切削刃，两侧为副切削刃。切断刀的刀头与切槽刀相似，但其切削刃较窄，刀头较长，切槽与切断都以横向进刀为主。

1）切断刀的长度和刀头宽度的确定。

① 切断刀的刀头宽度经验计算公式为

$$a=(0.5\sim0.6)\sqrt{D}\ 。$$

式中，a——主切削刃宽度，mm；

D——被切断工件的直径，mm。

② 刀头部分长度 L 的确定：

a．切断实心材料：

$$L=D/2+(2\sim3)\text{mm}。$$

b．切断空心材料：

$$L=h+(2\sim3)\text{mm}。$$

式中，h——被切断工件的强度综合考虑。

2）切槽刀的长度和刀头宽度的确定。

① 切槽刀的长度：

$$L=槽深+(2\sim3)\text{mm}。$$

② 切槽刀的刀头宽度一般根据工件的槽宽、机床的功率和刀具的强度综合考虑确定。

（3）加工方法

1）车削精度不高和宽度较窄（小于 5mm）的槽时，可用刀宽等于槽宽的车槽刀，采用一次直进法车出，如图4.1.12所示。

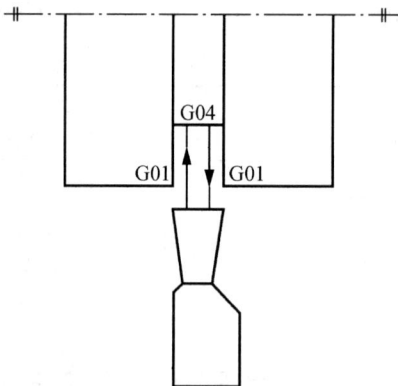

图 4.1.12　直进法进刀

2）有精度要求的槽，一般采用两次直进法车出，第一次车槽时，槽壁两侧留精车余量，然后根据槽深和槽宽进行精车，并使刀具在槽底暂停几秒钟，以提高槽底的表面质量。

3）车削较宽的槽（大于5mm）时，可用多次直进法切削，并在槽底两侧留精车余量，然后根据槽深和槽宽进行精车，如图4.1.13所示。

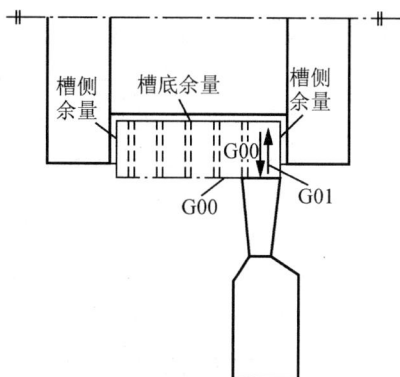

图 4.1.13　留精车余量

4）切槽刀的和切断刀退刀时要注意合理安排退刀路线，尤其注意 G00 的走刀轨迹，以免碰撞、损坏车床甚至影响车床精度。

5）切断处应靠近卡盘，以免引起零件振动。

2．孔加工编程及编程指令

（1）刀具刀位点的确定

刀槽刀或切断刀有左右两个刀尖与切削刃中心处共三个刀位点，如图 4.1.14 所示，在编程时要根据图样尺寸和对刀的难易程度综合考虑,通常选用刀位点 1 作为对刀点。一定避免编程操作和对刀时选用不同的刀位点。

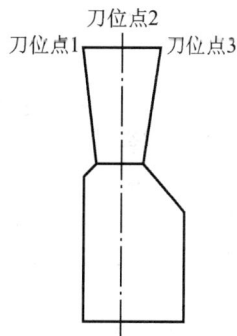

（2）常用指令

① 车削窄浅槽，常用指令：

```
G01 X__ Z__ F__ ;      直线插补
G04 X__ ;              槽底暂停,X后跟暂停时间(s)
```

② 车削宽深槽时，常采用径向切削循环 G75：

```
G75 R(e)__ ;
G75 X(U)__ Z(W)__ P(Δi)__ Q(Δk)__ R(Δd)__ F__;
```

图 4.1.14　切槽刀刀位点

e：每次沿 X 轴方向切削Δi 后的 X 轴方向退刀量，半径表示。

X、Z：切削终点坐标值（Z 要注意切槽刀的刀宽）。

U、W：起点到终点的增量值。

Δi：X 轴方向的每次进给量（单位 0.001mm），直径表示。

Δk：Z 轴方向的每次进给量（单位 0.001mm）。

Δd：切削至径向终点后，轴向（Z 轴）的退刀量（切槽时常省略）。

F：进给速度。

3．程序说明

程序说明如表 4.1.3 所示。

表 4.1.3　程序说明

程　　序	含　义　解　释
N10 T0101 G99;	换 1 号刀
N20 G00 X100.0 Z100.0;	设定换刀点
N30 M03 S800;	主轴正转，转速 800r/min
N40 G00 X33.0 Z0.2;	快进至进刀点
N50 G01 X-1.0 F0.2;	粗车端面
N60 G00 Z2.0;	退刀
N70 G00 X28.4;	快进至进刀点
N80 G01 Z-42.0 F0.2;	粗车外圆
N90 X33.0;	退刀
N100 G00 X100.0 Z100.0;	快速返回换刀点
N110 M05;	停止主轴
N120 T0202;	换 2 号刀
N130 M03 S1000;	主轴正转，转速 1000r/min
N140 G00 X29.0 Z0.0;	快进至进刀点
N150 G01 X-1.0 F0.1;	精车端面
N160 X27.0;	车回定位，准备倒角
N170 X28.0 Z-1.0;	倒角
N180 Z-42.0;	精车外圆
N190 X33.0;	退刀
N200 G00 X100.0 Z100.0;	快速返回换刀点
N210 M05;	停止主轴
N220 T0303;	换 3 号刀
N230 M03 S400;	主轴正转，转速 400r/min
N240 G00 X30.0 Z-9.0;	快进至循环起点
N250 G75 R1.0;	设置参数，调用循环
N260 G75 X14.0 Z-18.0 P3000 Q3500;	
N270 G00 Z-28.0;	快进至进刀点
N280 G01 X16.0 F0.08;	切槽
N290 G04 X1.0;	槽底暂停 1s
N300 G01 X30.0;	退刀
N310 G00 X100.0 Z100.0;	快速返回换刀点
N320 M30;	程序结束

拓展与提高

零件要求：如图 4.1.15 所示零件，材料为 45 钢，毛坯尺寸为 ϕ60mm×125mm。（说明：该零件是等距切槽，可用 G75 一次加工成形，切槽后需调头车端面保证 Z 向尺寸。）

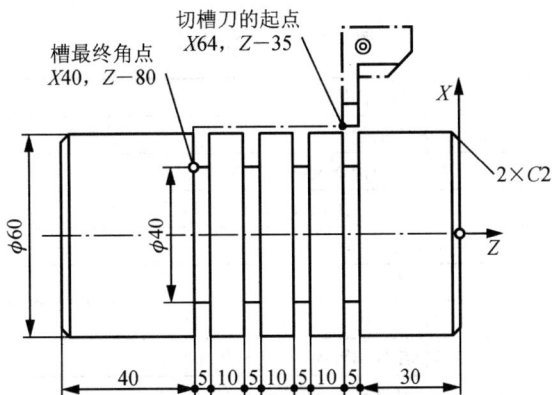

图 4.1.15 外圆面沟槽加工零件图样

1. 分析图 4.1.15 所示零件尺寸并编制数控车削程序。
2. 将图 4.1.15 所示零件用仿真系统加工出来。

任务 *4.2* 多凹槽与内沟槽加工

任务描述

如图 4.2.1 所示零件，材料为 45 钢，毛坯尺寸为 $\phi63mm \times 100mm$。

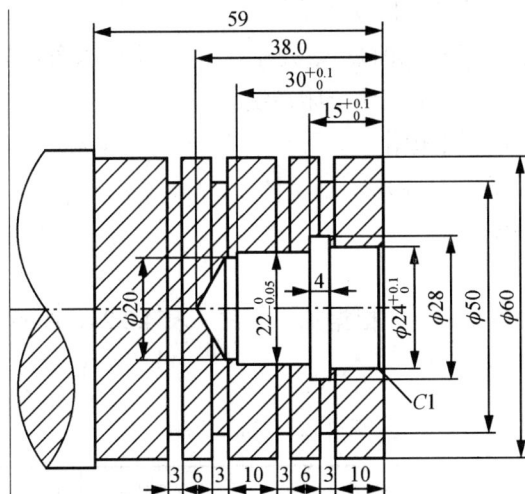

图 4.2.1 沟槽加工零件图样

任务目标

本任务的学习目标如表 4.2.1 所示。

表 4.2.1　学习目标

知识目标	掌握多凹槽与内沟槽加工的工艺
	了解内沟槽刀的使用
	掌握子程序调用指令 M98 及其应用
	进一步熟悉 G71、G70、G04 指令的运用
技能目标	掌握内沟槽刀的使用
	学会调用子程序
	会编写多凹槽及内沟槽加工程序
	会根据实际零件编写程序并进行仿真加工
情感目标	能养成爱护计算机等设施的好习惯
	能养成善于动脑、主动学习、相互学习的习惯

4.2.1　实践操作：多凹槽与内沟槽加工

1．操作准备

安装有上海宇龙数控加工仿真系统软件的教师机一台，学生机 50 台的计算机机房一间。上海宇龙数控加工仿真系统软件 4.8 版本加密狗。

2．操作步骤

01 打开上海宇龙数控加工仿真系统软件。

02 选取广州数控 GSK-980TD 数控车床、标准平床身前置刀架，进入广州数控 GSK-980TD 标准平床身前置刀架数控车床系统。

03 正确进行开机、回零操作。

04 按要求进行程序输入/调入。

05 按要求定义毛坯并安装。

06 钻孔。

07 按要求选择刀具并安装。根据加工工序（表 4.2.2），选择刀具并安装，如图 4.2.2 所示。

表 4.2.2　加工工序

序号	加工内容	刀具号	刀具类型	背吃刀量/mm	进给量 f/(mm/r)	主轴转速/(r/min)
1	扩孔	T02	硬质合金内孔刀	0.2～2	0.08～0.15	400
2	加工内沟槽	T03	硬质合金内沟槽车刀	4	0.08	400
3	端面与面外圆粗车	T01	硬质合金 90°偏刀	1～2	0.2	600
4	端面与面外圆精车			0.2	0.1	800
5	切多槽	T04	3mm 刀宽切槽刀	3	0.08	400

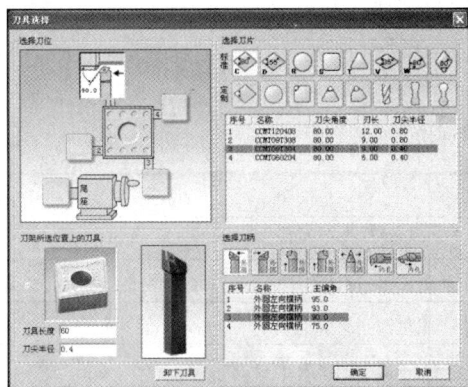
（a）

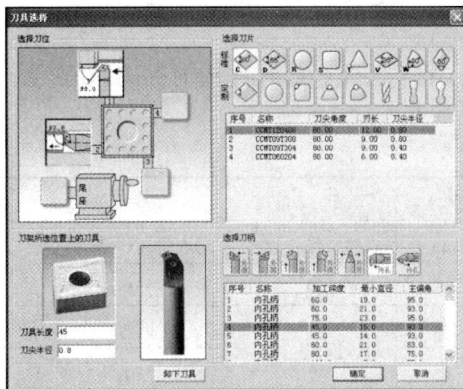
（b）

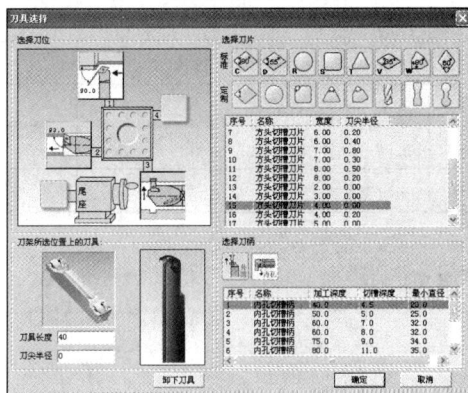
（c）

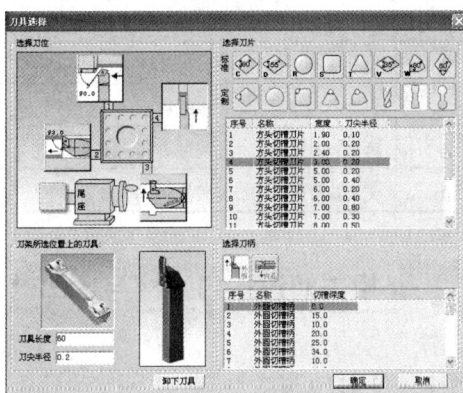
（d）

图 4.2.2 刀具的选择与安装

08 对刀。

09 自动加工。成形工件外形如图 4.2.3 所示。成形工件剖视效果如图 4.2.4 所示。

图 4.2.3 成形工件外形

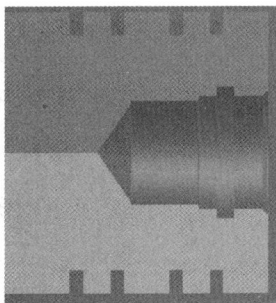

图 4.2.4 成形工件剖视效果

小贴士

1）切削内沟槽时，车刀的主切削刃宽度不能太宽，否则易产生振动（内孔车刀本身刚性较差），刀头长度应略大于槽的深度。

2）注意子程序在什么情况下采用增量编程和绝对编程。

3．学习评价

将学生上机操作完成情况的检测与评价填入表4.2.3。

表 4.2.3 学习评价

序号	项 目	技 术 要 求	配分	评 分 标 准	检测记录	得分
1	软件操作	进入仿真软件	2	每错一次扣2分		
2	机床选择	正确选择机床	3	每错一次扣3分		
3	机床操作	开机、回零	4	每错一次扣3分		
4		装刀、装毛坯	6	每错一次扣3分		
5	试切对刀	对刀并输入刀补值	15	每错一处扣3分		
6	程序输入	正确输入程序	25	每错一处扣5分		
7	自动运行	按程序要求自动加工	10	每错一处扣5分		
8	自动单段运行	单段运行、体会程序	10	另选一种得10分		
9	再次自动运行	另选刀具对刀并加工	15	每错一处扣5分		
10	文明操作	爱护计算机设备	10	一次意外扣2分		

4.2.2　相关知识：内沟槽与多凹槽、程序说明

1．内沟槽与多凹槽

（1）内沟槽

1）车削内沟槽时应使用内沟槽车刀，其刀柄与内孔车刀一样，切削部分与外圆切槽刀相似，只是刀具的后面呈圆弧状避免与孔壁相撞，即主切削刃到刀杆侧面的距离 a 应小于工件孔径 D，如图 4.2.5 所示。

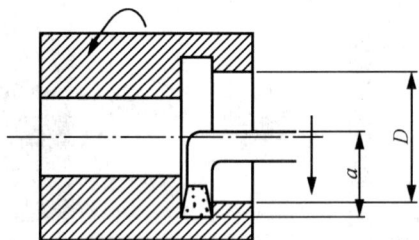

图 4.2.5　内沟槽车刀加工图

2）内沟槽一般较浅，故用 G01 指令即可完成车削。

（2）多凹槽

单个凹槽的加工和多个凹槽的加工，其方法和工艺完全相同，只是任务中给出的多凹槽由两部分完全相同的槽构成，因此可以调用子程序以简化程序。

2．编程知识

    M98   P......   调用子程序
    M99   ......   子程序结束返回/重复执行

　　加工程序分为主程序和子程序。一般地，NC 执行主程序的指令，但当执行到一条子程序调用指令（M98）时，NC 转向并执行子程序。在子程序中执行到返回指令（M99）时，又返回到主程序重新执行子程序。如果有多段子程序，那么执行哪段子程序以及执行多少次子程序由 M98 后的 P 后面的参数决定。当子程序次数执行完成后，再次返回主程序，并开始执行 M98 后的下一句指令。

　　当加工程序需要多次运行一段同样的轨迹时，就可以将这段轨迹编成子程序存储在机床的程序存储器中，每次在程序中需要执行这段轨迹时便可以调用该子程序。

　　当一个主程序调用一个子程序时，该子程序可以调用另一个子程序，这种情况称为子程序的两重嵌套。一般机床可以允许最多达四重的子程序嵌套。在调用子程序指令中，可以指令重复执行所调用的子程序，可以指令重复最多达 999 次。

　　一个子程序应该具有如下格式：

    O××××；   子程序号
    ......
    ......
    ......   子程序内容
    ......
    M99；   返回主程序

　　在程序的开始，应该有一个由地址 O 指定的子程序号，在程序的结尾，返回主程序的指令 M99 是必不可少的。M99 不必出现在一个单独的程序段中，作为子程序的结尾，可以有如下程序段：

    G90 G00 X0 Y100 M99；

　　在主程序中，调用子程序的程序段应包含如下内容：

    M98   P......

　　其中，地址 P 后面所跟的数字中，后面的四位用于指定被调用的子程序的程序号，前面的一至三位数位用于指定调用子程序的重复次数。

    M98 P0051002；   调用 O1002 号子程序，重复 5 次
    M98 P1002；   调用 O1002 号子程序，重复 1 次
    M98 P50004；   调用 O0004 号子程序，重复 5 次

　　子程序调用指令可以和运动指令出现在同一程序段中：

    G00 X75 Y50 Z53 M98 P40035；

　　该程序段指定 X、Y、Z 三轴以快速定位进给速度运动到指令位置，然后调用执行四次 O0035 号子程序。

和其他 M 代码不同，M98 和 M99 执行时，不向机床侧发送信号。当 NC 找不到地址 P 指定的程序号时，发出报警。

子程序调用指令 M98 不能在 MDI 方式下执行，如果需要单独执行一个子程序，可以在程序编辑方式下编辑如下程序，并在自动运行方式下执行。

```
××××；
M98 P××××；
M02(或M30)；
```

在 M99 返回主程序指令中，可以用地址 P 来指定一个顺序号，当这样的一个 M99 指令在子程序中被执行时，返回主程序后并不是执行紧接着调用子程序的程序段后的那个程序段，而是转向执行具有地址 P 指定的顺序号的那个程序段，如下例：

主程序	子程序
N10 ……	O1010；
N20 ……	N1020 ……
N30 M98 P1010；	N1030 ……
N40 ……	N1040 ……
N50 ……	N1050 ……
N60 ……	N1060 ……
N70 ……	N1070 M99 P60；

这种主-子程序的执行方式只有在程序存储器中的程序能够使用。

如果 M99 指令出现在主程序中，执行到 M99 指令时，将返回程序头，重复执行该程序。这种情况下，如果 M99 指令中出现地址 P，则执行该指令时，跳转到顺序号为地址 P 指定的顺序号的程序段。

2．程序说明

1）参考工序说明如表 4.2.2 所示。

2）参考程序说明，主程序如表 4.2.4 所示，子程序如表 4.2.5 所示。

表 4.2.4　加工主程序说明

程　　序	含　义　解　释
O0100；	程序名称
N10 T0101 G99；	换 1 号刀
N20 G00 X100.0 Z100.0；	设定换刀点
N30 M03 S600；	主轴正转，转速 600r/min
N40 G00 X65.0 Z0.2；	快进至进刀点
N50 G01 X−1.0 F0.2；	粗车端面
N60 X60.4；	退刀
N70 Z−59.0；	粗车外圆
N80 X65.0；	退刀
N90 G00 Z0.0；	退刀

程 序	含 义 解 释
N100 G01 X-1.0 F0.08 S800;	精车端面
N110 X60.0;	退刀
N120 Z-59.0;	精车外圆
N130 G00 X100.0 Z100.0;	快速返回换刀点
N140 M05;	主轴停止
N150 T0202;	换 2 号刀
N160 M03 S400;	主轴正转，转速 400r/min
N170 G00 X19.6 Z2.0;	快进至循环起点
N180 G71 U2.0 R1.0;	设置参数，调用循环
N190 G71 P200 Q260 U-0.4 W0.2;	
N200 G00 X26.0;	循环进刀，粗扩内孔
N210 G01 Z0.0 F0.1;	
N220 X24.05 Z-1.0;	
N230 Z-15.05;	
N240 X21.975;	
N250 Z-30.05;	
N260 X20.0;	
N270 G70 P200 Q260 F0.1;	精车内孔
N280 G00 X100.0 Z100.0;	快速返回换刀点
N290 M05;	主轴停止
N300 T0303;	换 3 号刀
N310 M03 S300;	主轴正转，转速 300r/min
N320 G00 X20.0 Z2.0;	快进至安全进刀点
N330 Z-11.05;	快进切槽进刀点
N340 G01 X28.0 F0.08;	切槽
N350 G04 X1.0;	槽底暂停 1s
N360 X20.0;	退刀
N370 G00 Z100.0;	坐标 Z 快速返回换刀点
N380 X100.0;	坐标 X 快速返回换刀点
N390 M05;	主轴停止
N400 T0404;	换 4 号刀
N410 M03 S400;	主轴正转，转速 300r/min
N420 G00 X60.0 Z2.0;	快进至进刀点
N430 G01 Z0.0;	进至循环起点
N440 M98 P00020001;	调用子程序 O0001 共两次
N450 G00 X100.0 Z100.0;	快速返回换刀点
N460 M30;	程序结束

表 4.2.5　加工子程序说明

程　　序	含 义 解 释
O0001;	程序名称
N10 G00 W-13.0;	进至第一个切槽点
N20 G01 U-10.0;	加工第一个槽
N30 G04 X1.0;	暂停 1s
N40 G00 U10.0;	退刀
N50 W-9.0;	进至第二个切槽点
N60 G01 U-10.0;	加工第二个槽
N70 G04 X1.0;	暂停 1s
N80 G00 U10.0;	退刀
N90 M99;	子程序返回

拓展与提高

零件要求：如图 4.2.6 所示零件，材料为 45 钢，毛坯尺寸为 ϕ65mm×120mm。

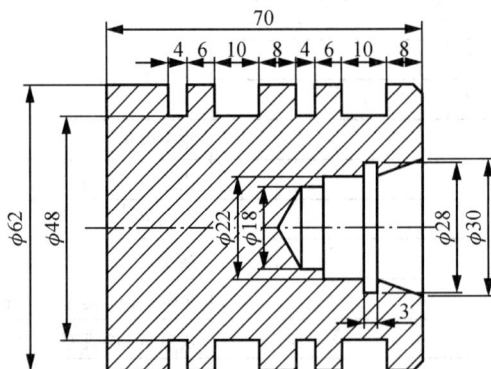

图 4.2.6　沟槽加工零件图样

1．分析图 4.2.6 所示零件尺寸并编制数控车削程序。
2．将图 4.2.6 所示零件用数控仿真加工出来。

项目 5

螺 纹 加 工

学习目标

1. 掌握数控车床对圆柱外螺纹、内螺纹的加工与编程。
2. 圆锥三角形螺纹的加工与编程。
3. 了解螺纹的加工工艺。
4. 加工螺纹指令 G32、G92、G76 的应用。
5. 能正确地选用螺纹车刀、螺纹切削参数。
6. 能对简单螺纹在加工过程中的相关参数进行计算。

轴类零件与套类零件可以用螺纹进行连接。螺纹是在圆柱或圆锥表面上，沿螺旋线所形成的具有规定牙型的连续凸起和沟槽。螺纹分为圆柱螺纹和圆锥螺纹，也可以分为外螺纹和内螺纹，根据牙型不同又可以分为三角形螺纹、矩形螺纹、梯形螺纹、锯齿形螺纹等。螺纹在各种机器中应用非常广泛，如车床的丝杆、四方刀架上用于安装刀具所用的螺钉等。本章主要介绍圆柱外螺纹、内螺纹的加工与编程；圆锥三角形螺纹的加工与编程。下图所示为典型的螺纹零件。

任务 5.1 圆柱三角形外螺纹加工

任务描述

用仿真系统车削如图 5.1.1 所示零件，材料为 45 钢，毛坯尺寸为 ϕ25mm×80mm。刀具要求：1 号刀，80°刀片，93°的主偏角；2 号刀，方头切槽刀片，刀宽 4mm，外圆切槽柄切槽深度为 8mm；3 号刀，60°的螺纹刀，刀尖角为 60°，刃长 11mm，外螺纹刀柄。

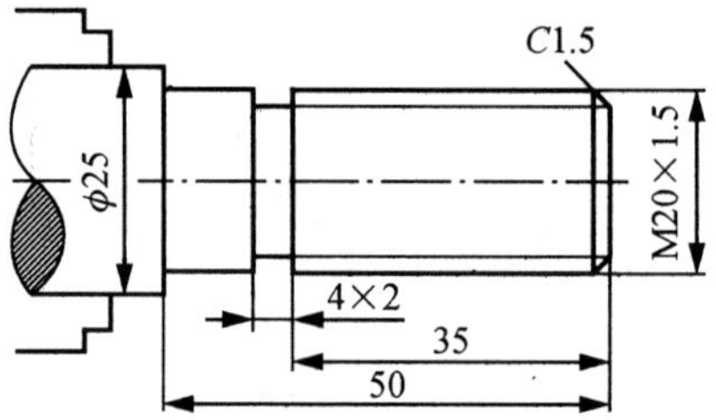

图 5.1.1 三角形外螺纹工件

任务目标

本任务需要达到的学习目标如表 5.1.1 所示。

表 5.1.1 学习目标

知识目标	了解圆柱三角形外螺纹的加工工艺
	能运用 G32、G92 数控编程指令进行圆柱三角形外螺纹的编程
	能正确选用螺纹车刀、切削参数，在加工过程中进行相关参数的计算
	能进行程序的识读
技能目标	能熟练进行数控车床的基本操作
	能熟练进行试切对刀、程序调入并自动加工的操作
情感目标	能养成爱护计算机等设施的好习惯，能发现问题和解决问题
	能养成善于思考、相互学习、相互帮助的习惯

5.1.1 实践操作：圆柱三角形外螺纹的加工

1. 操作准备

安装有上海宇龙数控加工仿真系统软件的教师机一台，学生机 50 台的计算机机房一间，上海宇龙数控加工仿真系统软件 4.8 版本加密锁。

2．操作步骤

01 打开上海宇龙数控加工仿真系统软件。

02 选取广州数控 GSK-980TD 数控车床，标准平床身前置刀架，进入广州数控 GSK-980TD 标准平床身前置刀架数控车床系统。

03 开机、回零。

04 按要求选择刀具并安装。

05 按要求设置毛坯并安装。

06 在手动操作方式下试切对刀（对一把刀）。

对刀口诀：车端面，输 *Z*0，车外圆，输 *X* 测。

07 在手动操作方式下试切对刀（对第二把刀）。

对刀口诀：靠端面，输 *Z*0，车外圆，输 *X* 测。

08 在手动操作方式下试切对刀（对第三把刀）。

对刀口诀：靠端面，输 *Z*0，车外圆，输 *X* 测。

① 对 1 号刀（基准刀）是车端面，输 *Z*0，车外圆，输 *X* 测，并进行对刀。

② 对 2 号刀是靠端面，输 *Z*0，车外圆，输 *X* 测，并进行对刀。

③ 单击操作面板上的按钮 / ，使主轴转动，单击机床操作面板上的按钮 / ，靠近工件端面，使其螺纹刀的刀尖刚好接触工件的边缘尖角处，如图 5.1.2 所示。

④ 在刀具偏置显示窗口中输入 *Z*0，单击按钮输入IN，系统将机床位置的坐标减去 0 后得到的值填入 003 的 *Z* 中，如图 5.1.3 所示。

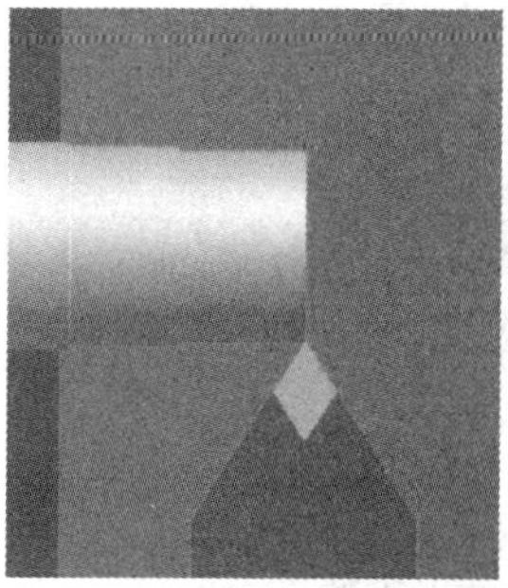

图 5.1.2 刀尖接触工件尖角

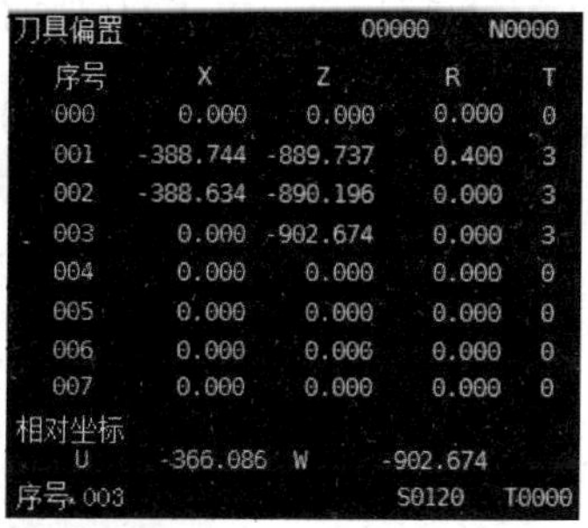

图 5.1.3 3 号刀的刀补值输入 *Z*0 后的显示

⑤ 单击操作面板上的按钮 / ，使主轴转动，单击操作面板上的按钮 / ，靠近工件外圆，手动车削台阶外圆，如图 5.1.4 所示。

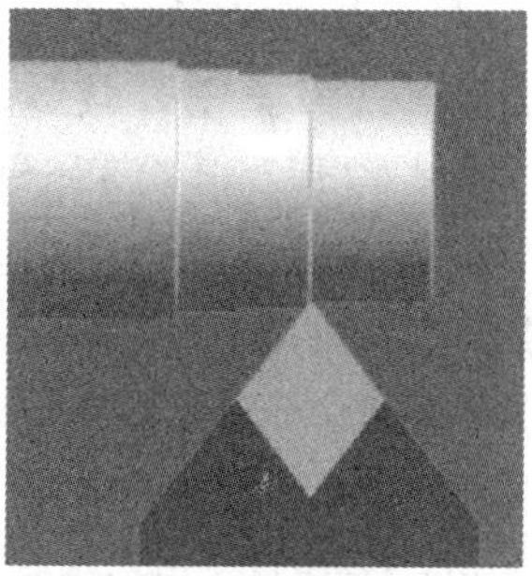

图 5.1.4 刀具试切工件外圆

⑥ 将刀沿⟳方向退出，单击按钮 ○，使主轴停止转动，在刀具偏置显示窗口中输入 X 的测量值（图 5.1.5），单击按钮 输入，在刀偏置 003 的 X 中输入 X 21.502，最后系统会自动计算刀补值，如图 5.1.6 所示。

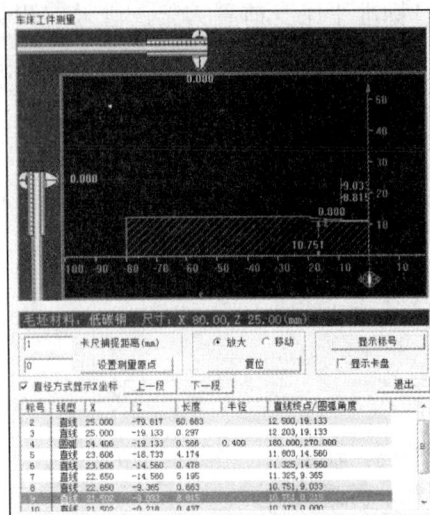

图 5.1.5　"车床工件测量"对话框

图 5.1.6　3 号刀补输入 X 测后的显示

09 在编辑操作方式下，在程序页面中输入任务 5.1 的任务描述中的参考程序。

10 自动运行。单击机床操作面板上的自动运行方式按钮□，进入自动加工方式，单击循环启动按钮□，程序自动运行，加工出该零件，如图 5.1.7 所示。

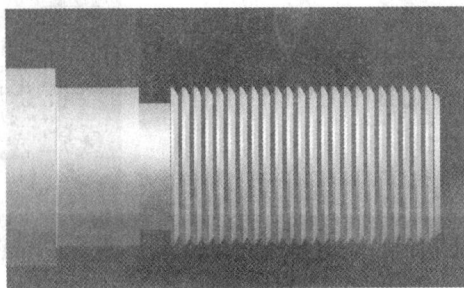

图 5.1.7　零件加工的实体图

小贴士

螺纹切削对刀时，刀尖一定是先快速靠近工件，当目测到刀尖距离工件尖角夹角处较近时，快速变慢速，直至螺纹刀尖刚好接触工件。但是不管怎样对刀，在仿真加工过程中，螺纹刀车削螺纹的长度总会有一些误差，根据前面所学知识我们可以通过修改刀补的办法来解决多刀误差的问题。此外，螺纹刀在仿真加工过程中无刀尖半径，刀补表不需要输入 R 值。

3. 学习评价

将学生上机操作完成情况的检测与评价填入表 5.1.2。

表 5.1.2　学习评价

序号	项　目	技　术　要　求	配分	评　分　标　准	检测记录	得分
1	软件操作	进入仿真软件	2	每错一次扣 2 分		
2	机床选择	正确选择机床	3	每错一次扣 3 分		
3	机床操作	开机、回零	4	每错一次扣 3 分		
4		装刀、装毛坯	6	每错一次扣 3 分		
5	试切对刀 1 号刀	正确对 1 号刀对刀	10	每错一处扣 5 分		
6	试切对刀 2 号刀	正确对 2 号刀对刀	15	每错一处扣 5 分		
7	试切对刀 3 号刀	正确对 3 号刀对刀	20	每错一处扣 5 分		
8	程序输入	正确输入程序	10	每错一处扣 5 分		
9	自动运行	按程序要求自动加工	10	每错一处扣 5 分		
10	再次自动运行	另选刀具对刀后自动加工	10	每错一处扣 5 分		
11	文明操作	爱护计算机设备	10	一次意外扣 2 分		

5.1.2　相关知识：三角形螺纹加工工艺、螺纹加工指令

1. 三角形螺纹的加工工艺

1）三角形螺纹的主要参数及计算公式如表 5.1.3 所示，主要参数如图 5.1.8 所示。

表 5.1.3　三角形螺纹的主要参数及计算公式

参　数　名　称	代　号	计　算　公　式
牙型角	α	60°
螺距	P	由标准确定
螺纹大径	$d(D)$	公称直径
螺纹中径	$d_2(D_2)$	$d_2 = d - 0.6495P(\text{mm})$
牙型高度	h_1	$h_1 = 0.5413P(\text{mm})$
螺纹小径	$d_1(D_1)$	$d_1 = d - 2h_1 = d - 1.0825P(\text{mm})$

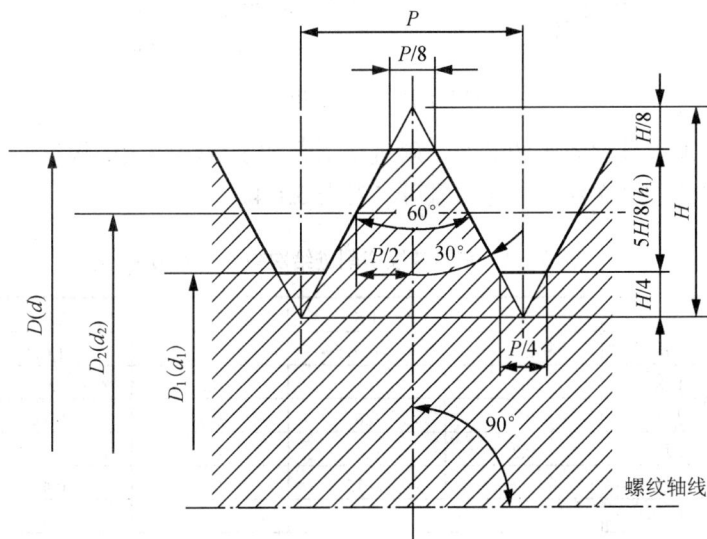

图 5.1.8　三角形螺纹主要参数图

2）车削三角形螺纹车刀的类型。机夹式三角形螺纹车刀如图 5.1.9 所示，分为外螺纹车刀和内螺纹车刀两种。

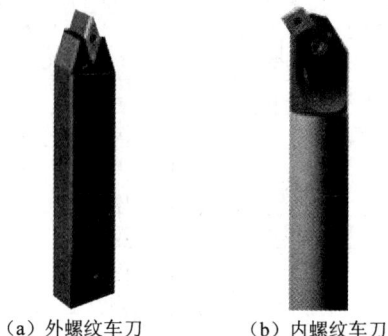

（a）外螺纹车刀　　　　（b）内螺纹车刀

图 5.1.9　三角形螺纹刀具

此外，还需选择螺纹车刀参数，如三角形螺纹车刀刀尖角等于螺纹牙型角 60°；三角形内螺纹车刀刀尖至刀背距离应小于内孔直径，防止刀具发生干涉。

3）螺纹的常用切削方法。数控车床加工螺纹常用的方法有直进法和斜进法两种，如图 5.1.10 所示。

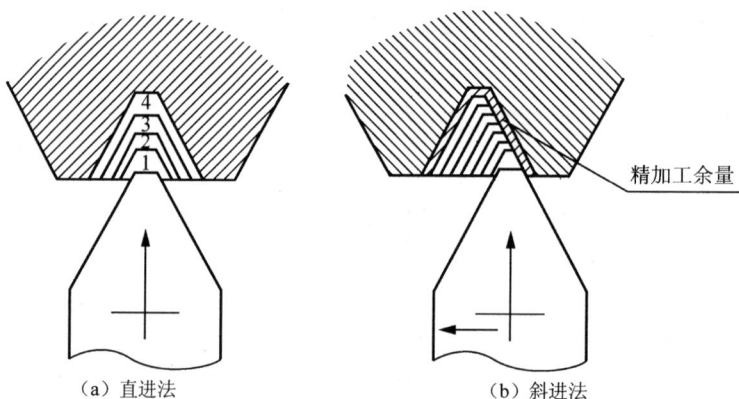

（a）直进法　　　　　　　（b）斜进法

图 5.1.10　螺纹切削方法

直进法适合加工导程较小的螺纹，斜进法适合加工导程较大的螺纹。每次进给的背吃刀量递减。常用的进给次数与背吃刀量可参考表 5.1.4。

表 5.1.4　常用螺纹切削进给次数与背吃刀量

螺距/mm		1	1.5	2	2.5	3
牙高（半径值）/mm		0.65	0.975	1.3	1.625	1.95
每次的背吃刀量（直径值）/mm	1 次	0.7	0.8	0.8	1.0	1.2
	2 次	0.4	0.6	0.7	0.7	0.7
	3 次	0.2	0.4	0.5	0.6	0.6
	4 次		0.15	0.4	0.4	0.4
	5 次			0.2	0.4	0.4
	6 次				0.15	0.4
	7 次					0.2

4）车螺纹的进给速度。螺纹加工时，F 进给速度指令无效，实际的进给速度(mm/min)＝主轴转速(r/min)×导程(mm)。切削速度较低易产生鳞刺，速度太高则挤压变形严重。一般高速钢螺纹车刀切削速度为 100～150r/min，硬质合金螺纹车刀的切削速度为 300～400r/min。

2．螺纹加工指令

（1）等螺距螺纹切削指令——G32

1）指令格式。

```
G32 X(U)__ Z(W)__ F__;
```

X(U)__ Z(W)__：螺纹的终点绝对/增量坐标值。

F__：螺纹的导程。

2）指令说明。G32 为模态 G 代码。螺纹的导程是指主轴转一圈长轴的位移量（X 轴位移量按半径值计算）。指令中当 X(U)__省略时，进行圆柱螺纹切削；Z(W)__省略时，进行端面螺纹切削；X(U) Z(W)__都不省略时，则进行锥螺纹切削。

3）刀具轨迹。

G32 的运行轨迹如图 5.1.11 所示。G32 指令近似于 G01 指令，刀具从 B 点以每转进给一个导程（或螺距）的速度切削至 C 点。在切削过程中的进刀和退刀都要由其他的程序段来实现，如图中的 AB、CD、DA 的程序段。

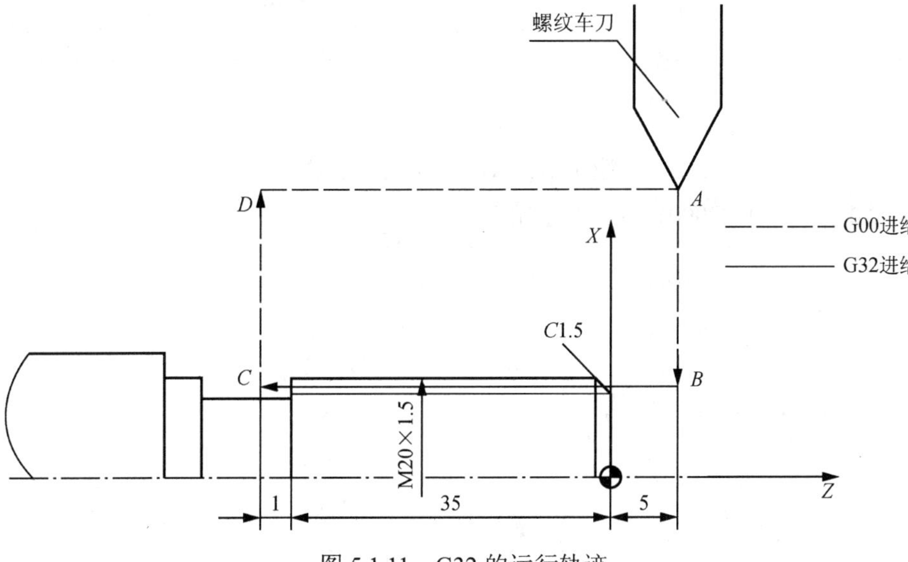

图 5.1.11 G32 的运行轨迹

（2）螺纹切削循环指令——G92

1）指令格式。

```
G92 X(U)__ Z(W)__ F__;        公制圆柱螺纹切削循环
G92 X(U)__ Z(W)__ R__ F__;    公制圆锥螺纹切削循环
```

X(U)__ Z(W)__：螺纹的终点绝对/增量坐标值。

F__：螺纹的导程。

R__：圆锥螺纹切削起点与切削终点 X 轴绝对坐标的差值（半径值），当 R 与 U 的符号

不一致时，要求 $|R| \leqslant |U/2|$。

2）指令说明。G92 指令为模态 G 代码。切削起点是指螺纹插补的起始位置，切削终点是指螺纹插补的结束位置。执行指令时，螺纹可以分多次走刀来完成加工，但不能实现 2 个连续螺纹的加工，也不能加工端面螺纹。在循环过程中，应注意循环起点的正确选择。通常情况下，X 向循环起点取在离表面 1～2mm（直径）的位置，Z 向的循环起点取距离螺纹端面 3～6mm 的位置。

3）循环轨迹。

G92 圆柱螺纹循环运动轨迹如图 5.1.12（a）所示，运动轨迹是一个矩形轨迹。刀具从循环起点 A 沿 X 向快速移动至 B 点，然后以导程/转的进给速度沿 Z 向切削进给至 C 点，再从 X 向快速退刀至 D 点，最后返回循环起点 A，准备下一次循环。

G92 圆锥螺纹切削循环运动轨迹如图 5.1.12（b）所示，该轨迹与直螺纹切削循环轨迹相似（原水平直线 BC 改为倾斜直线）。

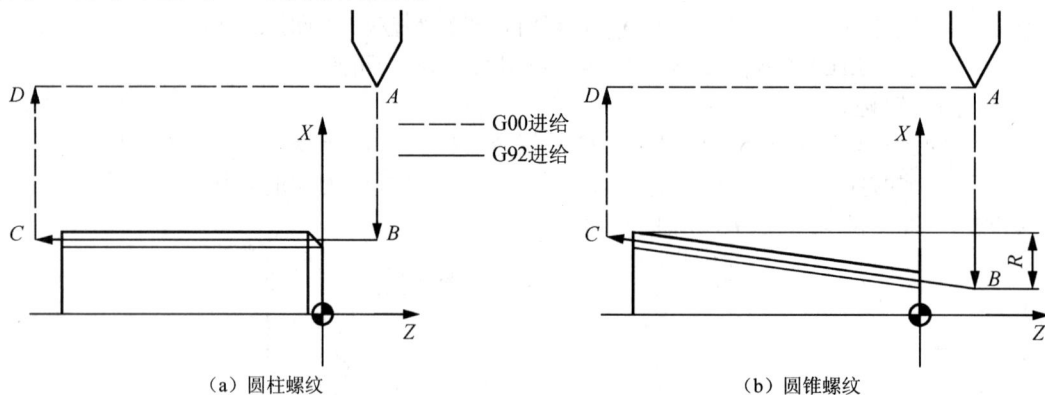

图 5.1.12　G92 循环运动轨迹

程序如图 5.1.1 的 O0001 参考程序如下。

```
O0001;
N10 T0101;
N20 G00 X100.0 Z100.0;
N30 M03 S800;
N40 G00 X26.0 Z2.0;
N50 Z0.0;
N60 G01 X0.0 F100;
N70 G00 Z1.0;
N80 X26.0;
N90 Z0.0;
N100 G71 U1.0 R1.0 F100;
N110 G71 P120 Q170 U0.6 W0.2;
N120 G00 X0.0;
N130 G42 G01 Z0.0 F100;
N140 X17.0;
N150 X20.0 Z-1.5;
N160 Z-50.0;
N170 G40 G01 X26.0;
```

```
N180 G00 X100.0 Z100.0;
N190 G70 P120 Q170 F120 S1200;
N200 G00 X100.0 Z100.0;
N210 M05 T0100;
N220 M00;
N230 T0202;
N240 G00 X100.0 Z100.0;
N250 M03 S400;
N260 G00 X22.0;
N270 Z-39.0;
N280 G01 X16.0 F40;
N290 G00 X100.0;
N300 Z100.0;
N310 M05;
N320 M00;
N330 T0303;
N340 G00 X100.0 Z100.0;
N350 M03 S500;
N360 G00 X20.0 Z5.0;
N370 G92 X19.0 Z-36.0 F1.5;
N380 X18.4;
N390 X18.15;
N400 X18.05;
N410 X18.05;
N420 G00 X100.0;
N430 Z100.0;
N440 M05 T0200;
N450 M30;
```

拓展与提高

1. 如图 5.1.13 所示零件，材料为 45 钢，毛坯尺寸为 φ50mm×85mm，试编写其数控加工程序。

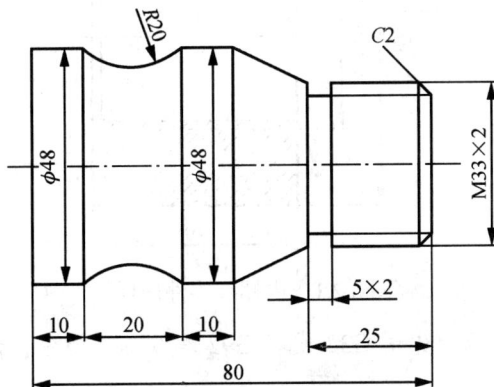

图 5.1.13　三角形圆柱外螺纹综合零件图样 1

2. 将图 5.1.13 所示零件用数控仿真加工出来。

3. 如图 5.1.14 所示零件，试编写出数控加工程序，再用数控仿真加工出来，毛坯尺寸为 $\phi 40\text{mm} \times 65\text{mm}$，材料为 45 钢。

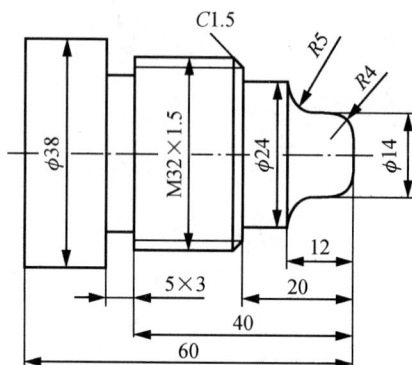

图 5.1.14　三角形圆柱外螺纹综合零件图样 2

任务 5.2　圆柱内螺纹的加工

任务描述

用仿真系统车削如图 5.2.1 所示零件，材料为 45 钢，毛坯选择外圆尺寸为 $\phi 60\text{mm} \times$ 45mm，内孔尺寸为 $\phi 22\text{mm} \times 45\text{mm}$。推荐使用刀具：1 号刀，80° 刀片，内孔柄车刀加工深度为 60mm，最小直径为 21mm，93° 的主偏角；2 号刀，60° 的螺纹刀，刀尖角为 60°，刃长 11mm，内螺纹柄，加工深度为 125mm，最小加工直径为 20mm。

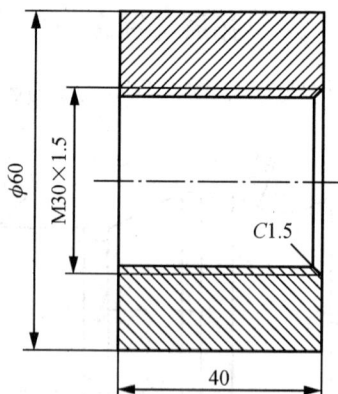

图 5.2.1　内螺纹零件图样

根据前面所学的知识，先用 G32 或者 G92 螺纹加工指令，试编写出图 5.2.1 的数控加工程序。

任务目标

本任务需要达到的学习目标如表5.2.1所示。

表 5.2.1 学习目标

知识目标	了解内螺纹的加工工艺
	能运用 G32、G92、G76 等数控编程指令进行螺纹的编程
	能正确选用螺纹车刀、切削参数，在加工过程中进行相关参数的计算
	能根据图样分析零件加工工艺，编写加工程序
技能目标	能熟练进行数控车床的基本操作
	能熟练进行试切对刀，对好内孔车刀和内螺纹车刀
	能熟练进行程序输入/调入、自动加工并测量等操作
情感目标	能养成爱护计算机等设施的好习惯，能发现问题和解决问题
	能养成善于思考、举一反三、相互学习、相互帮助的习惯

5.2.1 实践操作：圆柱内螺纹的加工

1. 操作准备

安装有上海宇龙数控加工仿真系统软件的教师机一台，学生机 50 台的计算机机房一间，上海宇龙数控加工仿真系统软件 4.8 版本加密锁。

2. 操作步骤

01 打开上海宇龙数控加工仿真系统软件，正确进行开机、回零。

02 按要求选择刀具和毛坯并安装。

03 在手动操作方式下试切对刀（对 1 号刀）。

对刀口诀：车端面，输 Z 值（Z 值＝Z 测－Z 需），车内孔，输 X 测。

04 在手动操作方式下试切对刀（对 2 号刀）。

对刀口诀：车端面，输 Z 值（与 1 号刀的 Z 值一样），车内孔，输 X 测。

05 在编辑操作方式下，在程序页面中输入编写的数控车削程序。

06 自动运行。单击操作面板上的自动运行方式按钮□，进入自动加工方式，单击循环启动按钮□，程序开始执行，结果如图 5.2.2 所示。

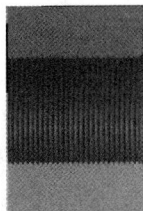
（a）全剖零件图

（b）零件实体图

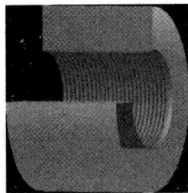
（c）半剖零件实体图

图 5.2.2 零件加工的实体图

小贴士

内螺纹对刀和外螺纹对刀的操作注意事项基本一致。特别值得注意的是，在选择内孔车刀、内螺纹车刀时，刀具参数的确定相当重要，刀柄的长度、刀具能车削孔径的最小直径都应该合理地选择。此外，在仿真加工过程中，为了能更清楚地了解加工过程，工件可以选择半剖视图或者全剖视图。

3．学习评价

将学生上机操作完成情况的检测与评价填入表 5.2.2。

表 5.2.2　学习评价

序号	项　目	技　术　要　求	配分	评 分 标 准	检测记录	得分
1	软件操作	进入仿真软件	2	每错一次扣 2 分		
2	机床选择	正确选择机床	3	每错一次扣 3 分		
3	机床操作	开机、回零	4	每错一次扣 3 分		
4		装刀、装毛坯	6	每错一次扣 3 分		
5	试切对刀	正确对好第一把刀	10	每错一处扣 5 分		
6	试切对刀	正确对好第二把刀	10	每错一处扣 5 分		
7	试切对刀	正确对好第三把刀	15	每错一处扣 5 分		
8	尺寸	零件各部分尺寸正确	10	每错一次扣 2 分		
9	程序输入	正确输入程序	10	每错一处扣 5 分		
10	自动运行	按程序要求自动加工	10	每错一处扣 5 分		
11	再次自动运行	另选刀具对刀后自动加工	10	每错一处扣 5 分		
12	文明操作	爱护计算机设备	10	一次意外扣 2 分		

5.2.2　相关知识：多重螺纹切削循环指令、工艺分析、程序编制

1．多重螺纹切削循环指令——G76

（1）指令格式

```
G76 P(m)(r)(α) Q(Δdmin) R(d);
G76 X(U)__ Z(W)__ R(i) P(k) Q(Δd) F__;
```

（2）G76 指令的功能

通过多次螺纹粗车、螺纹精车完成规定牙高的螺纹加工，如果定义的螺纹角度不为 0°，螺纹粗车的切入点由螺纹牙顶逐步移至螺纹牙底，使得相邻两牙螺纹的夹角为规定的螺纹角度。G76 指令可加工带螺纹退尾的直螺纹和锥螺纹，可实现单侧刀刃螺纹切削，吃刀量逐渐减少，有利于保护刀具、提高螺纹精度。G76 指令不能加工端面螺纹。

（3）指令意义

G76 表示多重螺纹切削循环。

① m：精加工重复次数，01～99，用两位数来表示。

② r：螺纹退尾长度，该值的大小为（$0.1 \times L$），用 00～99 的两位整数来表示，其中 L 为螺纹的螺距。

③ α：刀尖角度（螺纹牙型角），可以选择 80°、60°、55°、30°、29° 和 0° 共 6 种中的任意一种，该值由两位数来表示。

m、r、α 用地址 P 同时指定。例如，$m=4$，$r=0mm$，$\alpha=60°$ 可表示为 P040060。

④ Δd_{min}：最小车削深度，该值用不带小数点的半径值来表示，单位为μm，车削过程中该参数的值为模态值。

⑤ d：精加工余量，该值用不带小数点的半径值来表示，单位为 mm。

⑥ X(U)__ Z(W)__：螺纹终点的坐标值，绝对坐标或增量坐标。

⑦ i：螺纹锥度，是螺纹起点与螺纹终点 X 轴绝对坐标的差值，用半径来表示，当 $i=0$ 时，则进行圆柱螺纹切削。

⑧ k：螺纹的牙高，螺纹的总切削深度，该值用不带小数点的半径值来表示，单位为μm。

⑨ Δd：第一次切削深度，该值用不带小数点的半径值来表示，单位为μm。

⑩ F：螺纹的导程，单位为 mm。

（4）G76 指令循环运动轨迹

多重螺纹切削循环指令 G76 的运动轨迹如图 5.2.3 所示。刀具从循环起点 A 处快速移动到 B_1 点，螺纹切深为Δd→沿平行于 CD 的方向螺纹切削至离 Z 向终点距离为 r 处→倒角退刀至与 DE 相交处→沿 X 向快速退刀至 E 点→快速返回 A 点，完成第一次切削，准备第二次切削循环；如此循环，直至循环结束。

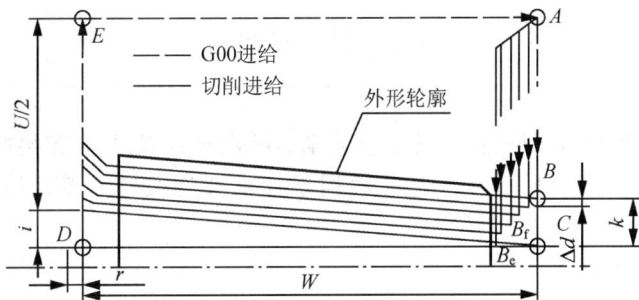

（a）G76 循环运动轨迹图

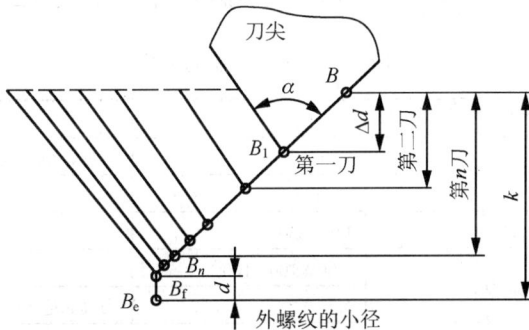

（b）进刀轨迹图

图 5.2.3　G76 循环运动轨迹及刀具轨迹图

（5）指令说明

1）循环的起点或终点 A：程序运行前和运行结束时的位置。

2）螺纹起点 C：Z 轴绝对坐标与 A 点相同、X 轴绝对坐标与 D 点 X 轴绝对坐标的差值为 i（螺纹锥度半径值）。

3）螺纹终点 D：由 X(U) Z(W) 定义的螺纹切削终点。如果有螺纹退尾，切削终点长轴方向为螺纹切削终点，短轴方向为退尾后的位置。

4）螺纹切削深度参考点 B：B 点的螺纹切削深度为 0mm，该点的 X 坐标＝小径＋2k，是系统计算每一次螺纹切削深度的参考点。

5）G76 指令可加工带螺纹退尾的直螺纹和锥螺纹，可实现单侧刀刃螺纹切削，吃刀量逐渐减少，有利于保护刀具，提高螺纹精度。但 G76 指令不能加工端面螺纹。

2．工艺过程分析

以图 5.2.1 所示零件进行加工工艺分析，具体分析过程如下。

1）用内孔车刀加工端面，车 ϕ22mm 的内孔至尺寸 ϕ28.43mm（$D_孔 \approx D-1.05P$），倒角 C1.5，保证工件总长 40mm。

2）车螺纹 M30×1.5mm，计算螺纹的相关参数，螺纹的大径 D 为 ϕ30mm，小径 D_1 为 ϕ28.43mm；牙高的计算如下。

$$H_1 = 0.5413P$$
$$= 0.5413 \times 1.5$$
$$= 0.811\ 95$$
$$\approx 0.812 (mm)$$

小贴士

内螺纹尺寸可以车大一些，以便于装配，所以大径尺寸没有按四舍五入的方法舍去，而是增加了大径的尺寸。也可按国家标准来查表确定螺纹的各尺寸。

3．数控加工程序编制

数控加工程序编制与分析（图 5.2.1 所示内螺纹零件）如表 5.2.3 所示。

表 5.2.3　程序编制与分析

编程思路	步骤说明	程序	走刀轨迹说明
车削外形、车孔		……	外形、车孔程序参照前面所学知识编写
选刀，主轴正转 500 转	选刀	T0303;	
	主轴正转 500 转	M03 S500;	
刀具定点	快速定位到起刀点	G00 X100 Z100;	
		X28.0 Z5.0;	刀具靠近工件，但不接触工件
螺纹车削	车螺纹循环的第一步	G76 P040060 Q25 R0.03;	螺纹循环中精加工重复 4 次，螺纹无退尾倒角，刀尖角 60°，最小切削深度为 25μm，精加工余量留 0.03mm

编程思路	步骤说明	程序	走刀轨迹说明
螺纹车削	车螺纹循环的第二步	G76 X30.0 Z−41.0 R0.0 P812 Q150 F1.5;	螺纹的终点坐标值，圆柱螺纹切削，螺纹的牙型高度为812μm，螺纹第一次切削深度为150μm，螺纹的螺距为1.5mm
返回起点	退刀	G00 Z100.0;	退刀，先退 Z 方向
		X100.0;	退刀，再退 X 方向
主轴停止,程序结束，返回基准刀	主轴停止	M05;	
	返回1号刀，基准刀	T0101;	
	程序结束，返回程序开头	M30;	

拓展与提高

1. 如图 5.2.4 所示零件，材料为 45 钢。请试着自己编写数控车削程序。

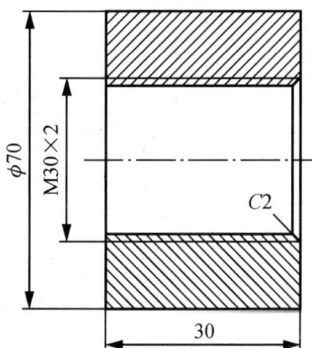

图 5.2.4 内螺纹零件图样

2. 将图 5.2.4 所示零件用仿真系统加工出来。

3. 请编写出图 5.2.5 所示零件的数控加工程序，用仿真系统加工出来。

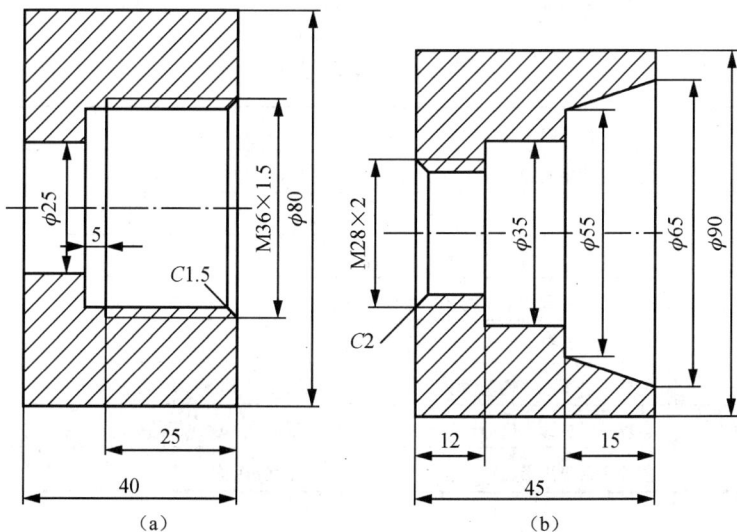

（a）　　　　　　　　　　　（b）

图 5.2.5 内螺纹综合零件图样

任务 *5.3* 圆锥三角形外螺纹加工

任务描述

用仿真系统车削如图 5.3.1 所示零件，材料为 45 钢，毛坯外圆尺寸为 $\phi52\text{mm}\times$ 80mm。推荐使用刀具：1 号刀，80° 刀片，93° 主偏角；2 号刀，切刀，刀宽 4mm；3 号刀，外螺纹车刀。

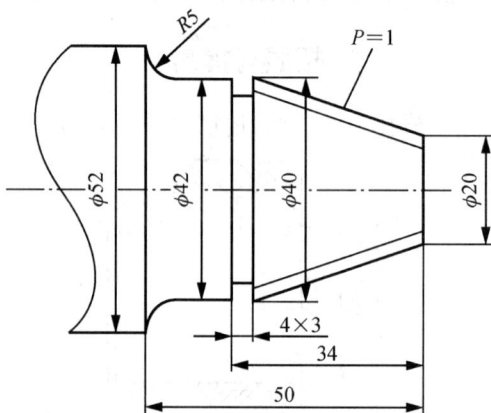

图 5.3.1　圆锥外螺纹零件图样

根据前面所学的知识，先用 G92 或者 G76 螺纹加工指令，试编写出图 5.3.1 所示零件的数控加工程序。

任务目标

本任务需要达到的学习目标如表 5.3.1 所示。

表 5.3.1　学习目标

知识目标	了解圆锥三角形螺纹的加工工艺
	能灵活运用 G32、G92、G76 数控编程指令进行螺纹加工编程
	熟悉圆锥三角形螺纹切削参数的选用，加工过程中进行参数的计算
	能根据图样分析零件，编写加工程序
技能目标	能熟练进行数控车床的基本操作
	能熟练进行试切对刀，对好螺纹车刀等刀具
	能熟练进行程序输入/调入、自动加工并测量等操作
情感目标	能养成爱护计算机等设施的好习惯，能发现问题和解决问题
	能养成善于思考、举一反三、相互学习、相互帮助的习惯

5.3.1 实践操作：圆锥三角形外螺纹加工

1．操作准备

安装有上海宇龙数控加工仿真系统软件的教师机一台，学生机 50 台的计算机机房一间，上海宇龙数控加工仿真系统软件 4.8 版本加密锁。

2．操作步骤

01 打开上海宇龙数控加工仿真系统软件，进行开机、回零操作。

02 按要求选择刀具、毛坯并安装。

03 在手动操作方式下试切对刀（对第一把刀）。

04 在手动操作方式下试切对刀（对第二把刀）。

05 在手动操作方式下试切对刀（对第三把刀）。

06 在编辑操作方式下，在程序页面中输入编写的数控车削程序。

07 自动运行。单击操作面板上的自动运行方式按钮□，进入自动加工方式，单击循环启动按钮□，程序开始执行，结果如图 5.3.2 所示。

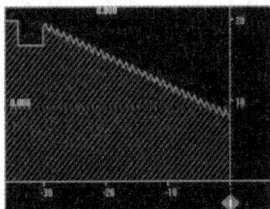

(a) 圆锥螺纹测量图　　(b) 圆锥螺纹实体图一　　(c) 圆锥螺纹实体图二

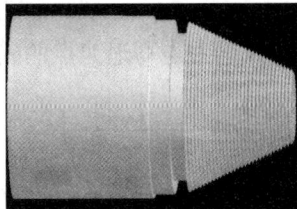

图 5.3.2　圆锥三角形外螺纹图

小贴士

车削圆锥外螺纹和圆柱外螺纹车削的对刀一样。在编程的过程中，应该正确地确定刀具的起刀点和退刀点，螺纹参数的正确计算与选用。

3．学习评价

将学生上机操作完成情况的检测与评价填入表 5.3.2。

表 5.3.2　学习评价

序号	项　目	技术要求	配分	评分标准	检测记录	得分
1	软件操作	进入仿真软件	2	每错一次扣 2 分		
2	机床选择	正确选择机床	3	每错一次扣 3 分		
3	机床操作	开机、回零	4	每错一次扣 3 分		

续表

序号	项 目	技 术 要 求	配分	评 分 标 准	检测记录	得分
4	机床操作	装刀、装毛坯	6	每错一次扣3分		
5	试切对刀	正确对好第一把刀	15	每错一处扣5分		
6	试切对刀	正确对好第二把刀	15	每错一处扣5分		
7	试切对刀	正确对好第三把刀	15	每错一处扣5分		
8	程序输入	正确输入程序	10	每错一处扣5分		
9	自动运行	按程序要求自动加工	10	每错一处扣5分		
10	再次自动运行	另选刀具对刀后自动加工	10	每错一处扣5分		
11	文明操作	爱护计算机设备	10	一次意外扣2分		

5.3.2 相关知识：工艺分析与程序编写

1．工艺过程分析

以图5.2.1所示零件进行加工工艺分析，具体分析过程如下。

01 用外圆车刀和切刀加工出零件的外形，保证零件的外形尺寸。

02 车螺纹 $P=1mm$ 的圆锥外螺纹，计算螺纹的相关参数、螺纹的起刀点的坐标、螺纹退刀点的坐标。

① 螺纹起刀点与退刀点的确定与计算，如图5.3.3所示。

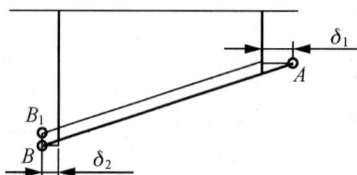

图5.3.3 圆锥螺纹坐标点计算分析图

图中 A 点为车削圆锥螺纹进刀的起点，δ_1 为升速进刀段，是车削螺纹的起点到工件端面的距离（一般取3～5mm）；B 点为车削圆锥螺纹退刀点，δ_2 为减速退刀段，是圆锥螺纹终点到退刀点的距离（一般取1～3mm）。

② 计算 A、B 点的坐标，R 值的确定。

设 $\delta_1=3mm$，$\delta_2=1mm$，A 点：$X=18mm$，$Z=3mm$；B 点：$X=40.66mm$，$Z=-31mm$；则 R 值的计算如下。

$$R=\frac{18}{2}-\frac{40.66}{2}$$
$$=-11.33(mm)$$

③ 牙高的计算如下。

$$H_1=0.5413P$$
$$=0.5413\times1$$
$$=0.5413$$
$$\approx0.541(mm)$$

④ 车削螺纹最后一刀终点坐标值的计算与确定。

由于 B 点的坐标为 $X=40.66\text{mm}$，$Z=-31\text{mm}$；该螺纹的螺距 $P=1\text{mm}$，牙高取 $541\mu\text{m}$；则螺纹最后一刀的终点 B_1 坐标值为 $X=40.66-2\times0.541=39.578\text{(mm)}$，$Z=-31\text{mm}$。

> **小贴士**
>
> 在编写圆锥外螺纹的程序时，G92 或者 G76 程序的前一段程序中，X 的坐标应该确定好，X 的坐标应该大于或者等于圆锥螺纹大端的直径。

2. 数控加工程序的编写

数控加工程序编制与分析（图 5.3.1 所示圆锥外螺纹工件）如表 5.3.3 所示。

表 5.3.3 程序编制与分析

编 程 思 路	步 骤 说 明	程 序	走刀轨迹说明
车削外形、切槽		……	外形、切槽程序参照前面所学知识编写
选刀，主轴正转 500 转	选刀	T0303;	
	主轴正转 500 转	M03 S500;	
刀具定点	快速定位到起刀点	G00 X100 Z100;	
		X42.0 Z3.0;	刀具靠近工件，X 的坐标大于圆锥大端直径
螺纹车削	车螺纹循环的第一步	G76 P050060 Q25 R0.03;	螺纹循环中精加工重复 5 次，螺纹无退尾倒角，刀尖角为 60°，最小切削深度为 25μm，精加工余量留 0.03mm
	车螺纹循坏的第二步	G76 X39 578 Z-31.0 R-11.66 P541 Q150 F1;	螺纹的终点坐标值，圆锥螺纹切削，螺纹的牙型高度为 541μm，螺纹第一次切削深度为 150μm，螺纹的螺距为 1mm
返回起点		G00 Z100.0 X100.0;	退刀，返回起点
主轴停止程序结束，返回基准刀	停止主轴	M05;	
	返回 1 号刀，基准刀	T0101;	
	程序结束，返回程序开头	M30;	

拓展与提高

1. 如图 5.3.4 所示零件，毛坯尺寸为 $\phi35\text{mm}\times50\text{mm}$，材料为 45 钢。请编写数控加工程序，用仿真系统加工出来。

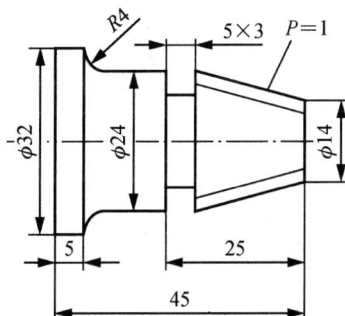

图 5.3.4 综合零件图样 1

2. 请编写出图 5.3.5 所示零件的数控加工程序，用仿真系统加工出来。

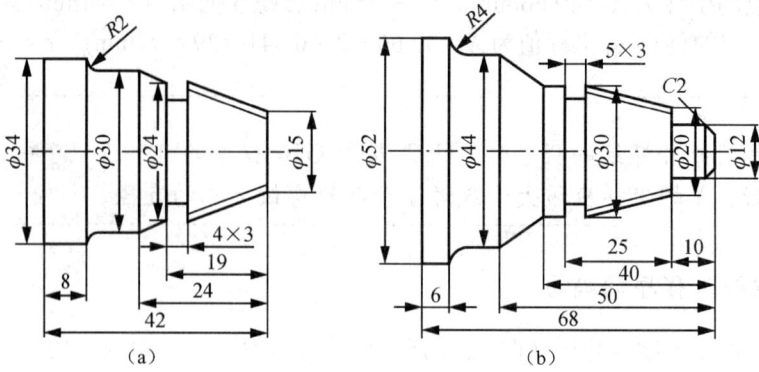

图 5.3.5　综合零件图样 2

项目 *6*

数控车工中级理论、仿真技能考试模拟强化训练

学习目标

1. 熟悉运用上海宇龙数控仿真考试软件进行理论、仿真技能考试的操作方法。

2. 熟悉数控车工中级理论、仿真技能考试题库中的部分题目，明确数控车工中级理论、仿真考试内容及方式。

3. 能熟练编写仿真题库的部分题目的数控加工程序。

4. 能熟练完成数控车工中级理论、仿真模拟考试。

5. 能顺利通过数控车工中级理论、仿真技能考试，拿到数控车工中级证书。

重庆市职业技能鉴定指导中心早在 2009 年便决定在数控车工中级职业技能鉴定操作技能考核中增加数控仿真考试，整个考核分为理论考试、仿真考试和机床实操考试三个部分，每部分均为 100 分，仿真考试、机床实操考试在操作技能考核中所占比例分别为 40%和 60%，两者实际考试分数之和计入操作技能考核成绩。理论考试和仿真考试均采用计算机操作方式，使用上海宇龙数控仿真考试软件；实操考试在数控机床上进行。

为让学生更好地适应及通过数控车工中级职业技能鉴定操作技能考核，本项目重点进行数控车工中级职业技能鉴定考核中的数控仿真考试训练。模拟训练上海宇龙数控仿真考试软件的使用，有针对性地进行数控车工中级理论、仿真技能考试强化训练。

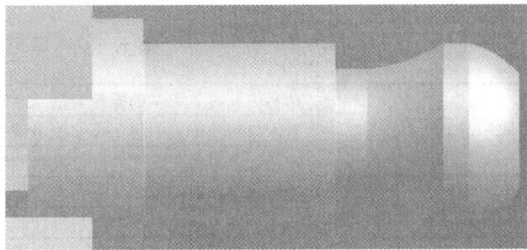

任务 *6.1* 数控车工中级考证仿真模拟考试训练

任务描述

按以下要求进行数控车工中级考证上机仿真模拟考试训练。

（1）本题分值：100分。

（2）考核时间：120分钟。

（3）具体考核要求：按工件图样完成加工操作，工件图样如图6.1.1所示。

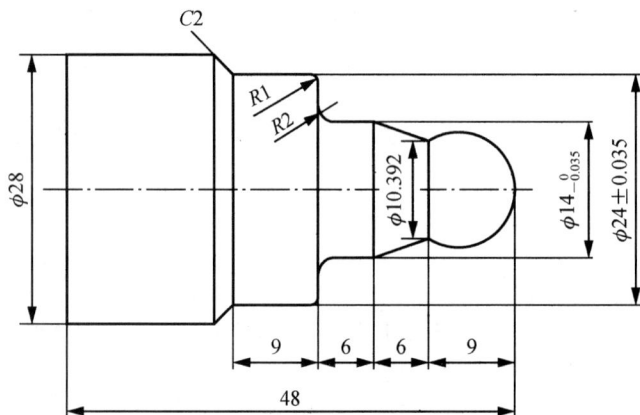

图 6.1.1 仿真考试工件图样

推荐使用刀具如表6.1.1所示。

表 6.1.1 推荐使用刀具

序　号	刀片类型	刀片角度	刀　柄
1	菱形刀片	80°	93° 正偏手刀
2	菱形刀片	35°	93° 正偏手刀
3	菱形刀片	45°	90° 正偏手刀

工件毛坯尺寸：$\phi 30mm \times 55mm$。

任务目标

本任务要达成的学习目标如表6.1.2所示。

表 6.1.2 学习目标

知识目标	熟悉仿真技能考试的操作方法	
	能识记数控车工中级仿真技能考试题库的部分题目	
	能熟练编写仿真题库的部分题目的数控加工程序	
技能目标	能熟练进行数控车工中级仿真技能考试的操作	
	能熟练完成数控车工中级仿真技能考试	
情感目标	能养成爱护计算机等设施的好习惯	
	能养成善于动脑、细心操作、规范操作的习惯	

实践操作：数控车工中级仿真技能考试模拟考试训练

1．操作准备

`01` 准备安装有上海宇龙数控加工仿真系统软件的教师机一台，学生机 50 台的计算机机房一间，以及上海宇龙数控加工仿真系统软件 4.8 版本加密狗。

`02` 在教师机上插上上海宇龙数控加工仿真系统软件加密狗并运行。

`03` 将鼠标移至加密狗图标上方右击，在弹出的快捷菜单中执行"属性"命令，弹出"加密锁属性"对话框，在对话框中勾选"使用网上考试功能"复选框，单击"确定"按钮，如图 6.1.2 所示。

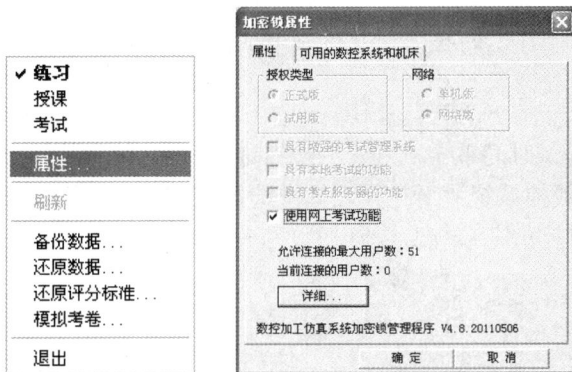

图 6.1.2　更改加密狗属性

小贴士

"使用网上考试功能"要求教师机与互联网连接。

`04` 教师机运行考点管理程序。将上海宇龙数控仿真考试中心的考试数据下载并做好数控车削仿真考试安排。

2．操作步骤

`01` 打开上海宇龙数控加工仿真系统文件内的考生程序软件，进入考试准备页面，如图 6.1.3、图 6.1.4 所示。

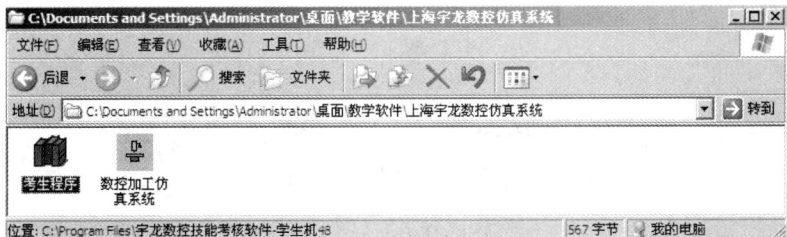

图 6.1.3　打开考生程序

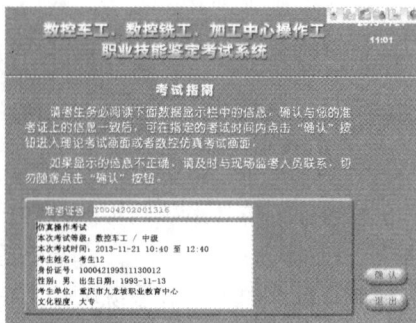

图 6.1.4　进入考试准备页面

小贴士

此时请认真核对自己的姓名、身份证号、性别等信息是否正确无误，如发现有错误及时报告监考教师。

02 在规定的考试时间单击"确认"按钮进入"考试指南"，认真阅读"考试指南"后，在"您要使用的数控系统"下拉列表框中选择要使用的数控系统，如选取"广州数控系统"，单击"进入数控仿真系统"按钮，如图 6.1.5 所示。

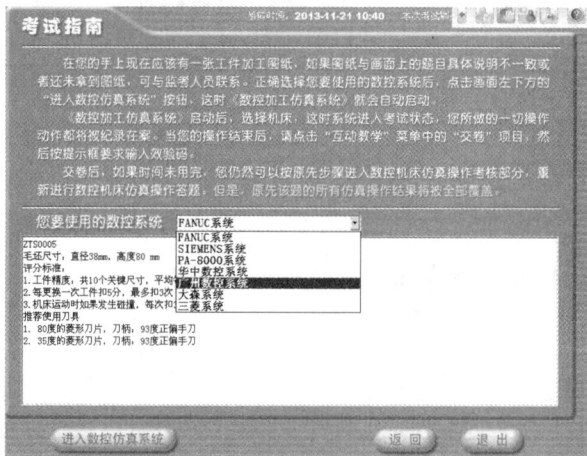

图 6.1.5　考试指南页面

如未到规定的考试时间就单击"确认"按钮，则显示如图 6.1.6 所示的提示对话框。

图 6.1.6　未到规定的考试时间提示对话框

03 继续选择机床，如选择"GSK-980TD"、"标准（平床身前置刀架）"，单击"确定"按钮，如图 6.1.7 所示。

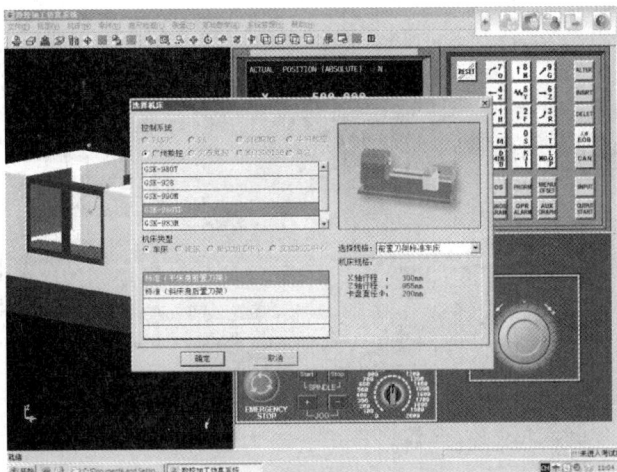

图 6.1.7　选择数控车床

进入广州数控 GSK-980TD 标准平床身前置刀架数控车床系统，如图 6.1.8 所示。

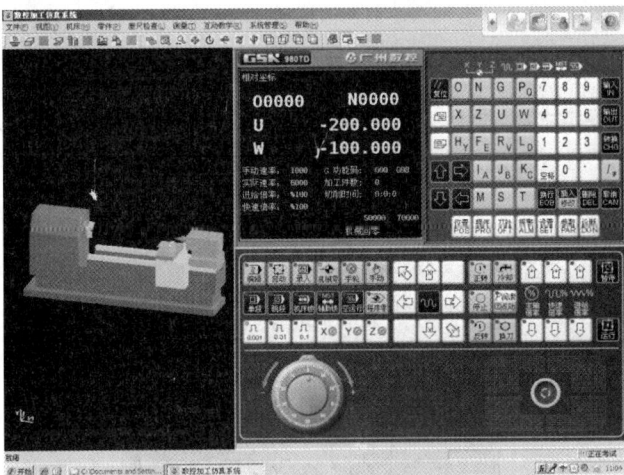

图 6.1.8　进入选择的数控车床系统

04　按要求分步骤进行开机、回零、选择刀具、设置毛坯并安装，如图 6.1.9 所示。

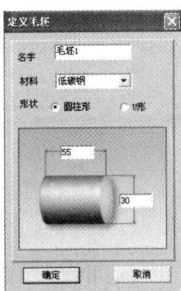 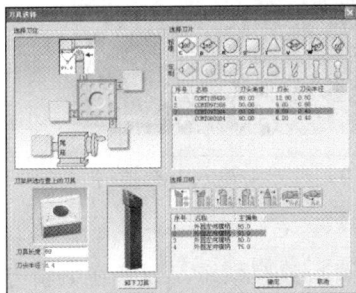 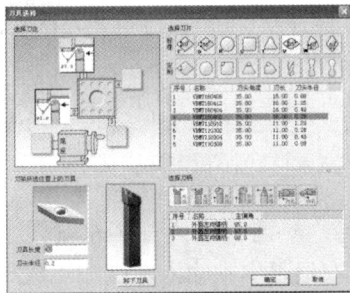

（a）设置毛坯　　　　　（b）装第一把刀　　　　　（c）装第二把刀

图 6.1.9　完成装刀、装毛坯等操作

（d）安装并移动毛坯

图 6.1.9　完成装刀、装毛坯等操作（续）

小贴士

　　选择刀具时，因没有 45°刀片，可只选择两把刀具，第一把刀进行零件左端的粗车、精车，第二把刀进行零件右端的粗车、精车。因毛坯长度只略大于零件长度，放置毛坯时应将毛坯往右移动，直到不能再移动为止。

05 在手动操作方式下试切对刀（对第一把刀）。

对刀口诀：车端面，输 $Z0$，车外圆，输 X 测。

同时输入刀尖半径 $R0.4\text{mm}$ 和刀尖方位号 T3，如图 6.1.10 所示。

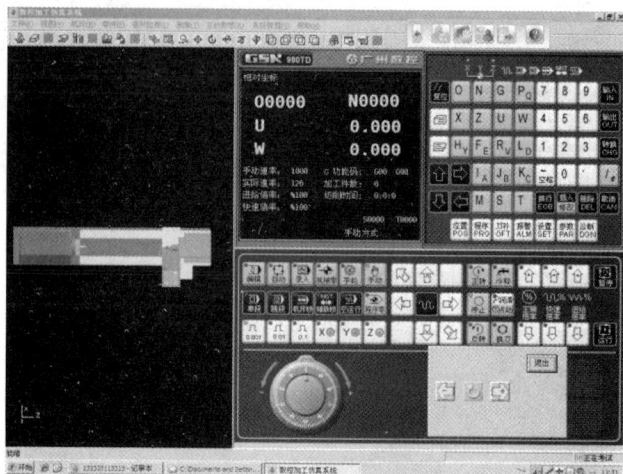

图 6.1.10　对刀并输入刀补值等

06 调入/输入加工左端程序。

　　在记事本中输入左端加工程序并调入数控系统，或者在编辑方式程序页面直接输入该程序，如图 6.1.11 所示。

　　加工程序调入数控系统的方法见项目 2 的任务 2.3。

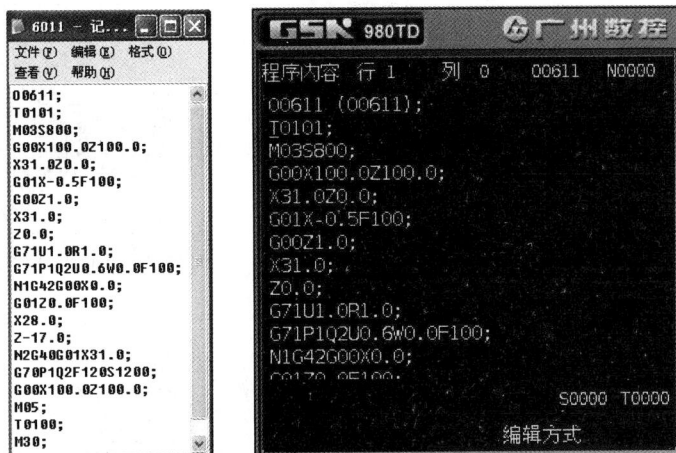

图 6.1.11　程序输入并调入数控系统

小贴士

　　输入程序时，有关坐标的数值必须加小数点，如 Z、X、U、W、R 等数值。因在仿真等级考试时，仿真软件主菜单的"系统管理"的"系统设置"为灰色显示，不可用，如图 6.1.12 所示。

07　自动运行，完成零件左端的加工，如图 6.1.13 所示。

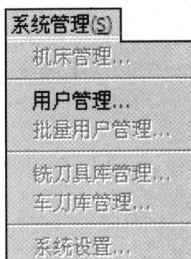

图 6.1.12　系统设置为灰色显示　　　　图 6.1.13　零件左端加工完成

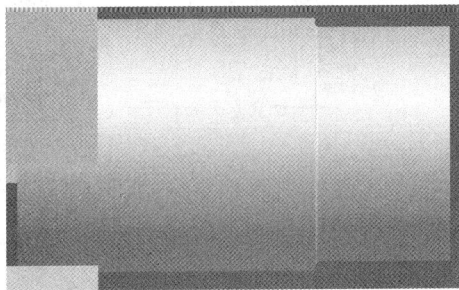

08　将零件调头，在手动操作方式下试切对第二把刀。

　　对刀口诀：车端面，测总长，输 Z 值＝Z 测总长－（零件总长－已加工长度）。

　　左端已经加工长度为 20mm，零件总长 48mm，测量未加工长度为 34.503mm，计算 Z 向刀补值为 $34.503-(48-20)=6.503(mm)$。

　　在刀具偏置显示窗口中输入 Z6.503，单击按钮 ，系统将机床位置的坐标减去 6.053 后得到的值填入 002 的 Z 中。

　　车外圆，输 X 测。

　　同时输入刀尖半径 R0.2mm 和刀尖方位号 T3，如图 6.1.14 所示。

09　调入/输入加工右端程序。在记事本中输入右端加工程序并调入数控系统，或者在编辑方式程序页面直接输入该程序，如图 6.1.15 所示。

图 6.1.14　对第二把刀

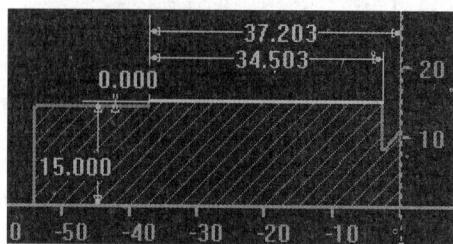

图 6.1.15　程序输入并调入数控系统

小贴士

加工程序调入数控系统的方法见项目 2 的任务 2.3。

10　自动运行，完成零件右端的加工，如图 6.1.16 所示。

图 6.1.16　零件加工完成效果

11　测量所加工的零件各处尺寸，如图 6.1.17 所示。

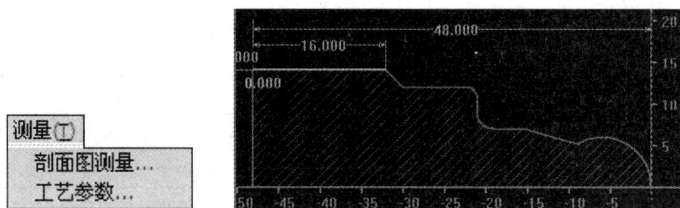

图 6.1.17　检测零件各处尺寸

12　检查无误后交卷。

① 执行"互动教学"→"交卷"命令，如图 6.1.18 所示。

② 在"确认交卷"对话框中输入指定数字后交卷，否则继续考试，如图 6.1.19 所示。

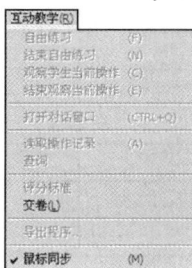

图 6.1.18　选择交卷

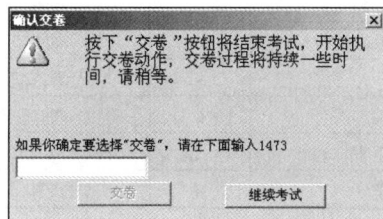

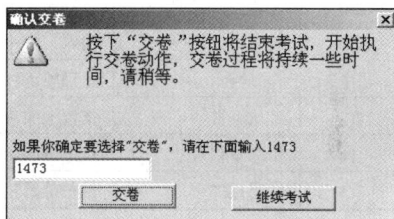

图 6.1.19　填写"确认交卷"对话框

③ 在"交卷成功"对话框输入管理员密码后单击"确定"按钮，完成本次仿真技能考试，如图 6.1.20 所示。

图 6.1.20　输入管理员密码

小贴士

　　仿真考试时，机床运动不能达到极限、不能碰刀、不能更换毛坯，否则将被扣分。如做错可先交卷，再次进入考试，只要有时间就可再次进入考试。考试以最后一次交卷为准。

　　在"交卷成功"对话框中要求输入管理员密码后确定，才能顺利完成本次仿真技能考试，管理员密码一般为"system"。

3．学习评价

将学生上机操作完成情况的检测与评价填入表 6.1.3。

表 6.1.3　学习评价

序号	项　目	技　术　要　求	配分	评　分　标　准	检测记录	得分
1	软件操作	进入仿真软件	2	每错一次扣 2 分		
2	机床选择	正确选择机床	3	每错一次扣 3 分		
3	机床操作	开机、回零	5	每错一次扣 3 分		
4		装刀、装毛坯	10	每错一次扣 3 分		
5	试切对第一把刀	对好第一把刀并输入刀补值	6	每错一处扣 3 分		
6	刀尖半径补偿	输入刀尖半径及方位号	6	每错一处扣 3 分		
7	程序输入	正确输入（调入）程序	8	每错一处扣 2 分		
8	自动运行	按程序要求自动加工	6	每错一处扣 3 分		
9	调头	正确调头	6	错误调头扣 2 分		
10	试切对第二把刀	对好第二把刀并输入刀补值	8	每错一处扣 3 分		
11	刀尖半径补偿	输入刀尖半径及方位号	6	每错一处扣 3 分		
12	程序输入	正确输入（调入）程序	8	每错一处扣 2 分		
13	自动运行	按程序要求自动加工	6	每错一处扣 3 分		
14	检测零件尺寸	按图样要求检查零件尺寸	10	每错一处扣 2 分		
15	文明操作	爱护计算机设备	10	一次意外扣 2 分		

6.1.2　相关知识：图样分析与编程

1. 图样分析

01　零件左端各点坐标的确定。比较简单，请同学自己完成。

02　零件右端各点坐标的确定。右端各点中 F 点的坐标在图中直接给出了，即 F（10.392，−9），该点为圆弧与锥度交点，如图 6.1.21 所示，其他点的坐标请同学自己完成，注意 H、I、J、K 四个点。

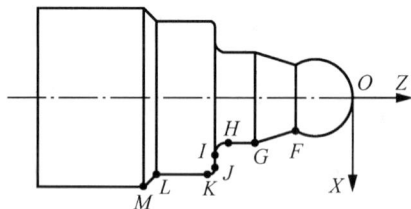

图 6.1.21　零件右端各节点坐标的确定

2. 程序编写

程序编写参考操作步骤 09 的记事本文件中的程序，该程序中省略了绝大部分程序段顺序号，加工左端的程序中的 G71、G70 循环指令中有 P1、Q2，精车轨迹的第一段顺序号为 N1，精车轨迹的末段的顺序号为 N2；而加工右端的程序中的 G71、G70 循环指令中有 P3、Q4，精车轨迹的第一段顺序号为 N3，精车轨迹的末段的顺序号为 N4。注意体会其中的原因。

拓展与提高

根据下面要求，请试着自己编写数控车削程序并上机进行仿真加工。

（1）本题分值：100分。

（2）考核时间：120分钟。

（3）具体考核要求：按零件图样完成加工操作，零件图样如图6.1.22所示。

零件毛坯尺寸：$\phi 64mm \times 114mm$。

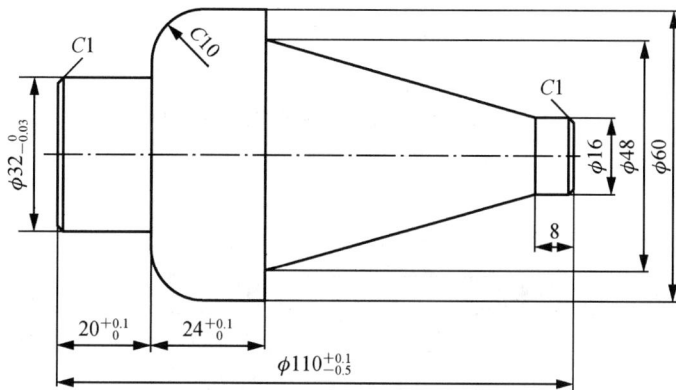

图 6.1.22 仿真考试拓展加工零件图样 1

推荐使用刀具如表6.1.4所示。

表6.1.4 推荐使用刀具

序 号	刀 片 类 型	刀 片 角 度	刀 柄
1	菱形刀片	80°	93° 正偏手刀
2	菱形刀片	35°	93° 正偏手刀
3	菱形刀片	45°	90° 正偏手刀

任务 6.2 数控车工中级考证理论与仿真模拟考试训练

任务描述

1．进行数控车工中级考证上机理论模拟考试训练。

2．按以下要求进行数控车工中级考证上机仿真模拟考试训练。

（1）本题分值：100分。

（2）考核时间：120分钟。

（3）具体考核要求：按零件图样完成加工操作，零件图样如图6.2.1所示。

零件毛坯尺寸：$\phi 38mm \times 80mm$。

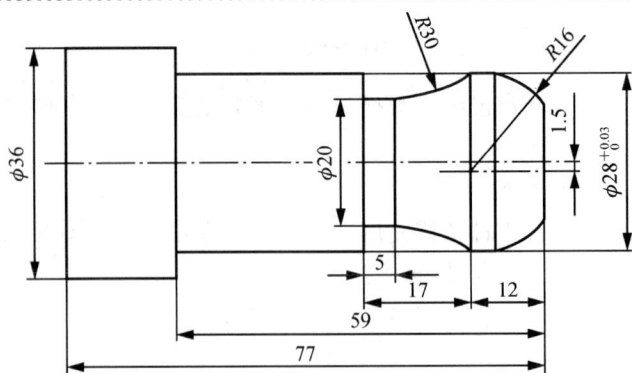

图 6.2.1 仿真考试拓展加工零件图样 2

推荐使用刀具如表 6.2.1 所示。

表 6.2.1 推荐使用刀具

序 号	刀片类型	刀片角度	刀 柄
1	菱形刀片	80°	93° 正偏手刀
2	菱形刀片	35°	93° 正偏手刀

任务目标

本任务要达成的学习目标如表 6.2.2 所示。

表 6.2.2 学习目标

知识目标	进一步熟悉理论、仿真技能考试的操作方法
	识记、理解、掌握数控车工中级理论技能考试题库的部分题目
	理解、掌握仿真技能考试题库的部分题目的数控加工程序的编写
技能目标	能熟练进行理论、仿真技能考试的操作
	能熟练完成数控车工中级理论技能考试
	能熟练完成数控车工中级仿真技能考试
情感目标	能养成爱护计算机等设施的好习惯
	能养成善于动脑、细心操作、规范操作的习惯

6.2.1 实践操作：数控车工中级理论、仿真技能考试模拟考试训练

1．操作准备

01 准备安装有上海宇龙数控加工仿真系统软件的教师机一台，学生机 50 台的计算机机房一间，以及上海宇龙数控加工仿真系统软件 4.8 版本加密狗。

02 在教师机上插上上海宇龙数控加工仿真系统软件加密狗并运行。

03 将鼠标移至加密狗图标上方右击，在弹出的快捷菜单中执行"属性"命令，弹出"加密锁属性"对话框，在对话框中勾选"使用网上考试功能"复选框，单击"确定"按钮，

如图 6.1.2 所示。

┌─ 小贴士 ─────────────────────────────────
　"使用网上考试功能"同样要求教师机与互联网连接。
└──────────────────────────────────────

[04] 教师机运行考点管理程序。将上海宇龙数控仿真考试中心的考试数据下载并做好数控车工中级理论、仿真模拟考试训练安排。

2．操作步骤

（1）数控车工中级理论模拟考试训练

[01] 打开上海宇龙数控加工仿真系统文件内的"考生程序"软件，如图 6.1.3 所示，进入数控理论考试准备页面，如图 6.2.2 所示。

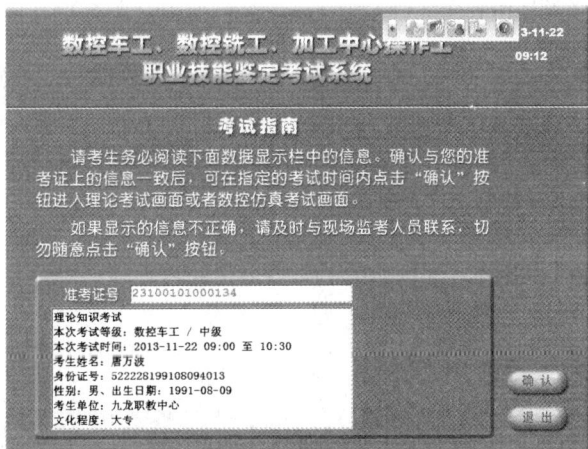

图 6.2.2　进入数控理论考试准备页面

┌─ 小贴士 ─────────────────────────────────
　　此时请认真核对自己的姓名、身份证号、性别等信息是否正确无误，如发现有错误及时报告监考教师。
└──────────────────────────────────────

[02] 在规定的考试时间单击"确认"按钮进入"考试指南"，如图 6.2.3 所示。认真阅读"考试指南"后，单击"后一页"按钮，进入考试试题页面。理论考试总分值为 100 分，其中判断题 20 个，共 20 分；选择题 80 个，共 80 分。首先是判断题，如图 6.2.4 所示。

如未到规定的考试时间就单击"确认"按钮，则显示如图 6.1.6 所示的提示对话框。

[03] 开始答题。

① 判断题 20 个，共 20 分。每个题目后有"（A）对"和"（B）错"两个选项，将你认为正确的答案选中即可。如图 6.2.5 所示，每一页题目答完后，单击"后一页"按钮，直至 20 个判断题答完。

② 选择题 80 个，共 80 分。判断题答完后，单击"下一页"按钮，进入"单项选择题"。每个题目后有 A、B、C、D 四个选项，将你认为正确的答案选中即可。如图 6.2.6 所示，

每一页题目答完后，单击"后一页"选项，直至80个选择题答完。

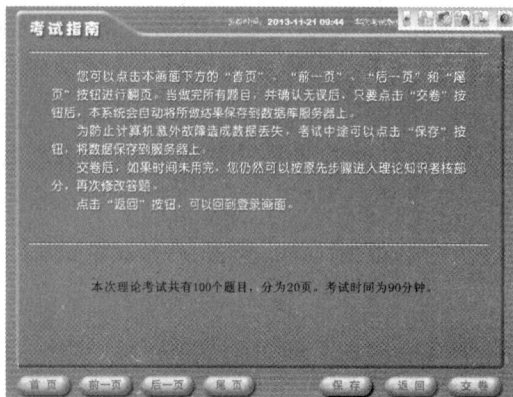

图 6.2.3　考试指南页面

图 6.2.4　判断题页面

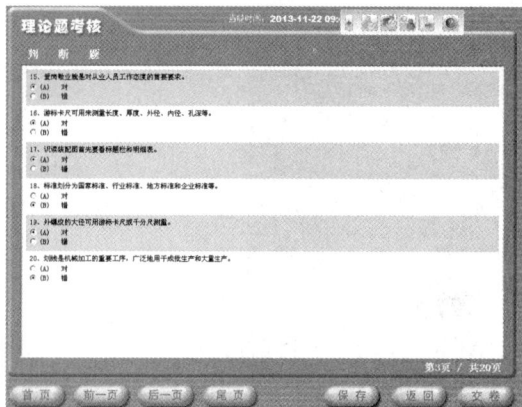

图 6.2.5　判断题的作答

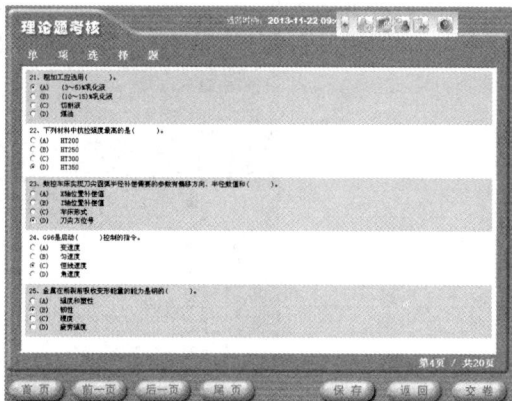

图 6.2.6　选择题的作答

04 保存、修改与交卷。

① 在答题过程中，注意经常对所答题目进行保存，单击题目下方的"保存"按钮即可对所答题目进行保存。

② 可通过题目下方的"首页"、"前一页"、"后一页"、"尾页"、"返回"等按钮对所答题目进行检查、修改等。

③ 对所答题目检查无误后，单击题目下方的"交卷"按钮即可对本次理论考试进行交卷而完成理论考试。

（2）数控车工中级仿真模拟考试训练

01 打开上海宇龙数控加工仿真系统文件内的考生程序软件，进入仿真考试准备页面，如图6.1.3和图6.1.4所示。

小贴士

此时请认真核对自己的姓名、身份证号、性别等信息是否正确无误，如发现有错误及时报告监考老师。

02 在规定的考试时间单击"确认"按钮进入"考试指南",认真阅读"考试指南"后,在"您要使用的数控系统"下拉列表框里选择您要使用的数控系统。如选取"广州数控系统",单击"进入数控仿真系统"按钮,如图 6.1.5 所示。

如未到规定的考试时间就单击"确认"按钮,同样会显示如图 6.1.6 所示的提示对话框。

03 继续选择机床,如选择"GSK-980TD"、"标准(平床身前置刀架)",单击"确定"按钮,如图 6.1.7 所示。

进入广州数控 GSK-980TD 标准平床身前置刀架数控车床系统,如图 6.1.8 所示。

04 按要求分步骤进行开机、回零、选择刀具、设置毛坯并安装,如图 6.2.7、图 6.2.8 所示。

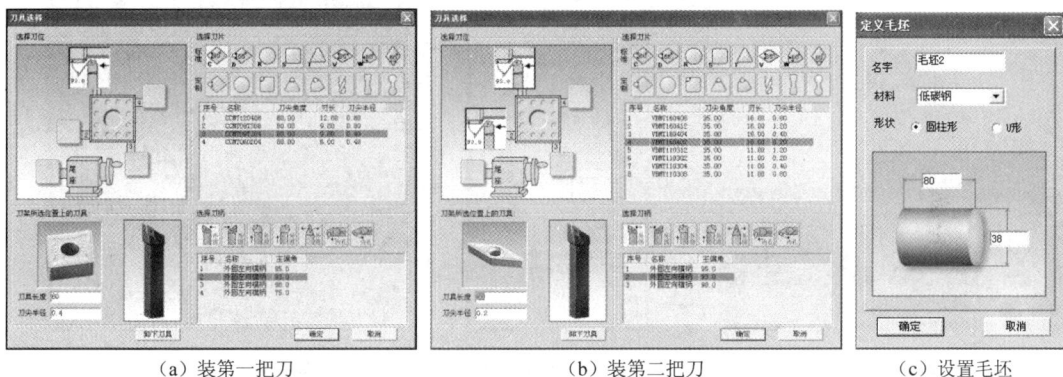

| (a) 装第一把刀 | (b) 装第二把刀 | (c) 设置毛坯 |

图 6.2.7 装刀及设置毛坯

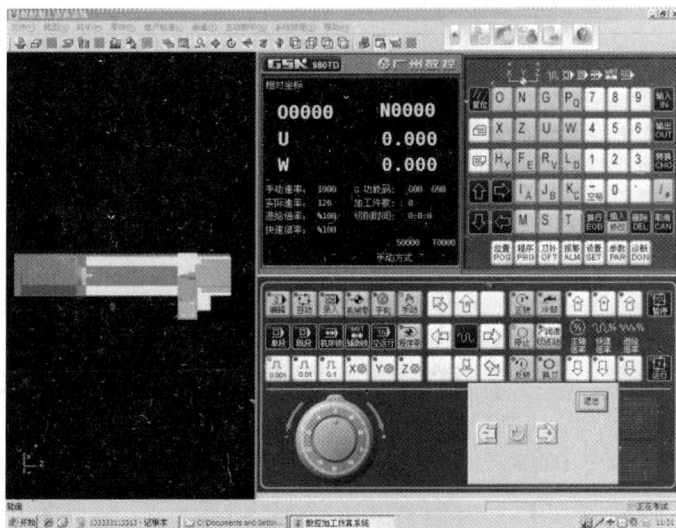

图 6.2.8 完成装刀、装毛坯等操作

小贴士

选择刀具时,因没有 45°刀片,可只选择两把刀具,第一把刀进行零件左端的粗车、精车,第二把刀进行零件右端的粗车、精车。因毛坯长度只略大于零件长度,放置毛坯时应将毛坯往右移动,直到不能再移动为止。

05 在手动操作方式下试切对刀（对第一把刀）。

对刀口诀：车端面，输 Z0，车外圆，输 X 测。

同时输入刀尖半径 R0.400 和刀尖方位号 T3，如图 6.2.9 所示。

06 调入/输入加工左端程序。

在记事本中输入左端加工程序并调入数控系统，或者在编辑方式程序页面直接输入该程序，如图 6.2.10 所示。

程序输入并调入数控系统的方法见项目 2 的任务 3。

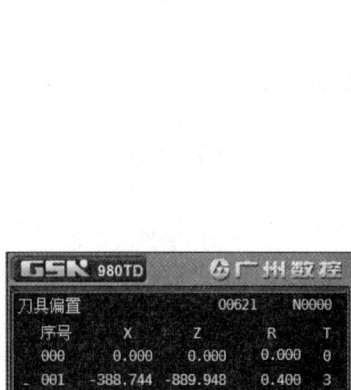

图 6.2.9 对刀并输入刀补值

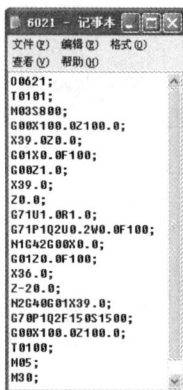

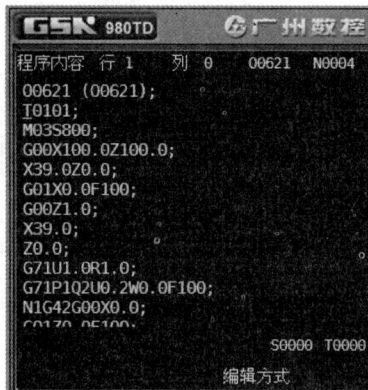

图 6.2.10 程序输入并调入数控系统

小贴士

输入程序时，有关坐标的数值必须加小数点，如 Z、X、U、W、R 等数值。因在仿真等级考试时，仿真软件主菜单的"系统管理"的"系统设置"为灰色显示，不可用，如图 6.2.12 所示。

07 自动运行，完成零件左端的加工，如图 6.2.11 所示。

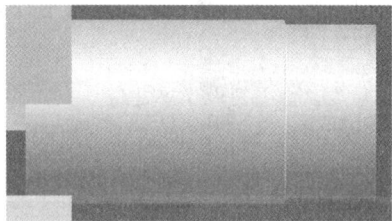

图 6.2.11 零件左端加工完成

08 将零件调头，在手动操作方式下试切对第二把刀。

对刀口诀：车端面，测总长，输 Z 值＝Z 测总长－（零件总长－已加工长度）。

左端已经加工长度为 20mm，零件总长 77mm，测量未加工长度为 58.196mm，计算 Z 向刀补值为 58.196－（77－20）＝1.196(mm)。

在刀具偏置显示窗口中输入 Z1.196，单击按钮 输入IN，系统将机床位置的坐标减去 1.196 后得到的值填入 002 的 Z 中。

车外圆，输 X 测。

同时输入刀尖半径 R0.200 和刀尖方位号 T3，如图 6.2.12 所示。

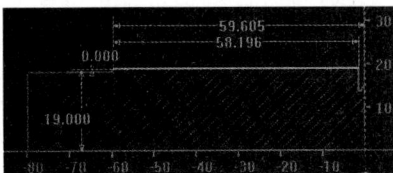

图 6.2.12 对第二把刀

09 调入/输入加工右端程序。

在记事本中输入右端加工程序并调入数控系统，或者在编辑方式程序页面直接输入该程序，如图 6.2.13 所示。

加工程序调入数控系统的方法见项目 2 的任务 2.3。

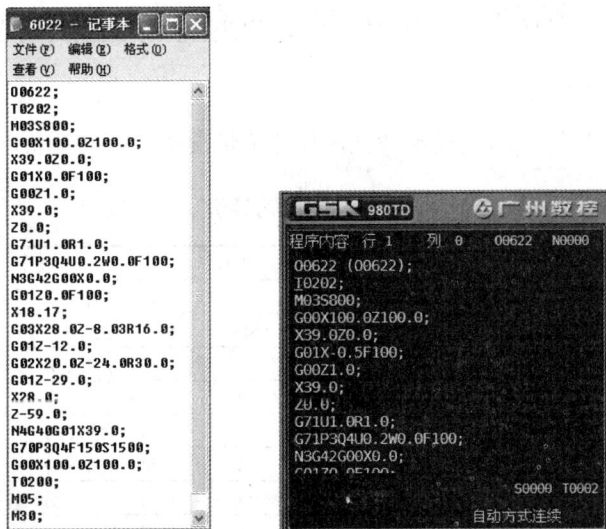

6.2.13 程序输入并调入数控系统

10 自动运行，完成零件右端的加工，如图 6.2.14 所示。

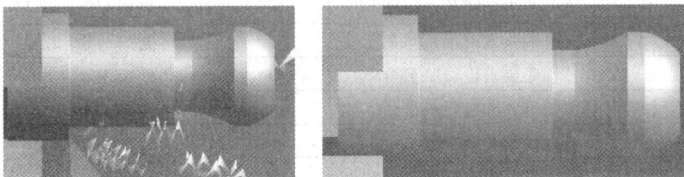

图 6.2.14 零件加工完成效果

11 测量所加工的零件各处尺寸，如图 6.2.15 所示。

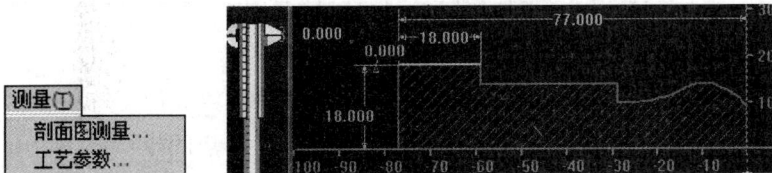

图 6.2.15 检测零件各处尺寸

12） 检查无误后交卷。

① 执行"互动教学"→"交卷"命令，如图6.2.18所示。

② 在"确认交卷"对话框输入指定数字后交卷，否则继续考试，如图6.2.19所示。

③ 在"交卷成功"对话框输入管理员密码后单击"确定"按钮，完成本次仿真技能考试，如图6.1.20所示。

> **小贴士**
>
> 仿真考试时，机床运动不能达到极限、不能碰刀、不能更换毛坯，否则将被扣分。如做错可先交卷，再次进入考试，只要有时间就可再次进入考试。考试以最后一次交卷为准。
>
> 数控车工中级理论考试题目是考试中心题库中随机产生的，它涉及的题目包括机械制图、机械基础、车床操作、编程知识等。同学们应加强复习、训练。

3．学习评价

将学生上机进行理论、仿真模拟考试操作完成情况的检测与评价填入表6.2.3。

表6.2.3　学习评价

序号	项　　目	技 术 要 求	配分	评 分 标 准	检测记录	得分
1	软件操作	进入仿真考试软件	2	每错一次扣2分		
2	理论考试	进行理论考试并交卷	40	每错一题扣0.5分		
3	机床选择	正确选择机床	2	每错一次扣2分		
4	机床操作	开机、回零	2	每错一次扣1分		
5		装刀、装毛坯	2	每错一次扣2分		
6	试切对第一把刀	对好第一把刀并输入刀补值	4	每错一处扣1分		
7	刀尖半径补偿	输入刀尖半径及方位号	2	每错一处扣1分		
8	程序输入	正确输入（调入）程序	3	每错一处扣1分		
9	自动运行	按程序要求自动加工	3	每错一处扣2分		
10	调头	正确调头	2	错误调头扣1分		
11	试切对第二把刀	对好第二把刀并输入刀补值	6	每错一处扣1分		
12	刀尖半径补偿	输入刀尖半径及方位号	2	每错一处扣1分		
13	程序输入	正确输入（调入）程序	3	每错一处扣1分		
14	自动运行	按程序要求自动加工	3	每错一处扣2分		
15	检测零件尺寸	按图样要求检查零件尺寸	4	每错一处扣1分		
16	仿真交卷	进行理论考试并交卷	2	错误交卷扣2分		
17	仿真成绩	按仿真成绩的10%	10	对6分以下的分析		
18	文明操作	爱护计算机设备	8	一次意外扣2分		

6.2.2 相关知识：图样分析与编程

1．图样分析

01） 零件左端各点坐标的确定。比较简单，请同学自己完成。

02） 零件右端各点坐标的确定。右端各点中 F 点、G 点的坐标在图中没有直接给出，需要通过计算或者作图标注尺寸或坐标进行确定。为了准确与方便，我们一般采取作图标注尺寸进行确定，如图 6.2.16 所示，即 F（18.17，0）、G（28，−8.03）。其他点的坐标请同学自己完成，注意 H、I 两个点。

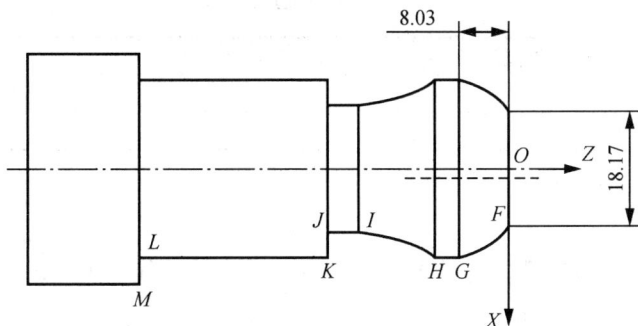

图 6.2.16　零件右端各节点坐标的确定

2．程序编写

程序编写参考操作步骤 09 的记事本文件中程序，该程序中省略了绝大部分程序段顺序号，加工左端的程序中的 G71、G70 循环指令中有 P1、Q2，精车轨迹的第一段顺序号为 N1，精车轨迹的末段的顺序号为 N2；而加工右端的程序中的 G71、G70 循环指令中有 P3、Q4，精车轨迹的第一段顺序号为 N3，精车轨迹的末段的顺序号为 N4。注意体会其中的原因。

拓展与提高

1．根据下面要求，请试着自己编写数控车削程序并上机进行仿真加工。

（1）本题分值：100 分。

（2）考核时间：120 分钟。

（3）具体考核要求：按零件图样完成加工操作，零件图样如图 6.2.17 所示。

零件毛坯尺寸：$\phi 65mm \times 52mm$。

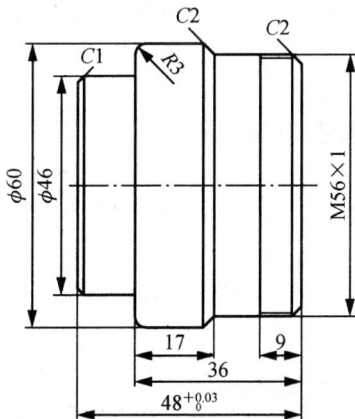

图 6.2.17　仿真考试拓展加工零件图样 3

推荐使用刀具如表 6.2.4 所示。

表 6.2.4　推荐使用刀具表

序　号	刀 片 类 型	刀 片 角 度	刀　柄
1	菱形刀片	80°	93° 正偏手刀
2	螺纹刀	60°	螺纹刀柄

2．完成下列理论模拟考试试题。

（1）判断题。

1）基孔制的孔为基准孔，它的下偏差为零。基准孔的代码为"H"。

　　A．对　　　　　　B．错

2）可转位数控螺纹车刀每种规格的刀片只能加工一个固定螺距。

　　A．对　　　　　　B．错

3）画零件图时可用标准规定的统一画法来真实地绘制零件投影视图。

　　A．对　　　　　　B．错

4）机床的几何精度对加工精度有重要的影响，因此是评定机床精度的主要指标。

　　A．对　　　　　　B．错

5）两顶尖不适合偏心轴的加工。

　　A．对　　　　　　B．错

6）扩孔能提高孔的位置精度。

　　A．对　　　　　　B．错

7）在刀尖圆弧补偿中，刀尖方向不同且刀尖方位号也不同。

　　A．对　　　　　　B．错

8）数控装置的作用是将所收到的信号进行一系列处理后，再将其处理成脉冲信号向伺服系统发出执行。

　　A．对　　　　　　B．错

9）当机件具有倾斜机构，且倾斜表面在基本投影面上投影不反映实形，可采用斜视图表达。

　　A．对　　　　　　B．错

10）润滑剂有润滑油、润滑脂和固体润滑剂。

　　A．对　　　　　　B．错

11）当屏幕上出现 EMG 提示时，主要原因是程序出错。

　　A．对　　　　　　B．错

12）尺寸公差用于限制尺寸误差，其研究对象是尺寸，而形位公差用于限制几何要素的形状和位置误差。

　　A．对　　　　　　B．错

13）使用反向切断法，卡盘和主轴部分必须装有保险装置。

　　A．对　　　　　　B．错

14）直接根据机床坐标系编写的加工程序不能在机床上运行，所以必须根据工件坐标。

　　A．对　　　　　　B．错

15）编程粗车、精车螺纹时，主轴转速可以改变。

　　A．对　　　　　　　　B．错

16）孔、轴公差带由基本偏差字母与标准公差等级数字表示。

　　A．对　　　　　　　　B．错

17）钻盲孔是为减少加工硬化，麻花钻的进给应缓慢地断续进给。

　　A．对　　　　　　　　B．错

18）铁素体球墨铸铁常用于制造阀体、汽车和机床零件等。

　　A．对　　　　　　　　B．错

19）为了及时通风，应在加工时经常开启床柜、电柜门，以防柜内温度过高。

　　A．对　　　　　　　　B．错

20）FANUC 系统中螺纹指令 G92 X41.0 W-43.0 F1.5 是以 1.5mm/min 的速度加工螺纹。

　　A．对　　　　　　　　B．错

（2）选择题。

21）冷却作用最好的切削液是（　　）。

　　A．水溶液　　　　B．乳化液　　　　C．切削油　　　　D．防锈剂

22）对基本尺寸进行标准化是为了（　　）。

　　A．简化设计过程

　　B．便于设计师的计算

　　C．方便尺寸的测量

　　D．简化定制刀具、量具、型材和零件尺寸的规格

23）切削铸铁、黄铜等脆性材料时，往往形成不规则的细小颗粒切屑，称为（　　）。

　　A．粒状切削　　　B．节状切削　　　C．带状切削　　　D．崩碎切削

24）三相异步电动机的过载系数一般为（　　）。

　　A．1.1～1.25　　B．1.3～0.8　　C．1.8～2.5　　D．0.5～2.5

25）加工时用来确定工件在机床上或夹具中占有正确位置所使用的基准为（　　）。

　　A．定位基准　　　B．测量基准　　　C．装配基准　　　D．工艺基准

26）（　　）主要用于制造低速、手动工具及常温下使用的工具、模具、量具。

　　A．硬质合金　　　B．高速钢　　　C．合金工具钢　　D．碳素工具钢

27）零件有上、下、左、右、前、后六个方位，在主视图上能反映零件的（　　）方位。

　　A．上下和左右　　B．前后和左右　　C．前后和上下　　D．左右、上下和前后

28）选择加工表面的设计基准为定位基准的原则称为（　　）。

　　A．基准重合　　　B．自为基准　　　C．基准统一　　　D．互为基准

29）切断工件时，工件端面凸起或者凹下，原因可能是（　　）。

　　A．丝杠间隙过大　　　　　　　　B．切削进给速度过快

　　C．刀具已经磨损　　　　　　　　D．两副偏角过大且不对称

30）数控机床的日常维护与保养一般情况下应由（　　）来进行。

　　A．车间领导　　B．操作人员　　C．后勤管理人员　　　D．勤杂人员

31）麻花钻的导向部分有两条螺旋槽，作用是形成削刀和（　　）。

　　A．排出气体　　B．排除切削　　C．排出热量　　　D．减少自重

32）车孔刀尖如低于工件中心，粗车孔时易把孔的内径车（　　　）。

    A．小   B．相等   C．不影响   D．大

33）FANUC 0i 系统中程序段 M98 P0260 表示（　　　）。

    A．停止调用子程序   B．调用 1 次子程序 "O0260"

    C．调用 2 次子程序 "O0260"   D．返回主程序

34）下列不属于碳素工具钢的牌号为（　　　）。

    A．T7   B．T8A   C．T8Mn   D．Q235

35）数控车床圆锥面时产生（　　　）误差的原因可能是加工圆锥起点或终点 X 坐标计算错误。

    A．锥度（角度）   B．同轴度

    C．圆度   D．轴向尺寸

36）影响刀具扩散磨损的主要是（　　　）。

    A．工件材料   B．切削速度   C．切削温度   D．刀具角度

37）车外圆时，切削速度计算式中的 D 一般是指（　　　）的直径。

    A．工件待加工表面   B．工件过渡表面

    C．工件已加工表面   D．工件毛坯

38）下列材料中，（　　　）不属于变铝合金。

    A．硬铝合金   B．超硬铝合金   C．铸造铝合金   D．锻铝合金

39）下指令中属于固定循环指令代码的有（　　　）。

    A．G04   B．G02   C．G73   D．G28

40）下面说法不正确的是（　　　）。

    A．进给速度越大表面 Ra 值越大

    B．工件的装夹精度影响加工精度

    C．工件定位前须仔细清理工件夹具定位部位

    D．通常精加工时的 F 值大于粗加工时的 F 值

41）G00 是指令刀具以（　　　）移动方式，从当前位置运动并定位于目标位置的指令。

    A．点动   B．走刀   C．快速   D．标准

42）不爱护设备的做法是（　　　）。

    A．定期拆装设备   B．正确使用设备

    C．保持设备清洁   D．及时保养设备

43）可装为车刀刀片尺寸的选择取决于（　　　）。

    A．背吃刀量和主偏角   B．进给速度和前角

    C．切削速度和主偏角   D．背吃刀量和前角

44）FANUC 系统的车床用增量方式编程的格式是（　　　）。

    A．G90 G01 X__ Z__   B．G91 G01 X__ Z__

    C．G01 U__ W__   D．G91 G01 U__ W__

45）下列配合中，公差等级选择不适当的为（　　　）。

    A．H7/g6   B．H9/g9   C．H7/f8   D．M8/h8

46）刃磨硬质合金车刀应采用（　　　）砂轮。

　　A．刚玉系　　　　B．碳化硅系　　　C．人造金刚石　　D．立方氮化硼

47）CA6140 型普通车床最大加工直径是（　　　）。

　　A．200mm　　　　B．140mm　　　　C．400mm　　　　D．614mm

48）CNC 系统一般可用几种方式得到工件交工程序，其中 MDI 是（　　　）。

　　A．利用磁盘机读入程序　　　　　　B．从串行通信接口接收程序

　　C．利用键盘以手动方式输入程序　　D．从网络中 Modem 接收程序

49）在 AutoCAD 命令输入方式中以下不可采用的方式有（　　　）。

　　A．点取命令图标　　　　　　　　　B．在菜单栏点取命令

　　C．用键盘直接输入　　　　　　　　D．利用数字键盘输入

50）斜垫铁的斜度为（　　　），常用于安装尺寸小、要求不高、安装后不需要调整的机床。

　　A．1∶2　　　　　B．1∶5　　　　　C．1∶10　　　　D．1∶20

51）最小极限尺寸与基本尺寸的代数差称为（　　　）。

　　A．上偏差　　　　B．下偏差　　　　C．误差　　　　D．公差带

52）数控机床不能正常动作，可能的原因是（　　　）。

　　A．润滑中断　　　B．冷却中断　　　C．未进行对刀　　D．未解除急停

53）T0102 表示（　　　）。

　　A．1 号刀 1 号刀补　　　　　　　　B．1 号刀 2 号刀补

　　C．2 号刀 1 号刀补　　　　　　　　D．2 号刀 2 号刀补

54）企业标准是由（　　　）制定的标准。

　　A．国家　　　　　B．企业　　　　　C．行业　　　　D．地方

55）加工螺距为 3mm 的圆柱螺纹，牙深（半径）为（　　　）mm，其切削次数为 7 次。

　　A．1.949　　　　B．1.668　　　　C．3.3　　　　　D．2.6

56）加工零件影响表面粗糙度的主要原因是（　　　）。

　　A．刀具装夹误差　　　　　　　　　B．机床的几何精度

　　C．进给不均匀　　　　　　　　　　D．刀痕和振动

57）position 可翻译为（　　　）。

　　A．位置　　　　　B．坐标　　　　　C．程序　　　　D．原点

58）在精车削圆弧面应（　　　）进给速度以提高表面粗糙度。

　　A．增大　　　　　B．不变　　　　　C．减小　　　　D．以上均不对

59）在 FANUC 0i 系统中 G73 指令第一行中的 R 的含义是（　　　）。

　　A．X 向回退量　B．进给速度　　　C．Z 向回退量　D．走刀次数

60）液压电动机是液压系统中的（　　　）。

　　A．动力元件　　　B．执行元件　　　C．控制元件　　D．增量元件

61）AutoCAD 在文字样式设置中不包括（　　　）。

　　A．颠倒　　　　　B．反向　　　　　C．垂直　　　　D．向外

62）重复定位能提高工件的（　　　），但对工件的定位精度有影响，一般是不允许的。

　　A．塑性　　　　　B．强度　　　　　C．刚性　　　　D．韧性

63）确定数控机床坐标系统运动关系的原则是假定（　　　）。

A．刀具相对静止的工件而运动　　　B．工件相对静止的刀具而运动

C．刀具、工件都运动　　　D．刀具、工件都不运动

64）为了防止换刀时刀具与工件发生干涉，换刀点的位置应设在（　　）。

A．机床原点　　B．工件外部　　C．工件原点　　D．对刀点

65）在数控机床上，考虑工件的加工精度要求、刚度和变形等因素，可按（　　）划分工序。

A．粗、精加工　　B．所用刀具　　C．定位方式　　D．加工部位

66）G98 F200 的含义是（　　）。

A．200m/min　　B．200mm/r　　C．200r/min　　D．200mm/min

67）工件材料的强度和硬度较高时，为了保证刀具有足够的强度，应取（　　）的后角。

A．较小　　　　B．较大　　　　C．0°　　　　D．90°

68）FANUC 数控车床系统中 G92 X__ Z__ F__是（　　）指令。

A．外圆车削循环　　　　B．端面车削循环

C．螺纹车削循环　　　　D．纵向车削循环

69）螺纹标记 M24×1.5-5g6g，5g 表示中径公差等级为（　　），基本偏差的位置代号为（　　）。

A．g，6 级　　　B．g，5 级　　　C．6 级，g　　　D．5 级，g

70）切槽刀刀头小；散热条件（　　）。

A．差　　　　B．较好　　　　C．好　　　　D．很好

71）辅助指令 M03 的功能是主轴（　　）指令。

A．反转　　　　B．启动　　　　C．正传　　　　D．停止

72）要执行程序段跳过功能，须在该程序前输入（　　）标记。

A．/　　　　B．\　　　　C．+　　　　D．−

73）G 代码表中 00 组的 G 代码属于（　　）。

A．非模态指令　　B．模态指令　　C．增量指令　　D．绝对指令

74）FANUC 数控车床系统中，G90 是（　　）指令。

A．增量编程　　　　B．圆柱或圆锥车削循环

C．螺纹车削循环　　　　D．端面车削循环

75）能进行螺纹加工的数控车床，一定安装了（　　）。

A．测速发动机　　　　B．主轴脉冲编码器

C．温度检测器　　　　D．旋转变压器

76）遵守法律法规不要求（　　）。

A．延长劳动时间　　　　B．遵守操作程序

C．遵守安全操作规程　　　　D．遵守劳动纪律

77）绝对编程是指（　　）。

A．根据与前一个位置的坐标增量来表示的编程方法

B．根据预先设定的编程原点计算坐标尺寸与进行编程的方法

C．根据机床原点计算坐标尺寸与进行编程的方法

D．根据机床参考点计算坐标尺寸进行编程的方法

78）手锯在前推时才起切削作用，因此锯条安装时应使齿尖的方向（　　）。

　　A．朝后　　　　B．朝前　　　　C．朝上　　　　D．无所谓

79）用杠杆千分尺测量工件时，测杆轴线与工件表面夹角 $\alpha=30°$，测量读数为 0.036mm，则正确的工件尺寸是（　　）mm。

　　A．0.025　　　B．0.031　　　C．0.045　　　D．0.047

80）前刀面与基面间的夹角是（　　）。

　　A．后角　　　　B．主偏角　　　C．前角　　　　D．刃倾角

81）在 CRT/MDI 面板的功能按钮中，刀具显示设定的按钮是（　　）。

　　A．OFSET　　　B．FARAM　　　C．PRGAM　　　D．DGNOS

82）程序段号的作用之一是（　　）。

　　A．便于对指令进行校对、检索、修改

　　B．解释指令的含义

　　C．确定坐标值

　　D．确定刀具的补偿值

83）数控机床上有一个机械原点，该点到机床坐标零点在进给坐标轴方向上的距离可以在机床（　　）。

　　A．工件零点　　B．零点　　　　C．参考点　　　D．限位点

84）测量基准是指工件在（　　）时所有的基准。

　　A．加工　　　　B．装配　　　　C．检验　　　　D．维修

85）轴上的花键槽一般在外圆的半精车（　　）进行。

　　A．以前　　　　B．以后　　　　C．同时　　　　D．前或后

86）G96 是启动（　　）控制的指令。

　　A．变速度　　　B．匀速度　　　C．恒线速度　　　D．角速度

87）下列项目中属于形状公差的是（　　）。

　　A．面轮廓度　　B．圆跳动　　　C．同轴度　　　D．平行度

88）不符合岗位质量要求的内容是（　　）。

　　A．对各个岗位质量工作的具体要求

　　B．体现在各岗位的作业指导书中

　　C．是企业的质量方向

　　D．体现在工艺规程中

89）下列选项中属于职业道德范畴的是（　　）。

　　A．企业经营业绩　　　　　　B．企业发展战略

　　C．员工的技术水平　　　　　D．人们的内心信念

90）为使用方便和减少积累误差，选用量块时应尽量选用（　　）。

　　A．很多　　　　B．较多　　　　C．较少　　　　D．5 块以上

91）计算机应用最早的领域是（　　）。

　　A．辅助设计　　B．实时设计　　C．信息处理　　D．数值计算

92）切削加工时，工件材料抵抗刀具所产生的阻力称为（　　）。

　　A．切削力　　　B．径向切削力　　C．轴向切削力　　D．法向切削力

93）俯视图反映物体的（　　　）的相对位置关系。

    A．上下和左右　　　B．前后和左右　　C．前后和上下　　D．左右、上下和前后

94）取消按钮 CAN 的用途是消除输入（　　　）器中的文字或符号。

    A．缓冲　　　　　　B．寄存　　　　　C．运算　　　　　D．处理

95）用两项顶尖装夹工件时，可限制（　　　）。

    A．三个移动、三个转动　　　　　　B．三个移动、两个转动

    C．两个移动、三个转动　　　　　　D．两个移动、两个转动

96）职业道德内容包括（　　　）。

    A．从业者的工作计划　　　　　　　B．职业道德行为规范

    C．从业者享有的权利　　　　　　　D．从业者的工资收入

97）夹紧力的方向应尽量（　　　）于主切削力。

    A．垂直　　　　　　B．平行同向　　　C．倾斜指向　　　D．平行反向

98）在工作中保持同事和谐关系，要求职工做到（　　　）。

    A．对感情不和的同事仍能给予积极配合

    B．如果同事不经意给自己造成伤害，要求对方当众道歉，以挽回影响

    C．对故意的诽谤，先通过组织的途径解决，实在解决不了，再以武力解决

    D．保持一定的嫉妒心，激励自己上进

99）数控车床中，主轴转速功能字 S 的单位是（　　　）。

    A．mm/r　　　　　　B．r/mm　　　　　C．mm/min　　　　D．r/min

100）G01 属模态指令，在遇到下列（　　　）指令码在程序中出现后，仍为有效。

    A．G00　　　　　　B．G02　　　　　　C．G03　　　　　　D．G04

数控铣床与数控加工中心的基本操作

数控加工中心是一种装有刀库和自动换刀装置的数控机床，工件一般只经一次装夹，数控装置就能控制机床自动地更换刀具，连续地对工件各加工面进行铣、钻、扩、镗、铰及攻螺纹等多工序加工。

数控加工中心与普通铣床在机械结构上相比，多了刀库和换刀机构；在加工范围上相比有相似之处，数控加工中心控制功能先进，加工精度高，加工效率高，适应性强。

本项目着重介绍上海宇龙数控加工软件的基本操作方法，掌握数控加工中心基本操作，并对数控加工中心系统、数控铣床的基本操作、数控编程指令及自动编程进行程序的识读，简单平面铣削，以及工件测量。

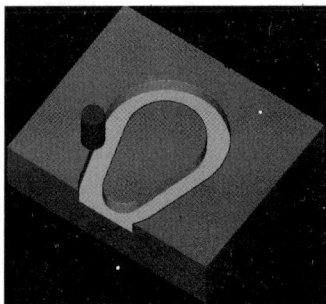

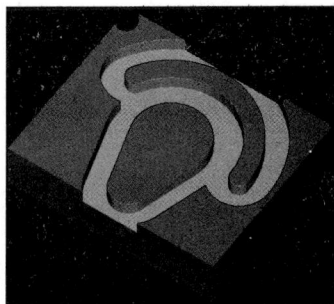

任务 *7.1* 数控铣床的基本操作

任务描述

认识数控（华中数控）铣床界面，如图 7.1.1 所示。掌握机床正常开关机，以及工作台回零的方法。

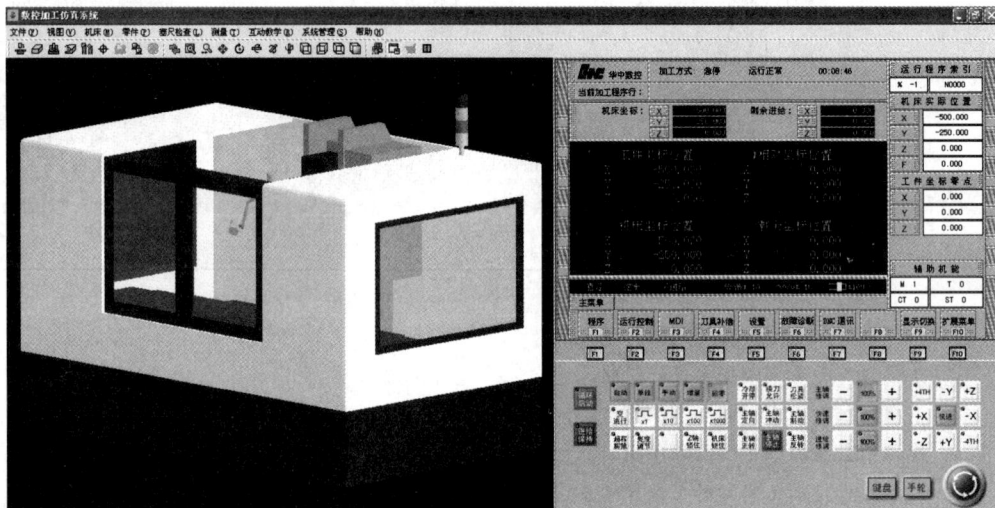

图 7.1.1　华中数控铣床界面

任务目标

本任务要达成的学习目标如表 7.1.1 所示。

表 7.1.1　学习目标

知识目标	熟悉加工中心坐标系、工件坐标系的规定
	能记住数控铣削程序的构成和常见指令的功能
	能运用 G00、G01、G02、G03 等数控常见铣削指令
技能目标	能掌握数控加工中心的基本操作
	能利用仿真系统进行工件及刀具的安装
	能进行基本程序的编写和识读
情感目标	能养成数控加工中心正确的操作规范意识

7.1.1　实践操作：数控铣床的基本操作

1．操作准备

安装有上海宇龙数控加工仿真系统软件的教师机一台，学生机 50 台的计算机机房一间，上海宇龙数控加工仿真系统软件 4.8 版本加密狗。

2．操作步骤

`01`　打开上海宇龙数控加工仿真系统软件。

`02`　选取华中数控世纪星数控铣床系统。

① 选取机床系统："控制系统"选取"华中数控"。

② 选择机床外形："机床类型"选取"铣床"，并选取"HNC-22M"，单击"确定"按钮，如图 7.1.2 所示。

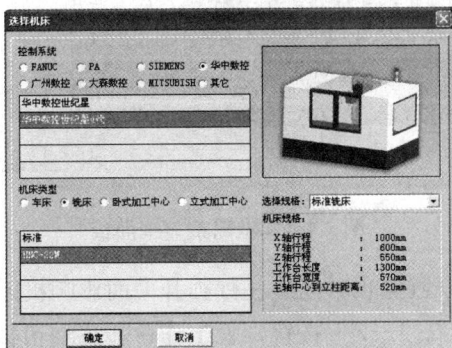

图 7.1.2　选取华中数控铣床

进入华中数控铣床界面，执行"视图"→"选项"命令，在弹出的"视图选项"对话框中取消勾选"显示机床罩了"，单击"确定"按钮，将机床外壳去掉，方便观察，如图 7.1.3 所示。

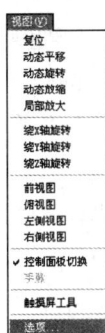 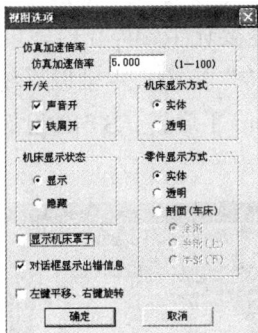 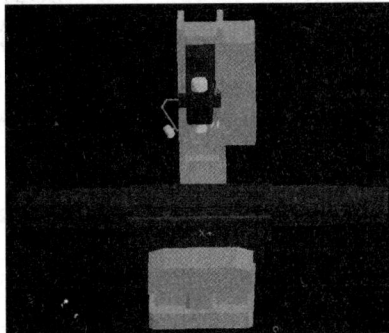

（a）　　　　　　　（b）　　　　　　　　　（c）

图 7.1.3　外形选项对话框

`03`　正确开机。

`04`　正确进行回零操作、手动方式操作。

① 回零操作。

开机后，为了使数控系统对机床零点进行记忆、建立测量基准，必须进行回零操作。步骤如下：

在机床操作面板上单击"回零"按钮，然后分别单击"＋X"、"＋Y"、"＋Z"按钮进行回零操作，直到相对坐标位置和机床坐标位置处的 X、Y、Z 值均为 0.000，才完成回零操作。如果在没有全部完成回零操作时就手动移动坐标轴，系统会出现报警。为安全起见，一般先单击"＋Z"按钮，将 Z 轴先回到零点，如图 7.1.4 所示。

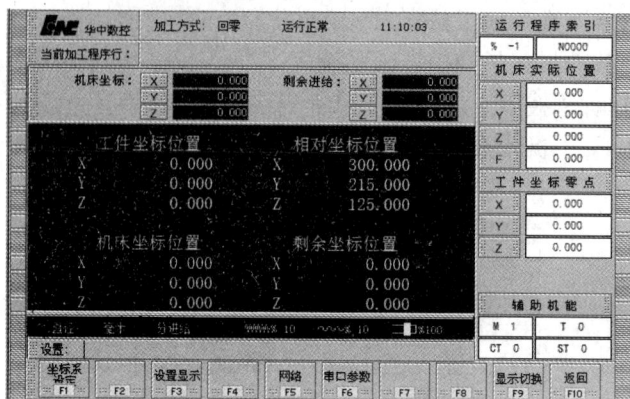

图 7.1.4　坐标系显示面板

回零后要及时退出，以避免长时间压住行程开关而影响机床寿命。单击"手动"按钮后分别单击"－X"、"－Y"、"－Z"按钮，使工作台和主轴箱移出零点位置，大概回到工作台中间位置。

② 手动方式操作。

加工中心的手动操作包括主轴的正、反转及停止，坐标轴的手动进给移动，以及切削液的开关操作等。

主轴的手动操作：单击"手动"按钮，进入手动方式，然后单击"主轴正转"按钮，主轴以系统默认的转速正转。在手动方式下，需要让主轴停止时，单击"主轴停止"按钮，主轴停止转动。在手动方式下，单击"主轴反转"按钮，主轴以系统默认的转速反正转。

05　选择刀具并安装。刀具选择直径 16mm 平底铣、BT40 刀柄，单击"添加到主轴"按钮，如图 7.1.5 所示。

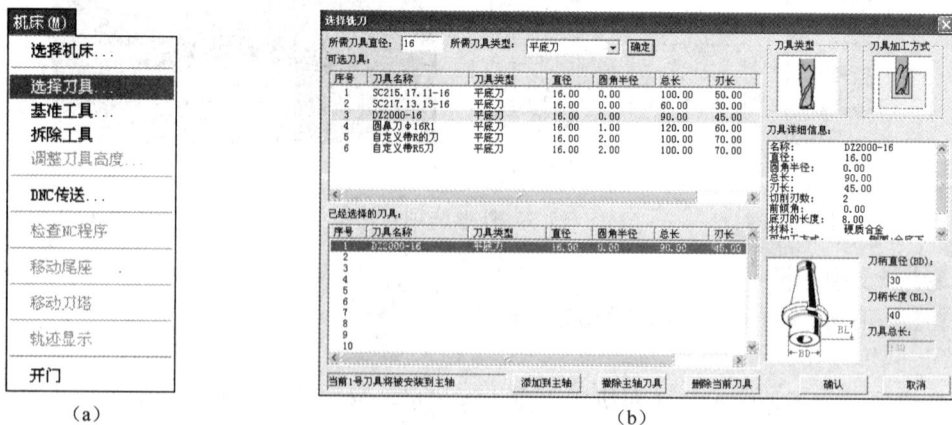

（a）　　　　　　　　　　　　　　　　　（b）

图 7.1.5　刀具选择

06 按要求设置毛坯并安装。毛坯：材料为 45 钢，250mm×250mm×100mm。

① 执行"零件"→"定义毛坯"命令，在弹出的"定义毛坯"对话框中选择材料为 45 钢，设置为长 250mm、宽 250mm、高 100mm，如图 7.1.6 所示。

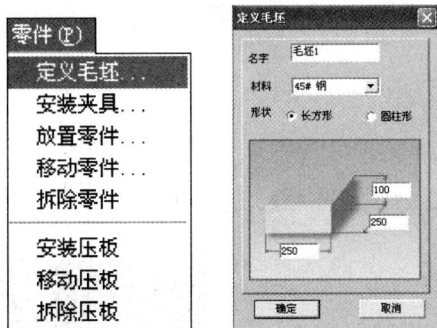

图 7.1.6　定义毛坯

② 执行"零件"→"安装夹具"命令，弹出"选择夹具"对话框，选择"毛坯 1"零件，选择"平口钳"夹具，如图 7.1.7 所示。

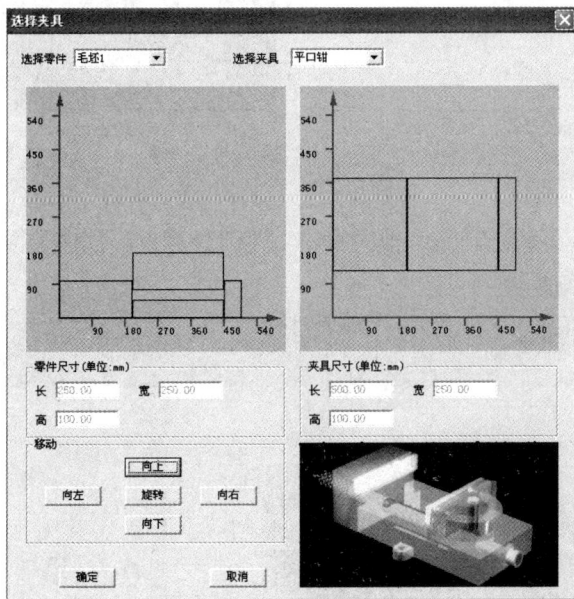

图 7.1.7　选择夹具

③ 分别单击"向上"、"向下"、"向左"、"向右"、"旋转"按钮调节工件位置，最后单击"确定"按钮。

④ 执行"零件"→"放置零件"命令，弹出"选择零件"对话框，单击"安装零件"按钮进行夹具安装。通过方向控制夹具摆放方式，如图 7.1.8 所示。

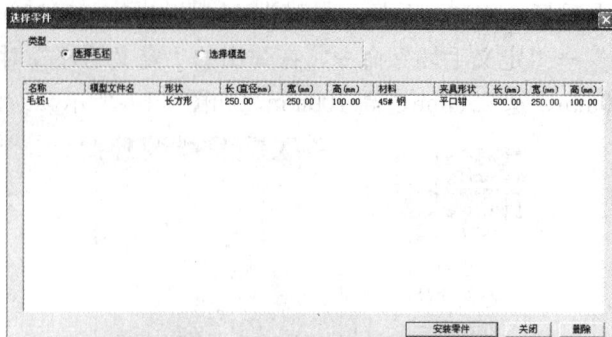
（a）

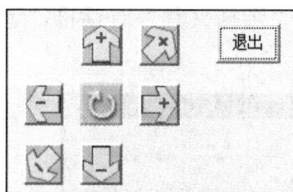
（b）

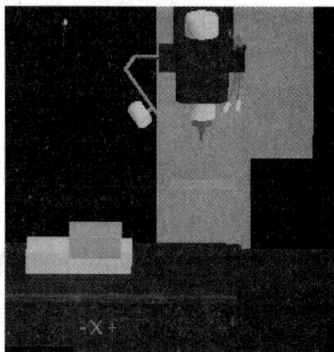
（c）

图 7.1.8　安装夹具

07　在编辑操作方式下，在"程序编辑"、"新建程序"程序页面中输入参考程序，如图 7.1.9 所示。

（a）

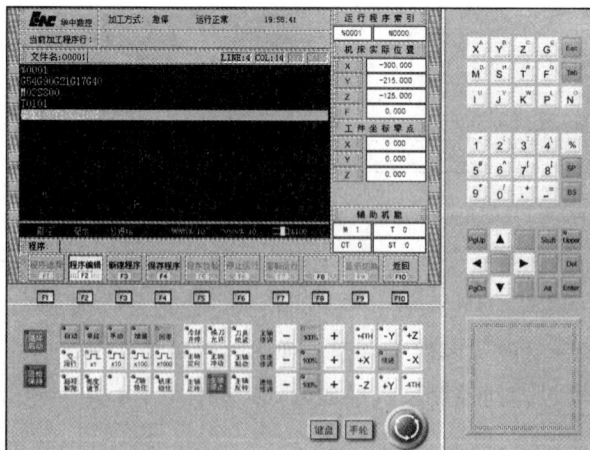
（b）

图 7.1.9　程序编辑

小贴士

主轴正反转手动操作和手动操作 X 轴、Y 轴、Z 轴方式与数控车操作相同，这里不再做详细讲解。

3．学习评价

将学生上机操作完成情况的检测与评价填入表 7.1.2。

表 7.1.2　学习评价

序号	项　目	技　术　要　求	配分	评 分 标 准	检测记录	得分
1	软件操作	进入仿真软件	5	每错一次扣 2 分		
2	机床选择	正确选择机床	20	每错一次扣 3 分		
3	机床操作	开机、回零	15	每错一次扣 3 分		
4		装刀、装毛坯	30	每错一次扣 3 分		
5	程序输入	正确输入程序	20	每错一处扣 5 分		
6	文明操作	爱护计算机设备	10	一次意外扣 2 分		

7.1.2 相关知识：程序组成与铣削方式、加工工艺与走刀路线

1．加工程序的组成

华中世纪星系统加工程序由程序名、程序起始符和程序段等部分组成。

（1）程序名称

格式：O__

O 表示程序指令码，__为程序名称，华中世纪星程序名用四位数字或字母表示。如果程序名称不是字母 O 开头，程序将被隐藏起来，不便于查找或调用。

（2）程序起始符

格式：%__

%为程序起始符，__表示程序号，可取 0001～9999。不能使用 0000 作为程序号。

（3）程序段

格式：N__ G__ X__ Y__ Z__ …… F__ S__ M__ ……

N__为程序段号，N 后用数字 1～9999 表示。程序段中加入程序段号是为了方便阅读和修改程序。

G__为准备功能，G 后用 1～99 表示。

X__ Y__ Z__为坐标值，表示对应坐标轴移动的方向和距离大小。数字最大值可为 ±99 999.999，实际输入最大值根据机床参数决定，输入"＋"号可省略。

格式中第一处"……"为其他坐标，包括 I、J、K 及 R 等，表示方法与坐标值类似。

F__ S__ T__为工艺指令，其中 F 为进给速度，单位为 mm/min 或 mm/r；S 为转速，单位为 r/min；T 为刀具功能指令，其后用 1～99 表示。

格式中第二处"……"为附加指令，包括 D、H、L、P、Q 等，表示刀具补偿、固定循环及子程序的重复次数、暂停等，表示方法与工艺指令类似。

2. 准备功能 G 代码

G 代码用字符 G 和后面的两位数字表示，具体含义如表 7.1.3 所示。

表 7.1.3　HNC-22M 系统准备功能 G 代码

G 代码	组	功　能	G 代码	组	功　能
*G00	01	快速点定位	G56	11	工件坐标系 3 选择
G01		直线插补	G57		工件坐标系 4 选择
G02		顺圆插补	G58		工件坐标系 5 选择
G03		逆圆插补	G59		工件坐标系 6 选择
G04	00	暂停	G60	00	单方向定位
G07	16	虚轴指定	*G61	12	准停校验方式
G09	00	准停校验	G64		连续方式
*G17	02	XY 加工平面	G68	05	旋转变换
G18		ZX 加工平面	*G69		旋转取消
G19		YZ 加工平面	G73	06	深孔钻孔循环
G20	08	英制单位	G74		反攻螺纹循环
*G21		公制单位	G76		精镗循环
G22		脉冲当量	*G80		取消回定循环
G24	03	镜像开	G81		定点钻循环
*G25		镜像关	G82		锪孔
G28	00	返回参考点	G83		深钻孔循环
G29	00	由参考点返回	G84	06	攻螺纹循环
*G40	09	刀径补偿取消	G85		镗循环
G41		刀径左补偿	G86		镗循环
G42		刀径右补偿	G87		反镗循环
G43	10	刀具长度正向补偿	G88		镗循环
G44		刀具长度负向补偿	G89		镗循环
*G49		刀具长度补偿取消	*G90	13	绝对值编程
*G50	04	缩放关	G91		增量值编程
G51		缩放开	G92	00	工件坐标系设定
G52	00	局部坐标系设定	*G94	14	每分钟进给
G53		直接机床坐标系编程	G95		每转进给
*G54	11	工件坐标系 1 选择	*G98	15	固定循环返回起始点
G55		工件坐标系 2 选择	G99		固定循环返回 R 点

小贴士

标有*的 G 代码为数控系统通电后的默认状态，00 组中的 G 代码是非模态指令，其他组的 G 代码是模态指令。

非模态 G 功能只在所规定的程序段中有效，程序段结束时被注销，该功能不影响下一程序段的运行；模态 G 功能一旦被执行则一直有效，直到被同一组的 G 功能注销为止。

同一程序段中指令了两个以上同一组的 G 代码时，最后一个 G 代码有效。另外，紧跟 G 后的 0 可省略，如 G00、G01 等简写成 G0、G1 等。

任务引入中平面加工编程时需要用到的 G 代码如下。

（1）尺寸单位选择指令——G20、G21

G20 表示输入制式为英制，单位为 in/min；G21 表示输入制式为公制，单位为 mm/min。

G20、G21 指令必须在程序执行其他运动指令前设定。G21、G20 是模态指令，可相互注销，G21 为默认值。

（2）进给速度单位的设定指令——G94、G95

G94 表示每分钟进给量，F 之后的数值直接指定刀具每分钟的进给量。

G95 表示每转进给量，即主轴旋转一周时刀具的进给量。G95 指令只有在主轴上装有编码器时才能使用。

G94、G95 是模态指令，可相互注销，G94 为默认值。

（3）绝对值与增量值编程指令——G90、G91

G90 表示绝对值编程，编程值相对于当前坐标系原点。

G91 表示增量值编程，编程值相对于当前刀具位置，该值等于沿轴向移动的距离。

G90、G91 是模态指令，可相互注销，G90 为默认值。

（4）工件坐标系选择指令——G54～G59

G54～G59 可设定 6 个工件坐标系，根据需要任意选用。

G54～G59 为模态指令，可相互注销，G54 为默认值。

（5）坐标平面选择指令——G17、G18、G19

G17 表示选择 XY 平面；G18 表示选择 ZX 平面；G19 表示选择 YZ 平面。

G17、G18、G19 为模态指令，可相互注销，G17 为默认值。

小贴士

执行圆弧插补和建立刀具半径补偿功能时，必须用该组指令选择所在平面。

（6）快速定位指令——G00

格式：G00 X__ Y__ Z__

G00 指定刀具以各轴预先设定的快速移动速度，从当前位置快速移动到程序段指令的定位目标点。X、Y、Z 为定位终点坐标。G90 有效时为终点在当前坐标系中的坐标；G91 有效时为终点相对于起点的位移量。不移动的轴可以不写，即位移量为零时可省略不写。

G00 的移动速度在由机床参数中设定，用 F 指定无效，但可由操作面板上的快速修调按钮进行修调。

G00 是模态指令，可由同组其他指令注销，G00 为默认值。

小贴士

G00 一般用于刀具离工件较远时，即加工前快速定位或加工后快速退刀，不能用于工件切削过程。

（7）直线插补指令——G01

格式：G01 X__ Y__ Z__ F__

G01 指令刀具以 F 指令的速度从当前点运动到指定点。X、Y、Z 为进给终点坐标，G90 有效时为终点在当前坐标系中的坐标；G91 有效时为终点相对于起点的位移量；F 为合成进给速度。

G01 是模态指令，可由同组其他指令注销。

3．辅助功能 M 代码

辅助功能由地址字 M 和其后的一位或两位数字组成，主要用于控制零件程序的走向，以及机床各种辅助的开关动作。

M 功能有非模态和模态两种形式。非模态 M 功能只当段程序有效；模态 M 功能一旦被指定，就一直有效，直到这些功能被同一组的另一功能注销。

M 功能具体含义如表 7.1.4 所示。

表 7.1.4 HNC-22M 系统辅助功能 M 代码

代　码	功　能	代　码	功　能
M00△	程序暂停	M07	2 号切削液开
M02△	程序结束	M08	1 号切削液开
M03	主轴顺时针旋转	*M09	切削液关
M04	主轴逆时针旋转	M98△	子程序调出
M05	主轴停止	M99△	返回主程序
*M06	换刀	M30△	程序结束

小贴士

标有*的 M 代码为数控系统通电后的默认状态，标有△的 M 代码是非模态指令，其他的 M 代码是模态指令。

1）M00 是程序停止执行代码。当运行到含有 M00 的程序段时，程序停止执行（坐标轴进给停止，但主轴仍旋转），全部现存的模态信息保持不变。单击"循环启动"按钮，后续程序继续执行。M05 指令与 M00 指令组合使用，先使主轴停转，然后暂停，便于操作人员进行刀具和工件的尺寸测量等操作。

2）M02 是程序结束代码。程序运行到 M02 程序段，表示程序已运行完毕，系统处于复位状态。

3）M30 除具有 M02 功能外，还兼有将程序返回起始处的作用。用 M30 结束程序后，程序自动返回到程序开始处，若要重新执行该程序，只需要再次单击操作面板上的循环启动按钮。

4）M03 表示启动主轴，以程序中编制的主轴转速顺时针方向旋转，即正转；M04 表示启动主轴，以程序中主轴转速逆时针方向旋转，即反转；M05 使主轴停止旋转。

5）M06 表示调用一个将安装在主轴上的刀具，刀具将被自动地安装在主轴上。

6）M07、M08 表示打开切削液管道；M09 表示关闭切削液管道。

4. 主轴转速、进给速度和刀具功能

（1）主轴转速

主轴转速由字符 S 及其后的数值表示。若 G21 有效，单位为 r/min。

S 是模态指令，只有在主轴转速可调节时有效。

（2）进给速度

加工进给速度用字符 F 及其后的若干位数字表示。F 指令表示工件被加工时刀具相对于工件的合成进给速度。F 的单位取决于 G94（每分钟进给量 mm/min）或 G95（每转进给量 mm/r）。

F 是模态指令，当工作在 G01、G02 或 G03 方式时，编程的 F 一直有效，直到被新的 F 值所取代。

（3）刀具功能

选刀由字符 T 及其后的两位数表示，数值表示选择的刀具号，T 代码与刀具的关系由机床制造厂规定。T 为非模态指令。

5. 平面铣削方式

在应用面铣刀加工平面时有三种加工方式：对称铣削、不对称逆铣和不对称顺铣。由于对称铣削在铣削宽度较窄时容易产生振动，所以一般情况下常采用不对称铣削；在不对称铣削中，因顺铣具有铣削平稳、刀刃磨损较慢、加工质量较高、功率消耗较低等优点而成为首选方式。

当工件表面无硬皮、机床进给机构无间隙时，应选用顺铣，按照顺铣安排进给路线。精铣时，尤其是零件材料为铝镁合金、铁合金或耐热合金时，应尽量采用顺铣。当工件表面有硬皮，机床的进给机构有间隙时，应选用逆铣，按照逆铣安排进给路线。因为逆铣时，刀齿从已加工表面切入，不会崩刃；机床进给机构的间隙不会引起振动和爬行，如图 7.1.10 所示。

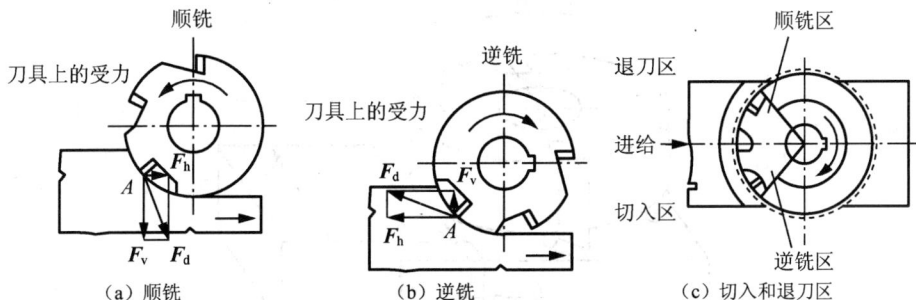

图 7.1.10　顺铣和逆铣切削方式

6. 加工阶段的划分

平面加工质量要求较高时，可将加工阶段划分为粗加工、半精加工和精加工三个阶段。

1）粗加工阶段。该阶段要切除大量的余量，在保留一定加工余量的前提下，提高生产率和降低成本是该阶段的主要目标，所以该阶段的切削力、夹紧力和切削热都较大。

2）半精加工阶段。该阶段为主要表面的精加工做好准备，也完成一些次要表面的加工。

3）精加工阶段。该阶段使主要表面加工到图样规定的尺寸精度和表面粗糙度。

7．走刀路线

平面加工的走刀路线有平行铣（简称行铣）和环铣等，如图 7.1.11 所示。平行铣编程简单易行，加工效率高，通常用于工件底部基准面的加工。当刀具直径超过工件宽度 1.5 倍，可一次加工出平面，避免出现加工接缝；环铣可保证单方向走刀，保证加工中顺逆铣的一致性，表面加工质量好，所以环铣用于加工要求较高的平面。

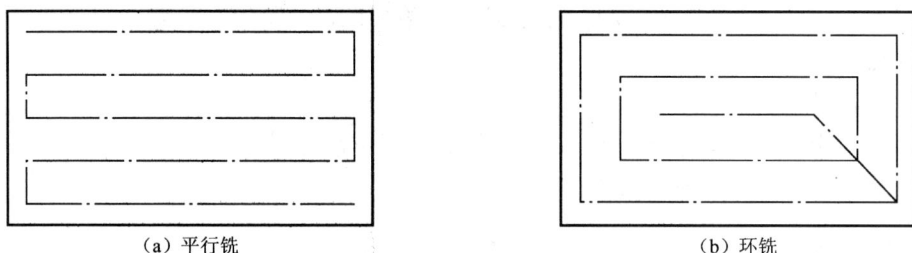

（a）平行铣　　　　　　　　　　　　　　（b）环铣

图 7.1.11　平行铣和环铣

8．切削用量

（1）背吃刀量的确定

背吃刀量 a_p 是平行于铣刀轴线测量的切削层尺寸，侧吃刀量 a_e 是垂直于铣刀轴线测量的切削层尺寸。面铣时，背吃刀量 a_p 为切削层深度，侧吃刀量 a_e 为被加工表面的宽度，如图 7.1.12 所示。面铣刀粗加工的背吃刀量 a_p 一般小于 6mm；精加工的背吃刀量 a_p 一般为 0.1～0.5mm。

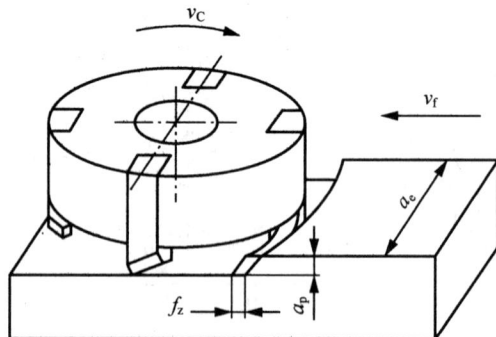

图 7.1.12　铣削的切削用量

（2）进给量的确定

铣削进给量通常有两种表示方法，即每齿进给量 f_z 和进给速度 v_f，它们之间的关系为

$$v_f = f_z z s$$

式中，f_z——每齿进给量，mm/r；

　　　z——铣刀齿数；

　　　s——主轴转速，r/min。

拓展与提高

（1）程序的开始部分应是（　　　）。

　　A．建立工件坐标系指令　　　　　　　　　B．刀具功能指令

　　C．程序名　　　　　　　　　　　　　　　D．主轴功能指令

（2）数控系统中（　　）指令在加工过程中是模态的。

　　A．G01、F　　　　B．G27、G28　　　C．G04　　　　D．M02

（3）在下列 G 功能代码中（　　）为圆弧插补。

　　A．G02　　　　　B．G00　　　　　　C．G01　　　　D．G03

（4）辅助功能中与主轴有关的 M 指令是（　　）。

　　A．M06　　　　　B．M05　　　　　　C．M08　　　　D．M07

任务 7.2　数控加工中心对刀操作

任务描述

对数控加工中心（华中系统）进行正确对刀，正确使用对刀仪进行对刀，能够输入试调程序进行对中，如图 7.2.1 所示。

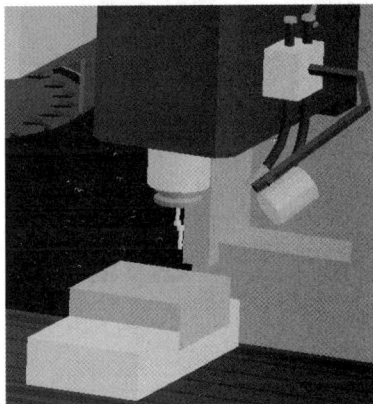

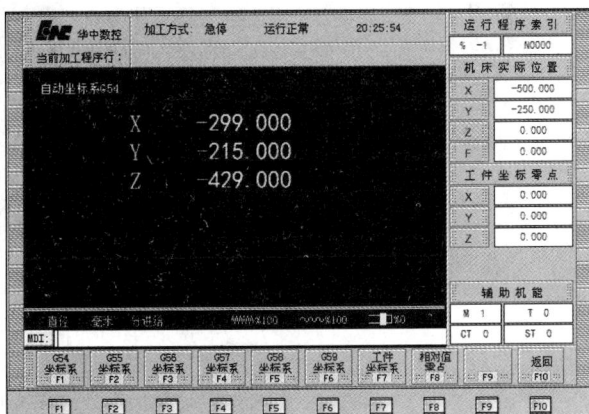

图 7.2.1　对刀建立工件坐标系 G54

任务目标

本任务要达成的学习目标如表 7.2.1 所示。

表 7.2.1　学习目标

知识目标	掌握加工中心坐标系、工件坐标系的建立方法
	掌握数控铣削程序的头程序含义及功能
技能目标	掌握数控加工中心的基本操作
	能利用仿真软件进行工件的装夹及刀具的安装
	能进行加工中心的正确对刀
情感目标	能养成数控加工中心正确的操作规范意识

7.2.1　实践操作：数控加工中心对刀操作

1．操作准备

安装有上海宇龙数控加工仿真系统软件的教师机一台，学生机 50 台的计算机机房一间，上海宇龙数控加工仿真系统软件 4.8 版本加密狗。

2．操作步骤

01　打开上海宇龙数控加工仿真系统软件。

02　选取华中数控世纪星数控加工中心系统。

① 选取机床系统："控制系统"选取"华中数控"。

② 选择机床外形："机床类型"选取"立式加工中心"，选取"HNC-22M（加工中心）"，如图 7.2.2 所示。

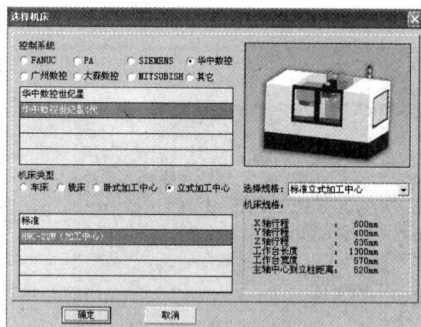

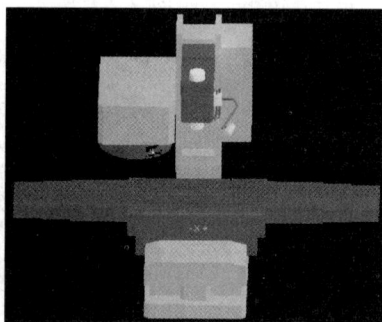

图 7.2.2　选取华中数控立式加工中心

小贴士

数控铣床没有刀库，而加工中心带有刀库。

03　正确进行开机、回零操作、手动方式操作。

04　按要求设置毛坯并安装。

05　在"设置"方式单击"G54 坐标系"按钮，建立工件坐标系，如图 7.2.3 所示。

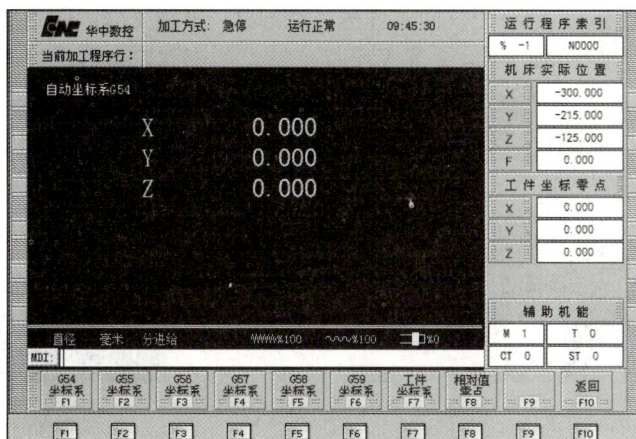

图 7.2.3　设置坐标系

06 在机床上安装对刀仪，如图 7.2.4 所示。

(a)

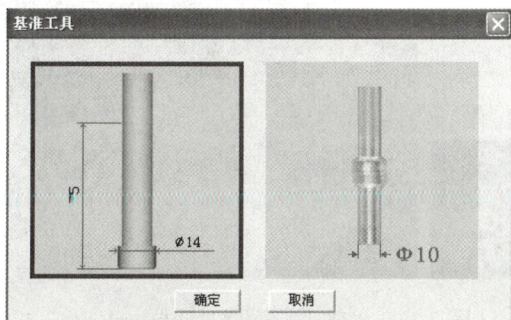

(b)

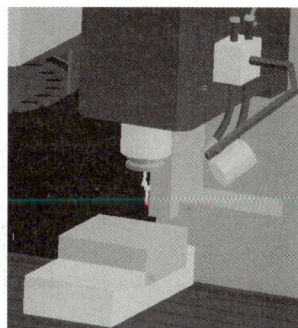

(c)

图 7.2.4　安装对刀仪

07 单击"主轴正转"按钮，在增量方式下，将对刀仪向工件 X 轴一边靠拢，直到对刀仪变为一条直线，如图 7.2.5 所示。

08 单击"坐标系设定"→"相对值零点"按钮，将相对坐标系清零。然后单击"返回"按钮，观察坐标系如图 7.2.6 所示。在相对坐标位置中 X、Y、Z 均为 0。

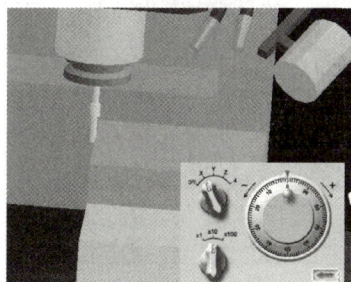

工件坐标位置		相对坐标位置	
X	-429.695	X	0.000
Y	-162.300	Y	0.000
Z	-480.400	Z	0.000
机床坐标位置		剩余坐标位置	
X	-429.695	X	0.000
Y	-162.300	Y	0.000
Z	-480.400	Z	0.000

图 7.2.5　X 轴左端手轮微调对话框　　　　图 7.2.6　坐标系显示对话框

09 抬起机床主轴,将对刀仪向工件另一端靠拢,直到变成一条直线,如图 7.2.7 所示。

10 观察相对坐标系,并记录下 X 坐标位置,如图 7.2.8 所示。

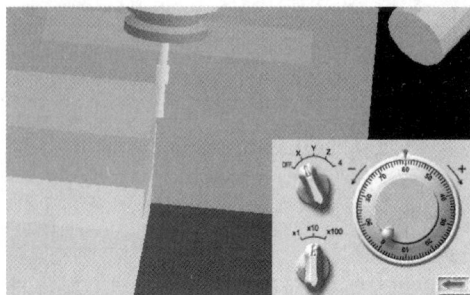

图 7.2.7　X 轴右端手轮微调对话框

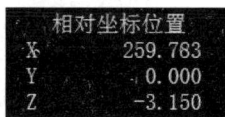

图 7.2.8　相对坐标系位置

11 将相对坐标系位置除以 2,即 $259.783 \div 2 = 129.891$(mm),操作增量方式,将机床 X 轴移动到 129.891mm 位置。如图 7.2.9 所示,发现机床对刀仪刚好在 X 轴向上的中间位置。

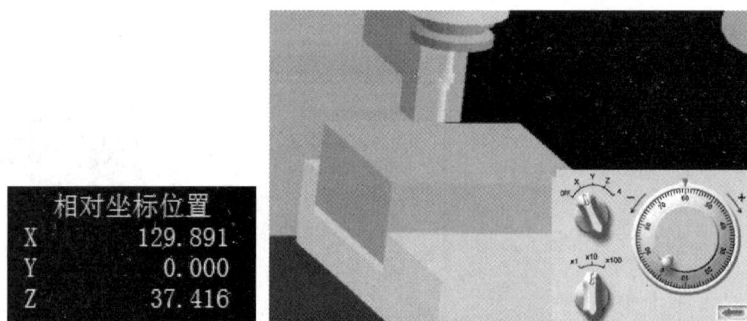

图 7.2.9　Y 轴手轮微调对话框

12 单击"设置"→"坐标系设定"按钮,找到机床实际 X 坐标位置,将机床实际坐标值输入 G54 坐标系中,如图 7.2.10 所示。

13 采用同样的方法,找到工件 Y 轴上的中间位置,将机床实际坐标值输入 G54 坐标系中,如图 7.2.11 所示。

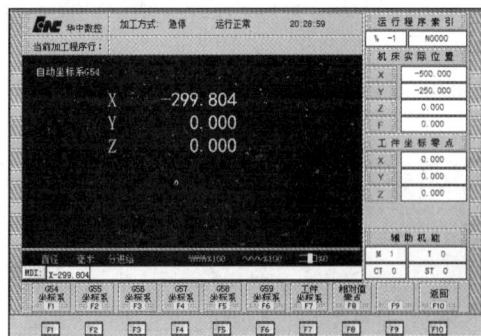

图 7.2.10　机床实际位置

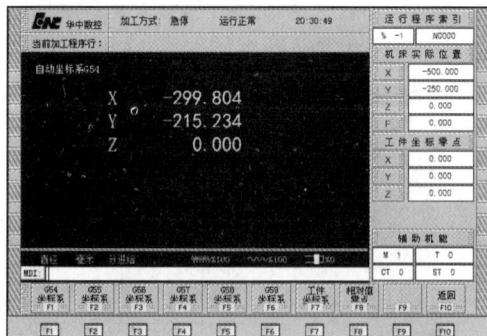

图 7.2.11　设置 Z 轴

14 抬升 Z 轴,单击"主轴停止"按钮,执行"机床"→"拆除工具"命令。进行刀具安装，可以观察到刀具正好在工件正中位置，如图 7.2.12 所示。

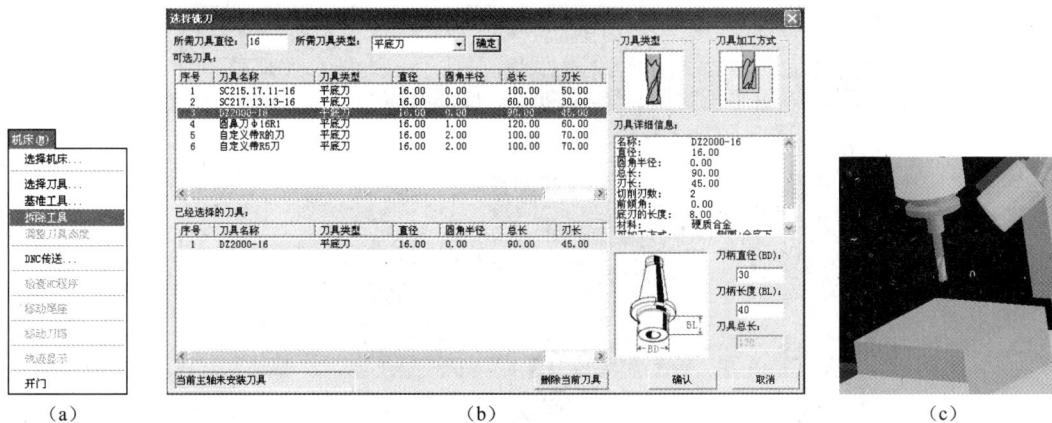

（a）　　　　　　　　　　　　　　（b）　　　　　　　　　　　　　　（c）

图 7.2.12　安装刀具

15 控制 Z 轴下降，接近工件表面时，选择"塞尺检查"选项，观察"提示信息"文本框，如果显示"太松"，然后选用手轮操作直到"提示信息"文本框显示"合适"，如图 7.2.13 所示。

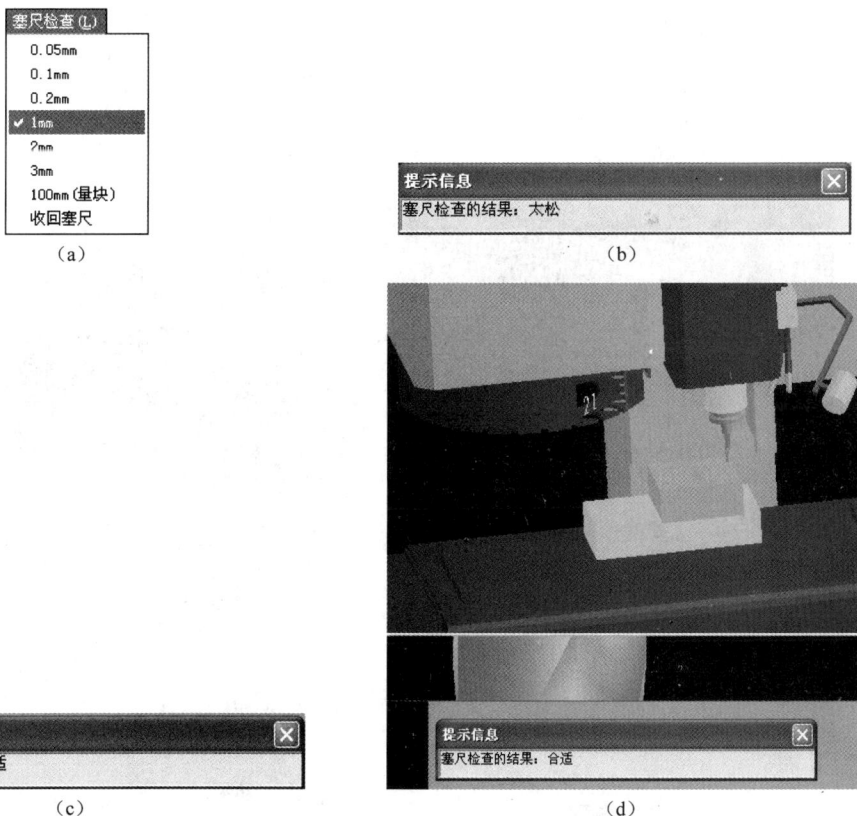

（a）　　　　　　　　　　　　　　　　　　　　　　（b）

（c）　　　　　　　　　　　　　　　　　　　　　　（d）

图 7.2.13　微调 Z 轴

16 在工件坐标系中找到 Z 轴坐标系，输入 Z 轴实际坐标值（注意：因为选择了 1mm

的塞尺，所以要在 Z 向高度的值上再下降 1mm），如图 7.2.14 所示。

图 7.2.14　G54 坐标系设置

17　在程序中编辑校验程序，校验刀具是否对中，如图 7.2.15 所示。

O2001	程序名称
%2001	起始符
N10 G90 G21 G49 G17 G54 G40	程序初始化并设定工件坐标
N20 G0 X0 Y0 Z100	刀具对中
N30 M03 S800	主轴正转,800r/min

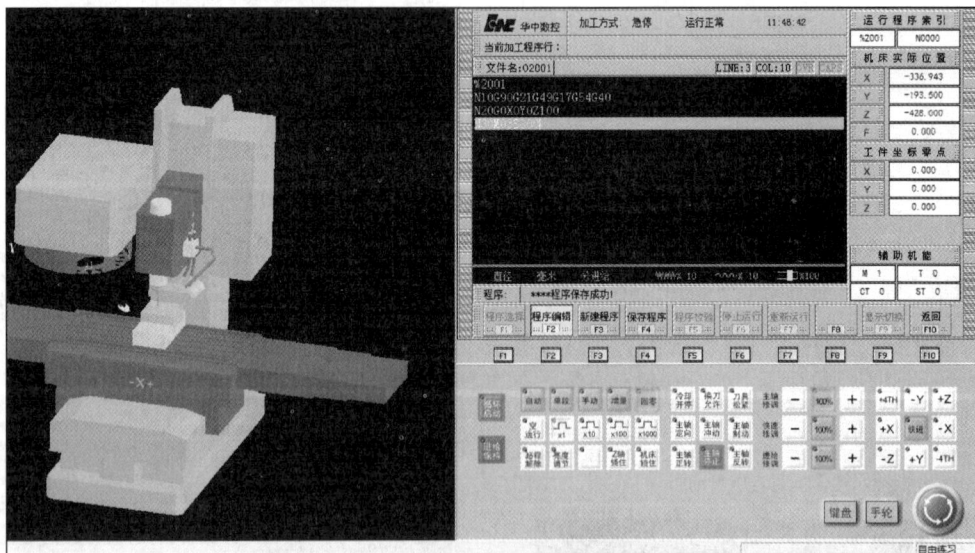

图 7.2.15　程序输入对话框

18　单击"显示切换"按钮，检测工件坐标系是否为 X0、Y0、Z100，如图 7.2.16 所示。

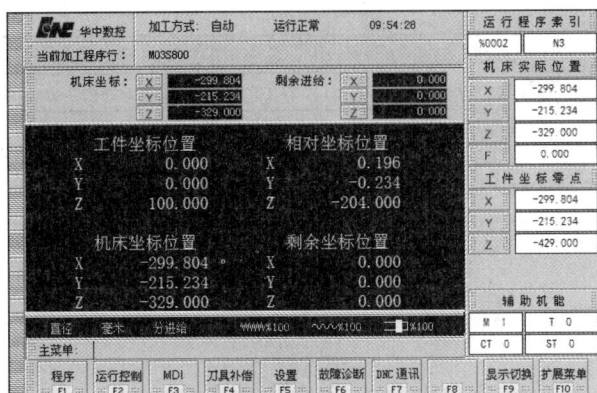

图 7.2.16　坐标系检验窗口

19　手动输入程序段进行工件试切。

%0001	起始符
N10　G90 G40 G21 G17 G54	程序初始化
N20　M03 S675	主轴正转
N30　M7	开切削液
N40　G0 X-105 Y-35	快速定位
N50　Z2	快速靠近工件表面
N60　G01 Z-1 F100	粗铣深度为 1mm
N70　G1 X60 F850	向右铣平面,进给速度为 850mm/min
N80　Y35	换向铣切
N90　X-105	换行后向左铣平面
N100　G0 Z30	将刀具移到工件表面上方 30mm 处
N120　X0 Y0	回到程序原点
N130　M5	主轴停转
N140　M30	程序结束

小贴士

在进行对刀过程中需时刻注意寻边器是否变为直线状态,同时必须让主轴进行低速旋转,转速不超过 300r/min,在进行 Z 向对刀时主轴必须是停止状态。

3. 学习评价

将学生上机操作完成情况的检测与评价填入表 7.2.2。

表 7.2.2　学习评价

序　号	项　目	技术要求	配分	评分标准	检测记录	得分
1	软件操作	进入仿真软件	5	每错一次扣 2 分		
2	机床选择	正确选择机床	20	每错一次扣 3 分		
3	机床操作	开机、回零	15	每错一次扣 3 分		
4		装刀、装毛坯	10	每错一次扣 3 分		

续表

序　号	项　目	技 术 要 求	配分	评 分 标 准	检测记录	得分
5	程序输入	正确输入程序	10	每错一处扣3分		
6	正确对刀	能进行刀具正确对中	10	每错一次扣3分		
7	校验对刀	正确录入程序校验	20	每错一次扣3分		
8	文明操作	爱护计算机设备	10	一次意外扣2分		

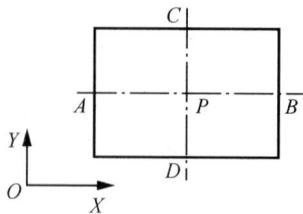

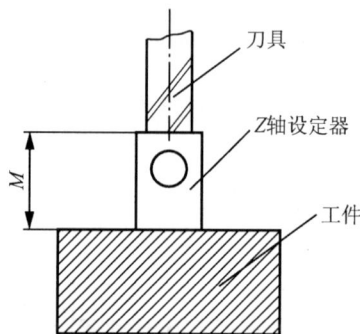

7.2.2　相关知识：寻边器和 Z 轴设定器对刀

1. 以毛坯孔或外形的对称中心为对刀位置点

（1）用寻边器对刀

寻边器主要用于确定工件上对刀点在机床坐标系中的 X、Y 坐标值，还可以测量工件的简单尺寸。

寻边器有偏心式和光电式等类型，其中以光电式较为常用。光电式寻边器的测头一般为 ϕ10mm 的钢球，用弹簧拉紧在光电式寻边器的测杆上，碰到工件时可以退让，并将电路导通，发出光电信号，通过光电式寻边器测头直径和机床坐标位置即可得到被测表面的坐标位置。其操作步骤如下：首先，将工件装夹在工作台上，装夹时，工件的四个侧面都应留出寻边器的测量位置；然后，快速移动工作台和主轴，使寻边器测头靠近工件的 A 面，如图 7.2.17 所示；改用手轮微动操作，让测头慢慢接触到工件的 A 面，直到寻边器发光，记下此时机床坐标系中的 X 坐标值；抬起寻边器至工件上表面上方，快速移动工作台和主轴，让测头靠近工件 B 面，再改用手轮微动操作，让测头慢慢接触到工件的 B 面，直到寻边器发光，记下此时机械坐标系中的 X 坐标值；将两次测量的绝对坐标值相加之和除以 2，从而得到工件上 A、B 两平面的中平面处 X 坐标值，同样方法可以得到 C、D 两平面的中平面处 Y 坐标值，综合起来得到中点 P 的 X、Y 坐标；同时，根据测头直径与所测坐标值还可以求得工件尺寸。

（2）刀具 Z 向对刀

Z 轴设定器主要用于确定工件对刀点在机床坐标系中的 Z 轴坐标值，即用于 Z 向对刀。Z 轴设定器有光电式和指针式等类型。Z 轴设定器带有磁性表座，可以牢固地附着在工件上或夹具上，其高度 M 为标准值，一般为 50mm 或 100mm，如图 7.2.18 所示。

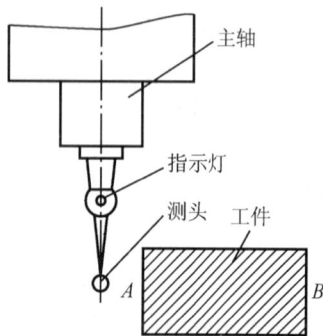

图 7.2.17　寻边器对刀　　　　　图 7.2.18　Z 轴设定器对刀

将加工所用刀具装到主轴上,利用磁性表座将 Z 轴设定器牢固地附着在工件上;利用手动方式将刀具端面移动到靠近 Z 轴设定器上表面,改用手轮并将其调到较低挡位,让刀具端面慢慢接触到 Z 轴设定器上表面,直到其指针指示到零位;记下此时机床坐标系上的 Z 值,则工件上表面在机床坐标系中的 Z 坐标值为所得的 Z 值减去 Z 轴设定器高度 M,从而完成 Z 向对刀。

2. 以工件相互垂直的基准边线的交点为对刀点

如图 7.2.19 所示,使用寻边器或直接用刀具对刀。

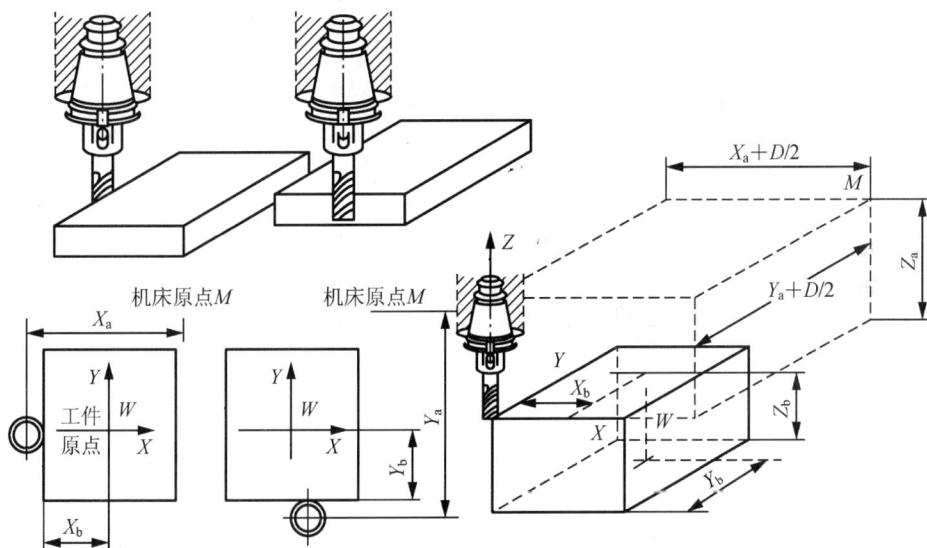

图 7.2.19 对刀操作时的坐标位置关系

按 X、Y 轴移动方向键,令刀具或寻边器移动到工件左(或右)侧空位的上方,再让刀具下行,然后调整移动 X 轴,使刀具圆周刃口接触工件的左(或右)侧面,记下此时刀具在机床坐标系的 X 坐标 X_a,最后按 X 轴移动方向键使刀具离开工件左(或右)侧面。

用同样的方法调整移动刀具圆周刃口接触工件的前(或后)侧面,记下此时刀具在机床坐标系的 Y 坐标 Y_a。最后让刀具离开工件前(或后)侧面,并将刀具回升到远离工件的位置。

如果已知刀具或寻边器的直径为 D,则基准边线交点处的坐标应为 $(X_a+D/2, Y_a+D/2)$。

拓展与提高

(1)寻边器主要用于确定工件上对刀点在机床坐标系中的( )坐标值。

A. X 　　　　　B. Y 　　　　　C. Z 　　　　　D. A

(2)寻边器有( )和( )等类型,其中以( )较为常用。

A. 光电式 　　　　B. 偏心式 　　　　C. 机械式 　　　　D. 触摸式

(3)在工件坐标系中可以设置( )个坐标系。

A. 5 　　　　　B. 4 　　　　　C. 3 　　　　　D. 2

任务 *7.3* 数控加工中心平面轮廓铣削

任务描述

对数控加工中心（华中系统）进行简单平面铣削，要求手动编程并进行腰形轮廓铣削，图样如图 7.3.1 所示。

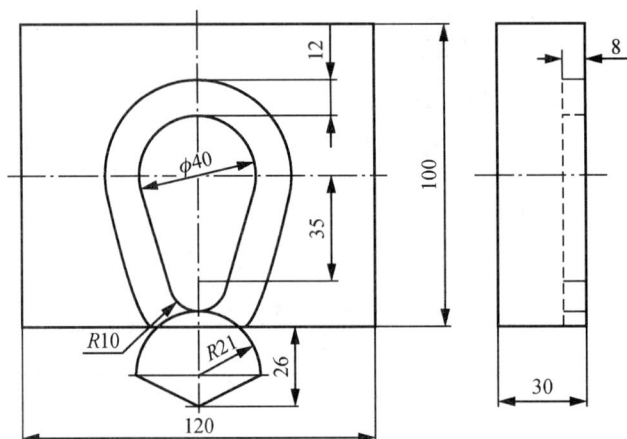

图 7.3.1　加工腰形零件图样

任务目标

本任务要达成的学习目标如表 7.3.1 所示。

表 7.3.1　学习目标

知识目标	掌握顺铣与逆铣的选择方式	
	掌握刀具补偿指令的使用与撤销方法	
技能目标	能进行简单刀路程序编辑	
	能进行刀具的正确选择	
	能进行程序的正确上传	
情感目标	能养成正确的设备操作态度	

7.3.1　实践操作：数控加工中心平面轮廓铣削

1. 操作准备

安装有上海宇龙数控加工仿真系统软件的教师机一台，学生机 50 台的计算机机房一间，上海宇龙数控加工仿真系统软件 4.8 版本加密狗。

2．操作步骤

01 打开上海宇龙数控加工仿真系统软件。

02 正确选取华中数控世纪星数控加工中心系统，选取机床系统和机床外形。

03 正确进行开机、回零操作、手动方式操作。

04 按要求设置毛坯并安装。

05 建立 G54 工件坐标系。

06 在机床上安装对刀，进行对刀并将机床坐标值输入工件坐标系。

07 确定背吃刀量与侧吃刀量。

粗加工轮廓的背吃刀量与侧吃刀量由 $a_p \times a_e > D_C$（刀具直径）确定；精加工的最大背吃刀量 $a_p = D_C$，侧吃刀量 $a_e < 0.05 \times D_C$（刀具直径）。使用硬质合金立铣刀加工轮廓时，粗加工的背吃刀量约为 1.5mm，精加工的侧吃刀量约为 0.2mm；使用高速钢立铣刀加工轮廓时，粗加工的背吃刀量通常不大于 6mm，精加工的侧吃刀量约为 0.2mm。加工效果如图 7.3.2 所示。

08 确定顺铣加工或是逆铣加工。铣削有顺铣和逆顺两种方式。当工件表面无硬皮，机床进给机构无间隙时，应选用顺铣，按照顺铣安排进给路线。因为采用顺铣加工后，零件已加工表面质量好，刀齿磨损小。精铣时，尤其是零件材料为铝镁合金、铁合金或耐热合金时，应尽量采用顺铣。当工件表面有硬皮，机床的进给机构有间隙时，应选用逆铣，按照逆铣安排进给路线。因为逆铣时，刀齿是从已加工表面切入，不会崩刃；机床进给机构的间隙不会引起振动和爬行。

09 其中一些基点坐标是未知的，可在 AutoCAD、CAXA 电子图板或其他图形软件中绘出零件轮廓，然后利用该软件的一些功能把基点坐标直接标出，如图 7.3.3 所示。

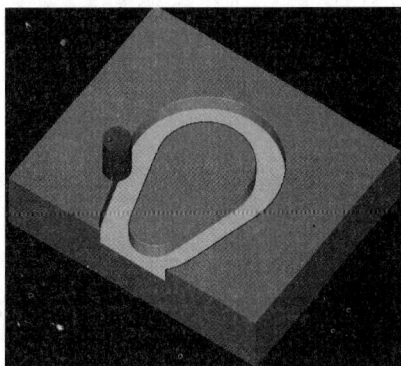

图 7.3.2　腰形三维加工效果图

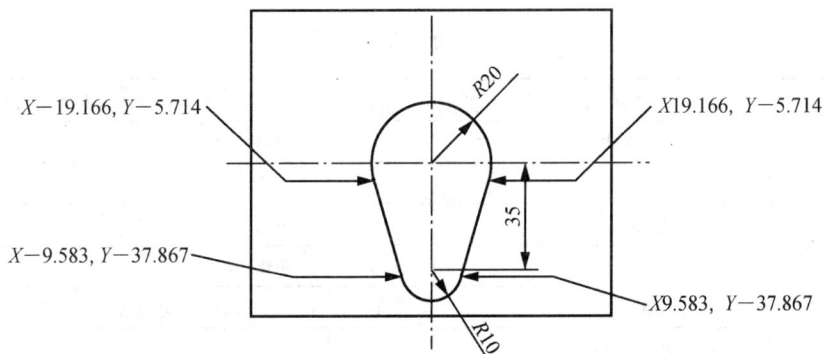

图 7.3.3　节点设置

10 编制加工程序并输入系统。

O2001	程序名称
%2001	起始符
N10 G90 G21 G49 G17 G54 G40	程序初始化并设定工件坐标
N20 M6 T1	换1号刀
N30 G43 G0 X0 Y-76 Z200 H1	建立1号刀长度补偿
N40 M3 S530	主轴正转,转速为530r/min
N50 M7	开切削液
N60 Z2	快速靠近工件顶面
N70 Z-4 F100	以100mm/min的速度移动到加工高度
N80 G41 G1 X21 Y-66 F80 D1	建立1号刀半径补偿
N90 G3 X0 Y-45 R21 F50	过渡圆弧
N100 G2 X-9.583 Y-37.857 R10	左下圆弧
N110 G1 X-19.166 Y-5.714 F80	左直线
N120 G2 X19.166 Y-5.714 R-20 F50	上圆弧
N130 G1 X9.583 Y-37.857 F80	右直线
N140 G2 X0 Y-45 R10 F50	右下圆弧
N150 G3 X-21 Y-66 R21	过渡圆弧
N160 G40 G1 X0 Y-76 F80	取消刀具半径补偿
N170 G49 G0 Z0 M9	取消刀具长度补偿并关切削液
N180 M5	主轴停止(此步可省)
N190 M30	程序结束

11 切换到"自动"操作方式,然后单击循环启动按钮,则开始进行自动加工。

小贴士

在进行手动编程时需要注意坐标系原点设置在图纸中的位置,如果坐标系原点发生变化,相应的节点位置也会发生变化。

3．学习评价

将学生上机操作完成情况的检测与评价填入表7.3.2。

表7.3.2　学习评价

序号	项 目	技 术 要 求	配分	评 分 标 准	检测记录	得分
1	软件操作	进入仿真软件	5	每错一次扣2分		
2	机床选择	正确选择机床	10	每错一次扣3分		
3	机床操作	开机、回零	15	每错一次扣3分		
4		装刀、装毛坯	10	每错一次扣3分		
5	程序输入	正确输入程序	10	每错一处扣3分		
6	正确对刀	能进行刀具正确对中	10	每错一次扣3分		
7	校验对刀	正确录入程序校验	10	每错一次扣3分		
8	编辑程序	使用手动编辑程序	20	每错一次扣3分		
9	加工工件	正确进行仿真加工	10	每错一次扣3分		

7.3.2　相关知识：刀具半径补偿与长度补偿

1. 刀具半径补偿 G40、G41、G42、G43、G44、G49

用圆柱形铣刀加工工件轮廓时，在加工程序中应用 G41、G42 代码，只需按图纸上的实际轮廓进行编程，不必考虑偏移刀具半径，通过在机床控制面板上输入刀具半径补偿值就可加工出正确的轮廓，且只需修改刀具半径补偿值就可应用不同直径的刀具对工件进行粗、精加工，如图 7.3.4 所示。

程序段格式：$\begin{Bmatrix} G41 \\ G42 \end{Bmatrix} \begin{Bmatrix} G00 \\ G01 \end{Bmatrix}$ X__ Y__ D__ 建立刀具半径补偿

$\qquad$ G40 $\begin{Bmatrix} G00 \\ G01 \end{Bmatrix}$ X__ Y__ 取消刀具半径补偿

图 7.3.4　左右刀补程序段格式

G41 表示刀具半径左侧补偿，G42 表示刀具半径右侧补偿，G40 表示取消刀具半径补偿。刀具半径补偿号由字符 D 及其后的数字组成，数字可为 0~99。例如，D2 表示调用 2 号存储器中的数值作为刀具半径补偿值。刀具半径补偿方向如图 7.3.5 所示。

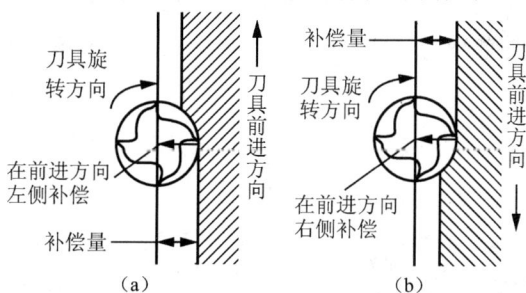

图 7.3.5　刀具半径补偿方向

G41、G42、G40 为模态指令，可相互注销。机床初始状态为 G40。

在建立和取消刀具半径补偿时，只能用 G00 或 G01 指令，不能用 G02 或 G03 指令。建立刀补的过程如图 7.3.6 所示，是使刀具从无刀具补偿状态（图中 P_0 点）运动到补偿开始点（图中 P_1 点），其间为 G01 运动，用刀补轮廓加工完成后，还有一个取消刀补的过程，即从刀补结束点（图中 P_2 点），G01 或 G00 运动到无刀补状态（图中 P_0 点）建立和取消刀具半径补偿是逐渐偏移的过程，应使刀具沿直线移动一段距离，以避免生产过切或少切。

通常加工外轮廓时刀具轨迹为顺时针走刀，即应用 G41 代码。由于顺铣时有一定的让刀，故可用同一个程序对工件轮廓实现粗、精加工。先运行程序进行粗加工，一般单边让刀量为 0.1~0.2mm。然后重复运行该程序，就可完成精加工，加工出要求的尺寸。

G17 有效时的刀具长度补偿轴为 Z 轴；G18 有效时的刀具长度补偿轴为 Y 轴；G19 有效时的刀具长度补偿轴为 X 轴；G49 为取消刀具长度补偿；G43 为正向偏置（补偿轴终点加上偏置值）；G44 为负向偏置（补偿轴终点减去偏置值），如图 7.3.7 所示。

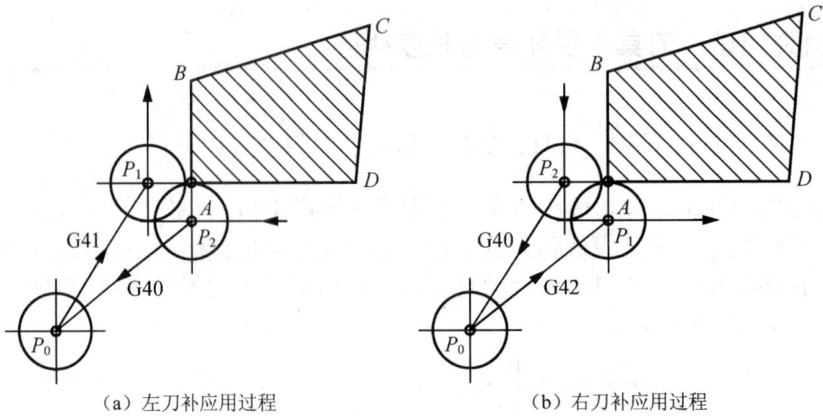

（a）左刀补应用过程　　　　　　　　（b）右刀补应用过程

图 7.3.6　建立和取消刀补过程

$$程序段格式：\begin{Bmatrix} G17 \\ G18 \\ G19 \end{Bmatrix}\begin{Bmatrix} G43 \\ G44 \\ G49 \end{Bmatrix}\begin{Bmatrix} G00 \\ G01 \end{Bmatrix}X\_\_\ Y\_\_\ Z\_\_\ H\_\_$$

图 7.3.7　刀具长度补偿程序段格式

X、Y、Z 为刀具建立或取消的终点，刀具长度补偿偏置号由字符 H 及其后的数字 0～99 组成。刀具表中的长度补偿值是编程时的刀具长度和实际使用的刀具长度之差，如图 7.3.8 所示。

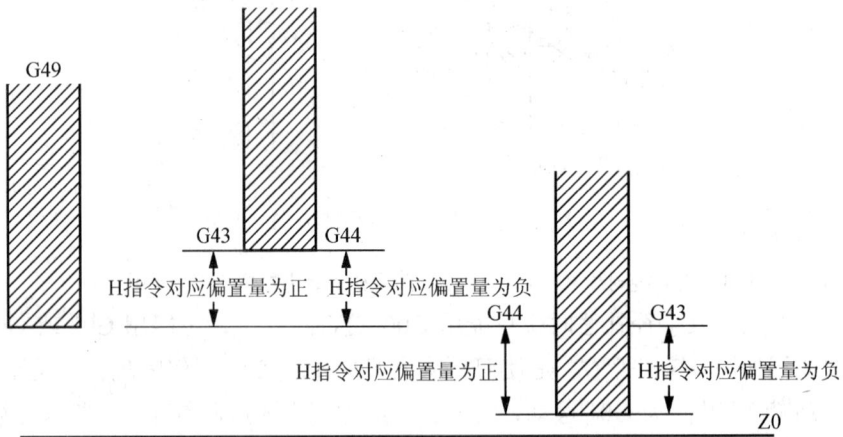

图 7.3.8　刀具长度补偿

G43、G44、G49 是为模态指令，可相互注销。机床初始状态为 G49。

2．基点和节点的概念

计算编程中所需轮廓数据的过程称为数值计算。数值计算包括零件轮廓的基点坐标和节点坐标计算。构成零件轮廓的不同几何素线的交点或切点称为基点。例如，直线和直线的交点、直线和圆弧的交点、圆弧与圆弧的切点等。当被加工零件轮廓曲线不是由直线、圆弧等基本线型组成时，需在满足加工精度的前提下用许多段直线逼近曲线，即将曲线分成若干小直线段。两条小直线段的交点称为节点。由于加工中心一般以加工平面直线和圆弧的轮廓为主，所以数值计算的主要任务是求各基点的坐标，如图 7.3.3 所示腰形轮廓的圆弧与直线的交点坐标。只有在加工非圆曲线时，才可能计算节点坐标。

拓展与提高

请按照如图 7.3.9 所示零件，分组讨论或单独进行手动程序编辑，完成仿真加工。

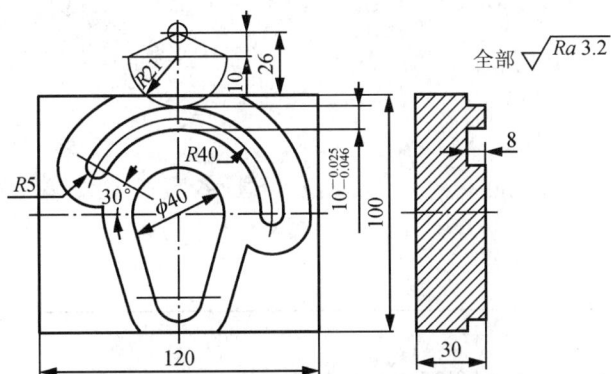

（a）腰形加圆弧加工平面图样

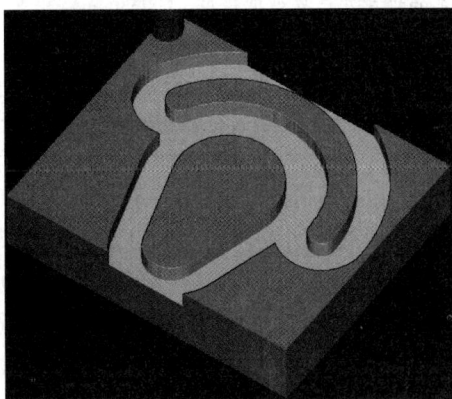

（b）腰形加圆弧加工效果图

图 7.3.9　带圆弧腰形加工零件图

项目 8

零件的自动编程与仿真加工

学习目标

1. 能熟练运用 CAXA 数控车绘制较复杂图形。
2. 能熟悉 CAXA 数控车的机床及后置处理设置。
3. 能熟练运用 CAXA 数控车对内外形的粗车、精车、切槽、车螺纹的参数进行设置。
4. 能初步掌握归集生成及自动生成加工程序的方法，并能对程序进行适当修改。
5. 能熟练将自动生成并修改的加工程序调入仿真软件进行仿真加工。

近几年，在全国广泛开展了数控车削技能大赛，有全国性的、省市级的、地区性的。所进行的技能大赛水平不断提高，所要求车削加工的零件也越来越多、越来越复杂。只靠手工编程不能适应技能大赛的要求。CAXA 数控车具有 CAD 软件的强大绘图功能，可以绘制任意复杂的图形，具有轨迹生成及通用后置处理功能。即 CAXA 数控车可按加工要求生成各种复杂图形的加工轨迹和自动生成加工程序，因此 CAXA 数控车被广泛使用于数控车削技能大赛中。

本项目将以实例形式对 CAXA 数控车自动编程与仿真加工进行介绍，以便为大家了解技能大赛、参与技能大赛奠定基础。

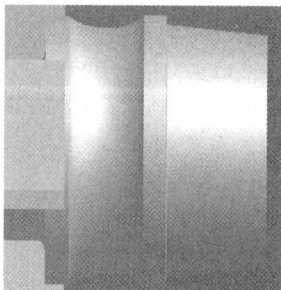

任务 8.1 CAXA 数控车自动编程

任务描述

用 CAXA 数控车 2011 自动编写如图 8.1.1 所示零件的程序，材料为 45 钢，工件毛坯尺寸为 $\phi 50mm \times 105mm$。

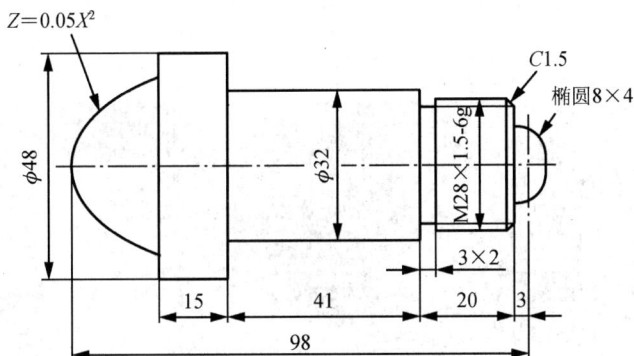

图 8.1.1　加工零件图样

技术要求：未注倒角 C0.5；锐边倒棱 C0.3；不允许用锉刀、纱布修饰表面

任务目标

本任务要达成的学习目标如表 8.1.1 所示。

表 8.1.1　学习目标

知识目标	能了解 CAXA 数控车的用户界面和功能特点
	能了解 CAXA 数控车图形绘制、机床设置
	能初步熟悉粗车、精车、切槽、车螺纹的参数设置
	能初步掌握自动生成加工程序的方法
技能目标	能进行 CAXA 数控车图形绘制、机床设置
	能较熟练进行粗车、精车、切槽、车螺纹的参数设置
	能将自动生成的加工程序进行保存与调用
情感目标	能养成爱护计算机等设施的好习惯
	能养成善于动脑、主动学习、相互学习的习惯

8.1.1　实践操作：CAXA 数控车自动编程

1．操作准备

安装有 CAXA 数控车 2011 软件的教师机一台，学生机 50 台的计算机机房一间。

2. 操作步骤

要完成该零件的自动编程，左端可分解为四个加工程序：粗车加工程序、精车加工程序、切槽加工程序和车螺纹加工程序。右端可分解为两个加工程序：粗车加工程序和精车加工程序。

- （1）生成右端外轮廓粗车加工程序

01 打开 CAXA 数控车 2011 软件并认识该软件界面，如图 8.1.2 所示。

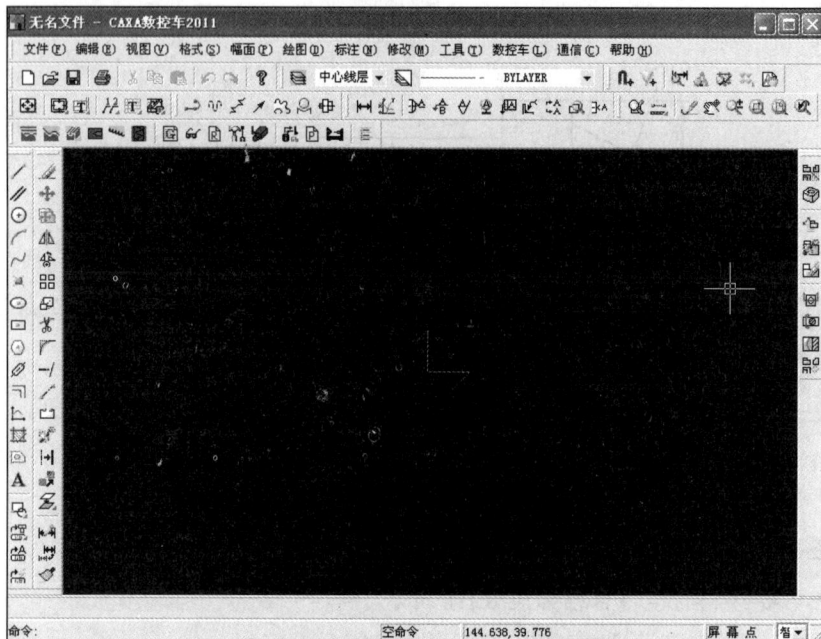

图 8.1.2　CAXA 数控车 2011 软件界面

02 绘制图形。生成轮廓粗车的加工轨迹时，只需要画出被加工外轮廓和毛坯轮廓的上半部分组成的封闭区域（需要切除部分）即可，其余线条不用画出，如图 8.1.3 所示。

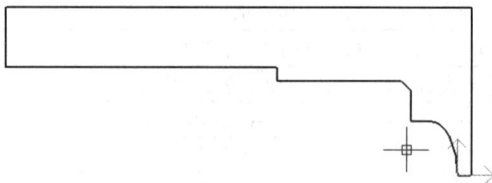

图 8.1.3　绘图

03 机床设置和后置处理设置。

① 机床设置。执行"数控车"→"机床设置"命令，弹出"机床类型设置"对话框，如图 8.1.4 所示。

② 后置处理设置。执行"数控车"→"后置设置"命令，弹出"后置处理设置"对话框，如图 8.1.5 所示。

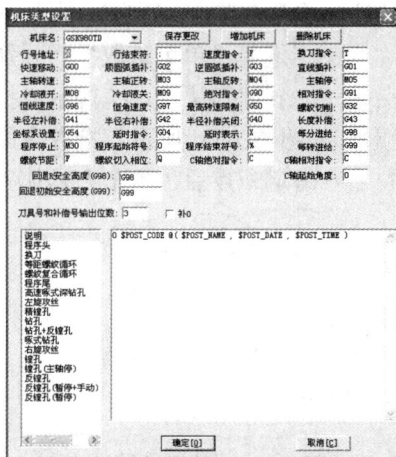

图 8.1.4 机床类型设置

图 8.1.5 后置处理设置

04 填写轮廓粗车的有关参数。单击按钮📠或执行"数控车"→"轮廓粗车"命令，弹出"粗车参数表"对话框，分别对加工参数（图 8.1.6）、进退刀方式（图 8.1.7）、切削用量（图 8.1.8）、轮廓车刀（图 8.1.9）进行参数设置。

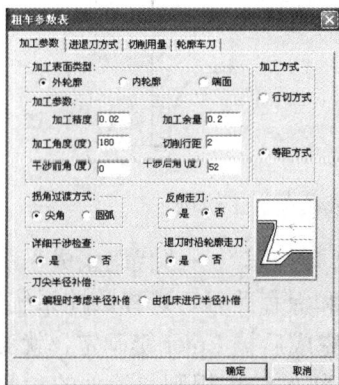

图 8.1.6 设置加工参数

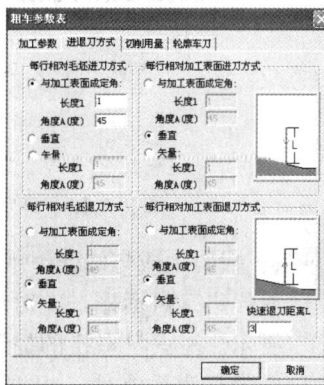

图 8.1.7 设置进退刀方式

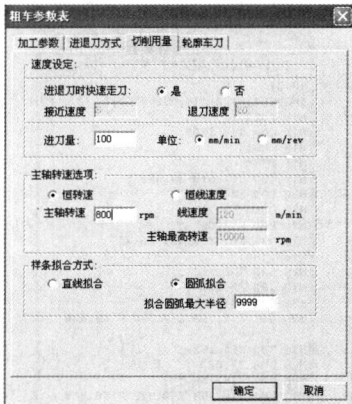

图 8.1.8 设置切削用量

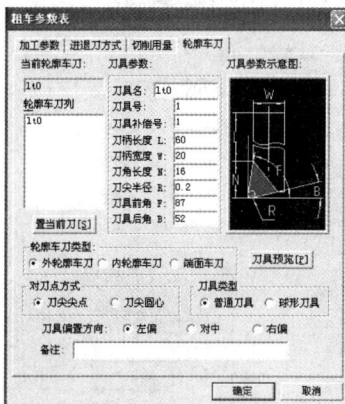

图 8.1.9 设置轮廓车刀

05 拾取加工轮廓与毛坯轮廓并生成粗车刀具轨迹。参数设置填写完成，单击"确定"按钮，系统提示用户"拾取被加工工件表面轮廓"，在状态栏选择"单个拾取"后分别拾取被加工工件表面轮廓，如图 8.1.10 所示，拾取完成后按 Enter 键确认。系统提示"拾取毛坯轮廓"，按拾取加工工件表面轮廓方法拾取毛坯轮廓，如图 8.1.11 所示，拾取完成后按 Enter 键确认。系统提示"输入进退刀点"，在毛坯右上方确定一点后，粗车刀具加工轨迹就自动生成，如图 8.1.12 所示。

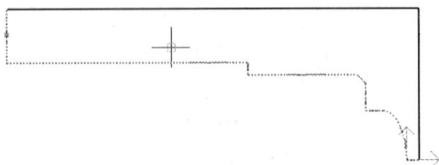

图 8.1.10　拾取被加工工件表面轮廓

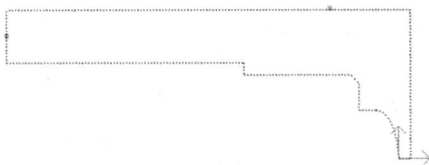

图 8.1.11　拾取毛坯轮廓

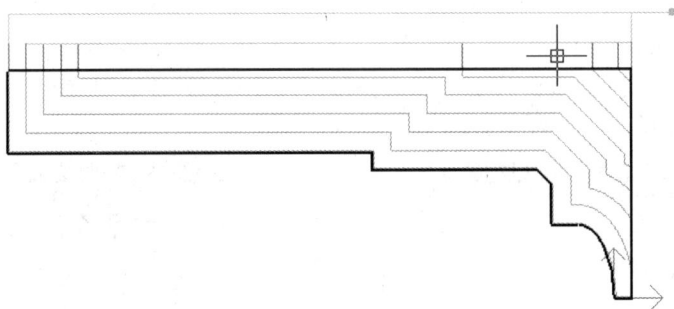

图 8.1.12　确定进退刀点后自动生成粗车加工轨迹

06 粗车代码生成与修改。单击按钮 圖 或执行"数控车"→"代码生成"命令，弹出"生成后置代码"对话框，在对话框中输入文件名和保存路径，选择数控系统后确定，如图 8.1.13 所示。根据状态栏的提示，拾取刀具轨迹完成后按 Enter 键确定，就自动生成粗车加工程序的记事本文件。根据所使用数控加工系统的编程规则与软件的参数设置，对生成的粗车加工程序进一步修改，直至满意后保存，如图 8.1.14 所示。

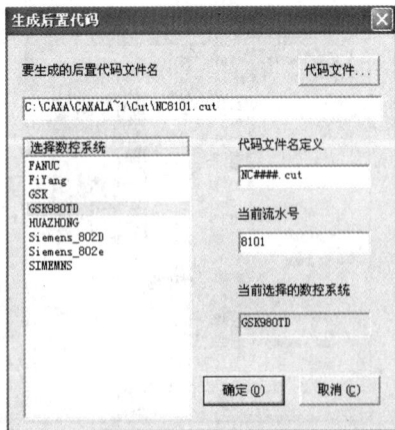

图 8.1.13　确定代码文件名及保存位置

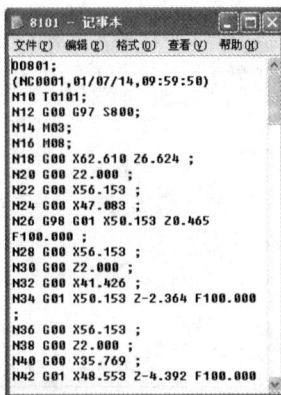

图 8.1.14　修改后的粗车程序

（2）生成右端外轮廓精车加工程序

前面的操作与轮廓粗车一样，精车在粗车后进行。

01 填写轮廓精车的有关参数。单击按钮 或执行"数控车"→"轮廓精车"命令，弹出"精车参数表"对话框，仍然分别对加工参数（图8.1.15）、进退刀方式（图8.1.16）、切削用量（图8.1.17）、轮廓车刀（图8.1.18）进行参数设置。

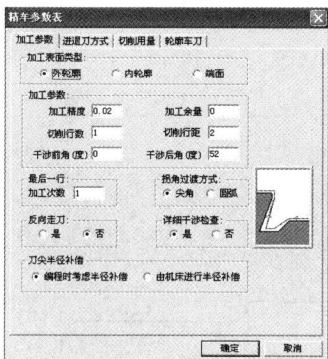

图 8.1.15　设置加工参数

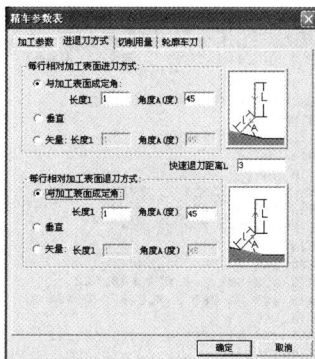

图 8.1.16　设置进退刀方式

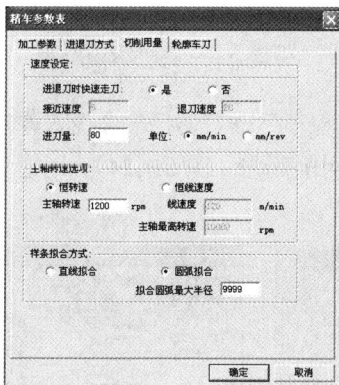

图 8.1.17　设置切削用量

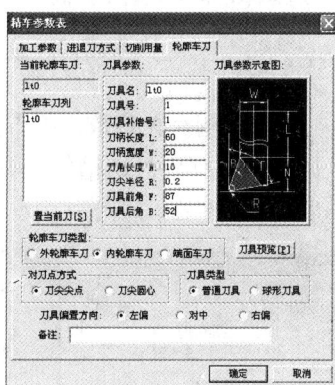

图 8.1.18　设置轮廓车刀

02 拾取被加工工件表面轮廓与并生成刀具轨迹。

参数设置填写完成，单击"确定"按钮，系统提示用户"拾取被加工工件表面轮廓"，选择"单个拾取"后分别拾取加工轮廓，如图8.1.19所示，拾取完成后按 Enter 键确认。系统提示"输入进退刀点"，在毛坯右上方确定一点后，精车刀具加工轨迹就自动生成，如图8.1.20所示。

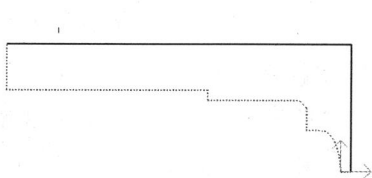

图 8.1.19　拾取被加工工件表面轮廓

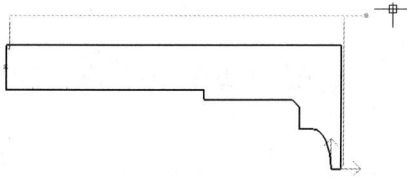

图 8.1.20　确定进退刀点后自动生成精车加工轨迹

03 代码生成与修改。轮廓精车的代码生成与修改和轮廓粗车的代码生成与修改基本一样，此处不再详细讲述。程序代码如图 8.1.21 所示。

（3）生成右端外轮廓切槽加工程序

01 打开 CAXA 数控车 2011 软件绘制图形。生成加工轨迹时，只需要画出被加工外轮廓的上半部分，其余线条不用画出，如图 8.1.22 所示。

```
8102 - 记事本
文件(F)  编辑(E)  格式(O)  查看(V)  帮助(H)
00802;
(NC0002,01/07/14,10:53:47)
N10 T0101;
N12 G00 G97 S1200;
N14 M03;
N16 M08;
N18 G00 X62.221 Z7.208 ;
N20 G00 22.507 ;
N22 G00 X59.753 ;
N24 G00 X1.414 ;
N26 G00 X0.000 Z1.800 ;
N28 G98 G01 Z-0.000 F80.000 ;
N30 G03 X4.980 Z-0.209 I-0.124 K
-16.469 ;
N32 G03 X10.055 Z-0.923 I-1.823
K-11.340 ;
N34 G03 X12.722 Z-1.607 I-3.362
K-8.194 ;
N36 G03 X14.998 Z-2.638 I-2.306
K-3.688 ;
N38 G03 X15.826 Z-3.361 I-2.426
```

图 8.1.21　修改后的精车程序

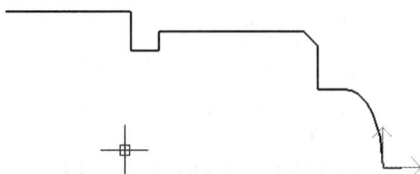

图 8.1.22　绘图

02 填写切槽有关参数。单击按钮 或执行"数控车"→"切槽"命令，弹出"切槽参数表"对话框，分别对切槽加工参数（图 8.1.23）、切削用量（图 8.1.24）、切槽刀具（图 8.1.25）进行参数设置。

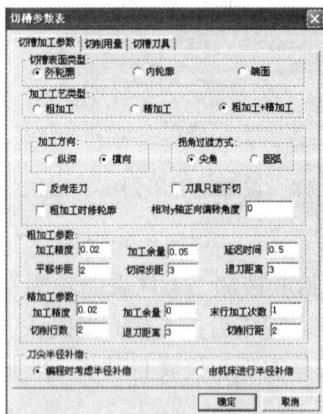

图 8.1.23　设置切槽加工参数

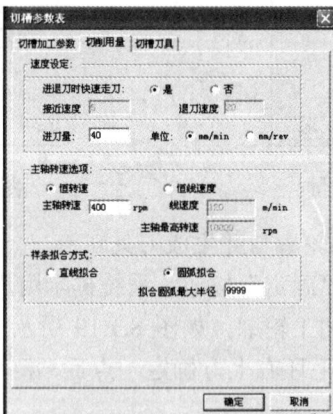

图 8.1.24　设置切削用量

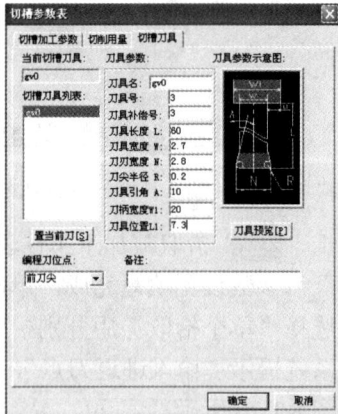

图 8.1.25　设置切槽刀具

03 拾取被加工工件表面轮廓并生成刀具轨迹。参数设置填写完成，单击"确定"按钮，系统提示用户"拾取被加工工件表面轮廓"，选择"单个拾取"后分别拾取加工轮廓，如图 8.1.26 所示，拾取完成后按 Enter 键确认。系统提示"输入进退刀点"，在槽左正上方确定一点后，刀具加工轨迹就自动生成，如图 8.1.27 所示。

图 8.1.26　拾取被加工工件表面轮廓

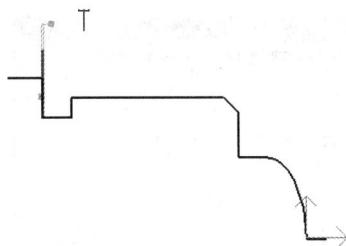

图 8.1.27　确定进退刀点后自动生成切槽加工轨迹

04 代码生成与修改。切槽加工的代码生成与修改和轮廓粗车的代码生成与修改基本一样，此处不再详细讲述。程序代码如图 8.1.28 所示。

（4）生成右端外轮廓螺纹加工程序

01 打开 CAXA 数控车 2011 软件绘制图形。生成加工轨迹时，只需要画出被加工外轮廓的上半部分，其余线条不用画出，如图 8.1.29 所示。

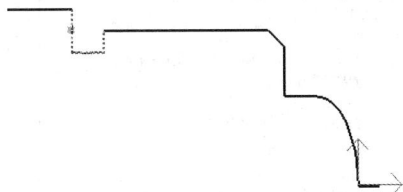

图 8.1.28　修改后的切槽程序

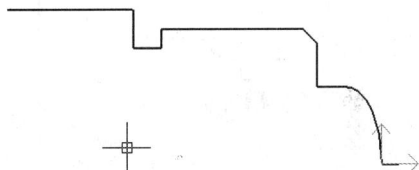

图 8.1.29　绘图

02 填写螺纹有关参数。单击按钮 ～ 或执行"数控车"→"车螺纹"命令，状态栏提示"拾取螺纹起始点"，根据系统提示，依次拾取螺纹的起点、终点，如图 8.1.30、图 8.1.31 所示。拾取完成后，弹出"螺纹参数表"对话框，依次进行螺纹参数（图 8.1.32）、螺纹加工参数（图 8.1.33）、进退刀方式（图 8.1.34）、切削用量（图 8.1.35）、螺纹车刀（图 8.1.36）等参数设置。

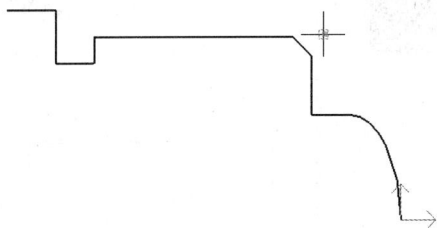

图 8.1.30　拾取螺纹的起点

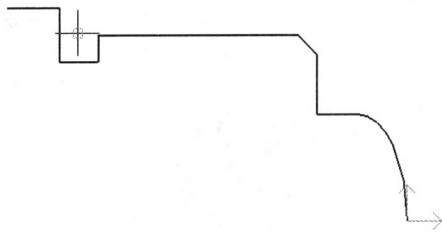

图 8.1.31　拾取螺纹的终点

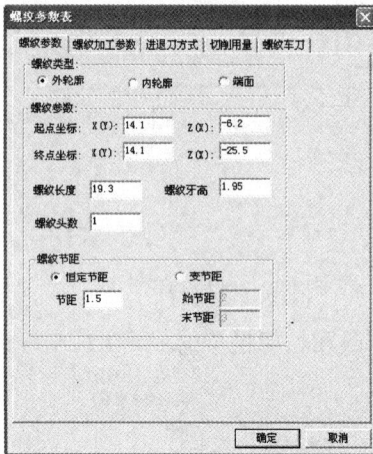

图 8.1.32　设置螺纹参数

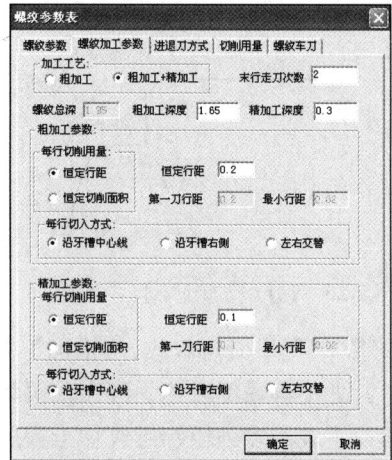

图 8.1.33　设置螺纹加工参数

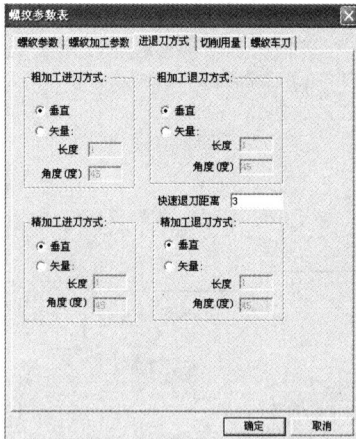

图 8.1.34　设置进退刀方式

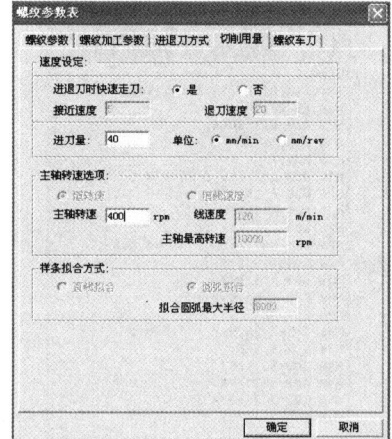

图 8.1.35　设置切削用量

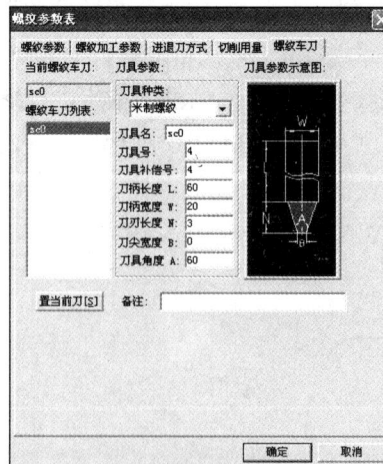

图 8.1.36　设置螺纹车刀

03 指定进退刀点并生成刀具轨迹。参数设置填写完成，单击"确定"按钮，系统提示"输入进退刀点"，在螺纹右上方确定一点后，刀具加工轨迹就自动生成，如图 8.1.37 所示。

图 8.1.37　确定进退刀点后自动生成车螺纹加工轨迹

04 代码生成与修改。螺纹加工的代码生成与修改和轮廓粗车的代码生成与修改基本一样，此处不再详细讲述。程序代码如图 8.1.38 所示。

（5）调头生成左端外轮廓粗车、精车加工程序

01 打开 CAXA 数控车 2011 软件绘制图形。画出左端被加工外轮廓的上半部分，其余线条不用画出，如图 8.1.39 所示。

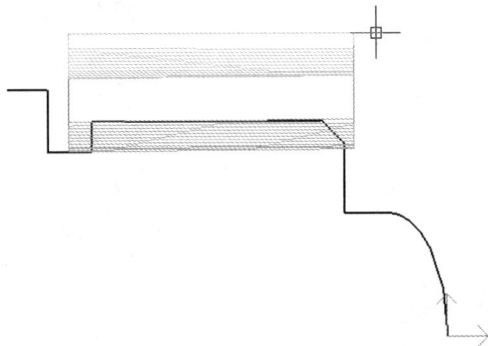

图 8.1.38　修改后的螺纹加工程序

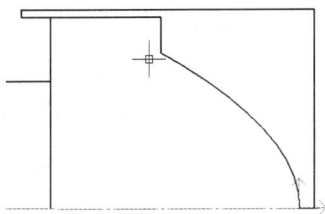

图 8.1.39　绘图

02 机床类型设置和后置处理设置，如图 8.1.4、图 8.1.5 所示。

03 粗车参数设置与轨迹生成。单击按钮■或执行"数控车"→"轮廓粗车"命令，弹出"粗车参数表"对话框。在该对话框中进行如下操作。

① 设置加工参数，如图 8.1.40 所示。

② 设置进退刀方式，如图 8.1.41 所示。

③ 设置切削用量，如图 8.1.42 所示。

④ 设置轮廓车刀，如图 8.1.43 所示。

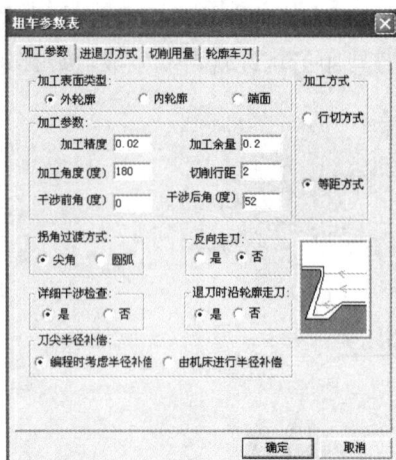

图 8.1.40　设置加工参数

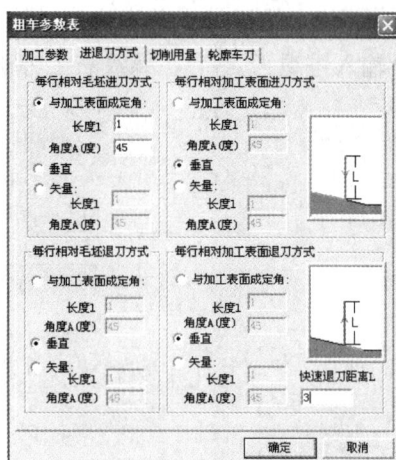

图 8.1.41　设置进退刀方式

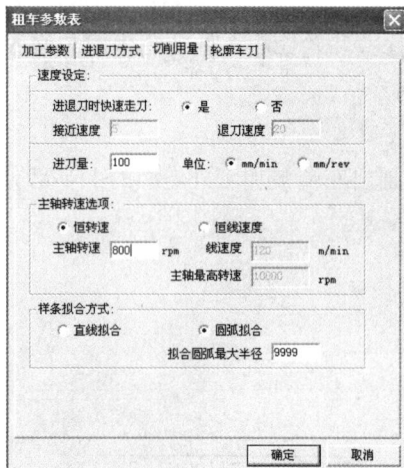

图 8.1.42　设置切削用量

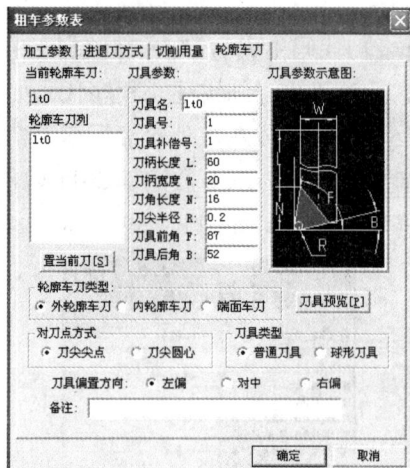

图 8.1.43　设置轮廓车刀

⑤ 拾取被加工工件表面轮廓，如图 8.1.44 所示。

⑥ 拾取毛坯轮廓，如图 8.1.45 所示。

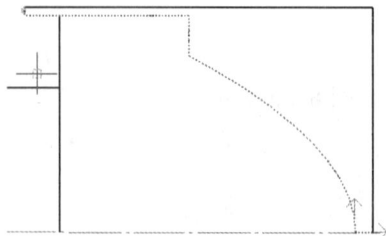

图 8.1.44　拾取被加工工件表面轮廓

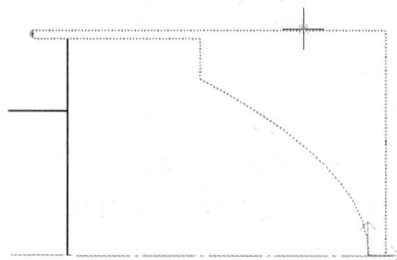

图 8.1.45　拾取毛坯轮廓

⑦ 确定进退刀点，自动生成粗车刀具加工轨迹，如图 8.1.46 所示。

04 粗车代码生成与修改，程序代码如图 8.1.47 所示。

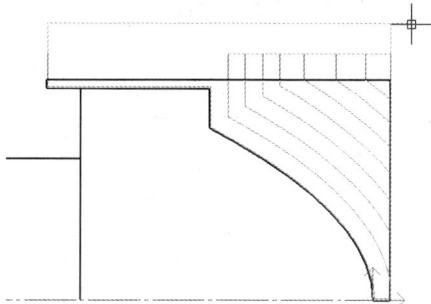

图 8.1.46　确定进退刀点后自动生成粗车加工轨迹

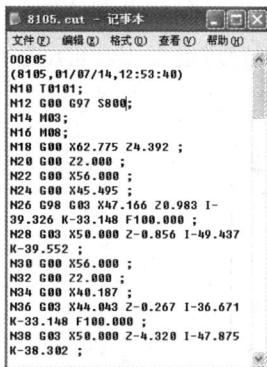

图 8.1.47　修改后的粗车程序

05 填写轮廓精车的有关参数。单击按钮 或执行 "数控车" → "轮廓精车" 命令，弹出 "精车参数表" 对话框。在该对话框中进行如下操作。

① 设置加工参数，如图 8.1.48 所示。

② 设置进退刀方式，如图 8.1.49 所示。

③ 设置切削用量，如图 8.1.50 所示。

④ 设置轮廓车刀，如图 8.1.51 所示。

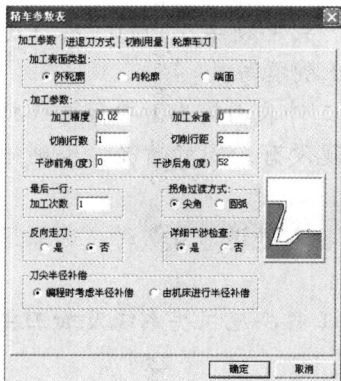

图 8.1.48　设置加工参数

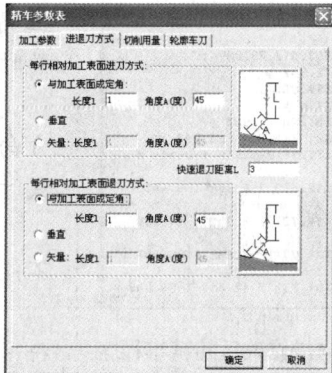

图 8.1.49　设置进退刀方式

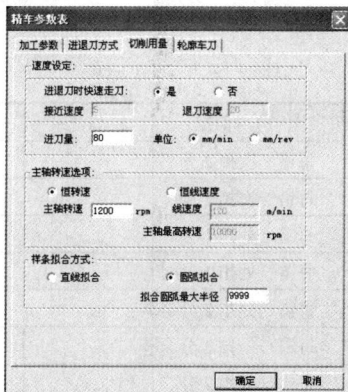

图 8.1.50　设置切削用量

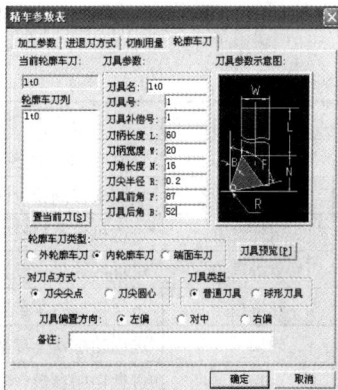

图 8.1.51　设置轮廓车刀

⑤ 拾取被加工表面轮廓线，如图 8.1.52 所示。

⑥ 确定进退刀点，自动生成精车刀具加工轨迹，如图 8.1.53 所示。

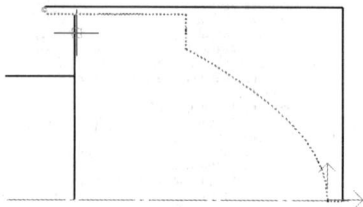

图 8.1.52　拾取被加工工件表面轮廓

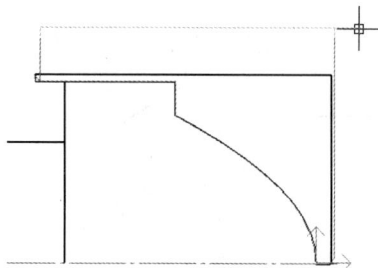

图 8.1.53　确定进退刀点后自动生成精车
刀具加工轨迹

06 精车代码生成与修改，程序代码如图 8.1.54 所示。

图 8.1.54　修改后的精车程序

小贴士

1）绘图时只需画出加工零件和毛坯轮廓的上半部分组成的封闭区域，其余线条不用画出。

2）在进行机床设置和后置处理设置时要注意设置正确，设置轮廓粗车、轮廓精车、切槽、螺纹有关参数时要根据加工要求正确填写。

3）在拾取被加工工件表面轮廓时要注意选择拾取方向，绘图时不能出现没有封闭的情况，否则拾取图线时会显示失败。

4）在系统提示"输入进退刀点"时，选取退刀点不能离毛坯太近。

5）自动生成的加工程序应根据系统及加工要求进行适当修改。

3. 学习评价

将学生上机操作完成情况的检测与评价填入表 8.1.2。

表 8.1.2　学习评价

序号	项　目	技术要求	配分	评分标准	检测记录	得分
1	软件操作	进入 CAXA 数控车软件	2	每错一次扣 2 分		
2	绘制图形	按要求正确绘制图形	20	每错一次扣 2 分		
3	机床设置	进行机床类型设置	4	每错一处扣 1 分		
4	后置处理设置	进行后置处理设置	2	每错一处扣 1 分		
5	轮廓粗车	进行轮廓粗车参数设置	8	每错一处扣 2 分		
6	轮廓精车	进行轮廓精车参数设置	8	每错一处扣 2 分		
7	切槽	进行切槽参数设置	6	每错一处扣 2 分		
8	车螺纹	进行车螺纹参数设置	10	每错一处扣 2 分		

续表

序号	项　　目	技　术　要　求	配分	评 分 标 准	检测记录	得分
9	代码生成	按要求自动生成加工程序	12	每错一处扣 2 分		
10	程序修改	能根据要求修改加工程序	12	每错一次扣 2 分		
11	保存程序	按要求正确保存程序	6	每错一次扣 1 分		
12	文明操作	爱护计算机设备	10	一次意外扣 2 分		

8.1.2　相关知识：CAXA 数控车 2011 软件的使用

有关 CAXA 数控车 2011 软件的使用及数控车各个参数意义、说明请自己参阅 CAXA 数控车 2011 软件的"帮助"，如图 8.1.55、图 8.1.56 所示。

图 8.1.55　帮助菜单　　　　　　　　　图 8.1.56　CAXA 数控车 2011 帮助目录

拓展与提高

请将本任务 CAXA 数控车 2011 软件自动生成的加工程序调入上海宇龙数控加工仿真系统软件 GSK-980TD 系统进行自动加工，检测自动生成的加工程序。

任务 *8.2* CAXA 数控车自动编程与仿真加工

任务描述

图 8.2.1 所示是 2013 年 3 月重庆市数控车工技能大赛考题样题的配合件装配图。

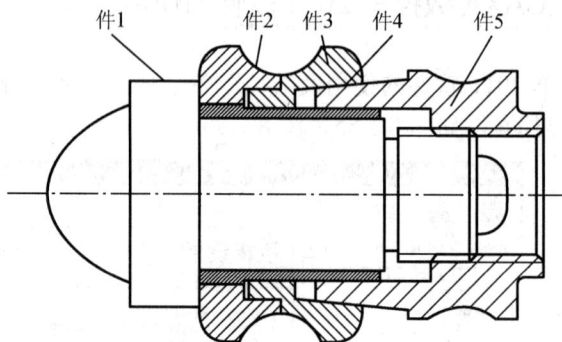

图 8.2.1　配合件装配图

用 CAXA 数控车 2011 自动编写如图 8.2.2 所示零件（件 5）的程序，材料为 45钢，工件毛坯尺寸为 $\phi55mm \times 55mm$、内腔尺寸为 $\phi24mm$，并运用仿真系统进行仿真加工。

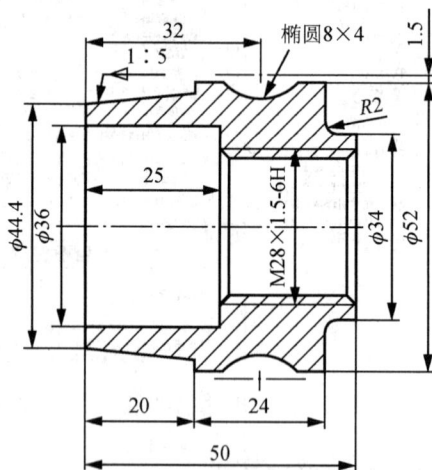

图 8.2.2　配合件件 5 零件图样

技术要求：未注倒角 C 0.5；锐边倒棱 C 0.3 不允许用锉刀、纱布修饰表面

任务目标

本任务要达成的学习目标如表 8.2.1 所示。

表 8.2.1　学习目标

知识目标	进一步熟悉、掌握 CAXA 数控车图形绘制、机床设置的方法
	熟悉、掌握粗车、精车、切槽、车螺纹、车内孔的参数设置方法
	进一步掌握自动生成加工程序的方法
	能识记将自动生成的加工程序调入仿真系统进行仿真加工的方法
技能目标	能熟练进行 CAXA 数控车图形绘制、机床设置
	能熟练进行粗车、精车、车螺纹、车内孔的参数设置
	能熟练地将自动生成的加工程序调入仿真系统进行仿真加工
情感目标	能养成爱护计算机等设施的好习惯
	能养成善于动脑、主动学习、相互学习的习惯

8.2.1　实践操作：CAXA 数控车自动编程与仿真加工

1. 操作准备

安装有 CAXA 数控车 2011 软件和上海宇龙数控加工仿真系统软件的教师机一台，学生机 50 台的计算机机房一间，上海宇龙数控加工仿真系统软件 4.8 版本加密狗。

2. 操作步骤

要完成该零件的自动编程，可分解为七个加工程序：粗车右端外形加工程序、精车右端外形加工程序、调头粗车左端外形加工程序、调头精车左端外形加工程序、调头粗车内轮廓加工程序、调头精车内轮廓加工程序和调头车内螺纹加工程序。

仿真加工时，前两个程序用第一把"外圆刀"进行粗车与精车，第三个、第四个程序调头加工外圆用第二把"外圆刀"进行粗车与精车，第五个、第六个程序调头加工内轮廓用第三把"内孔刀"进行粗车与精车，第七个程序调头加工内螺纹用第四把"内螺纹刀"进行螺纹的粗车与精车。

（1）生成右端外轮廓粗车、精车加工程序

01 打开 CAXA 数控车 2011 软件绘制图形，如图 8.2.3 所示。

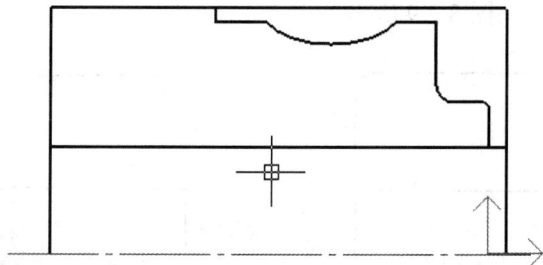

图 8.2.3　绘图

02 进行机床类型设置和后置处理设置，如图 8.1.4、图 8.1.5 所示。

03 粗车参数设置与轨迹生成。

单击按钮 或执行"数控车"→"轮廓粗车"命令,弹出"粗车参数表"对话框。

① 设置加工参数,如图8.2.4所示。

② 设置进退刀方式,如图8.2.5所示。

③ 设置切削用量,如图8.2.6所示。

④ 设置轮廓车刀,如图8.2.7所示。

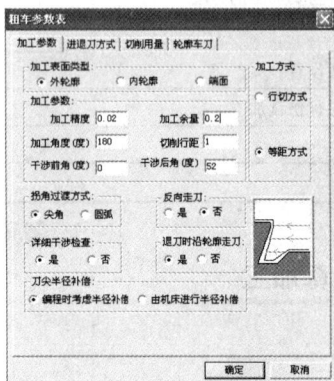

图8.2.4　设置加工参数

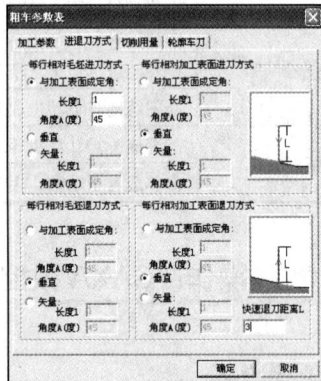

图8.2.5　设置进退刀方式

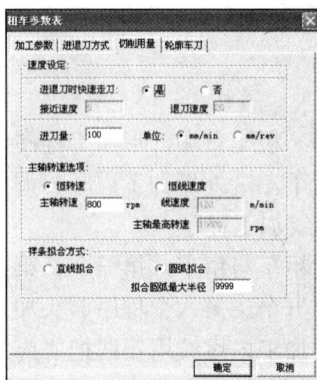

图8.2.6　设置切削用量

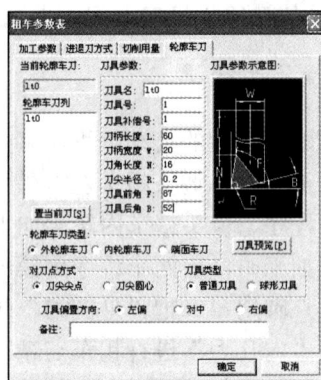

图8.2.7　设置轮廓车刀

⑤ 拾取被加工工件表面轮廓,如图8.2.8所示。

⑥ 拾取毛坯轮廓,如图8.2.9所示。

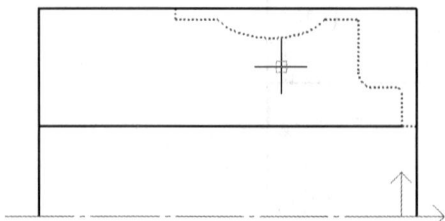

图8.2.8　拾取被加工工件表面轮廓

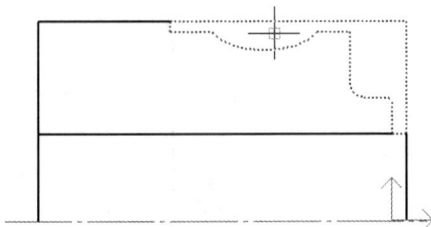

图8.2.9　拾取毛坯轮廓

⑦ 确定进退刀点,自动生成粗车刀具加工轨迹,如图8.2.10所示。

04 粗车代码生成与修改，程序代码如图 8.2.11 所示。

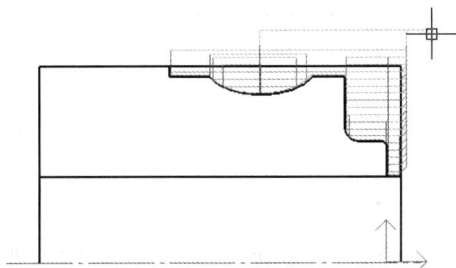

图 8.2.10　确定进退刀点后自动生成粗车加工轨迹

图 8.2.11　修改后的粗车程序

05 精车参数设置与轨迹生成。单击按钮 ⊡ 或执行"数控车"→"轮廓精车"命令，弹出"精车参数表"对话框。

① 设置加工参数，如图 8.2.12 所示。

② 设置进退刀方式，如图 8.2.13 所示。

③ 设置切削用量，如图 8.2.14 所示。

④ 设置轮廓车刀，如图 8.2.15 所示。

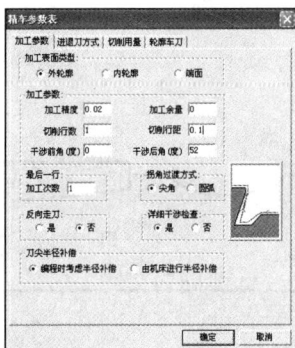

图 8.2.12　设置加工参数

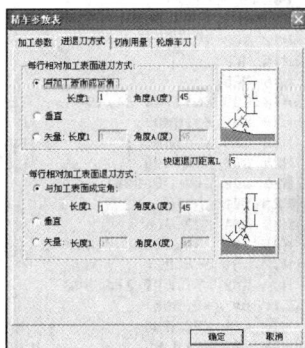

图 8.2.13　设置进退刀方式

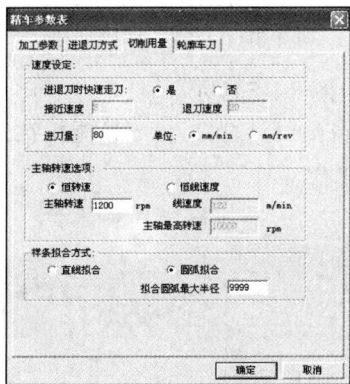

图 8.2.14　设置切削用量

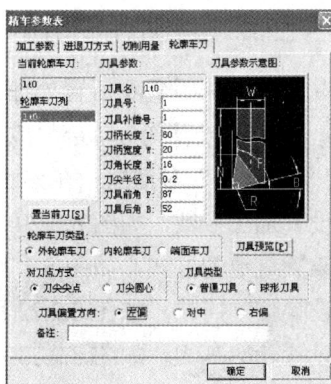

图 8.2.15　设置轮廓车刀

191

⑤ 拾取被加工工件表面轮廓，如图 8.2.16 所示。

⑥ 确定进退刀点，自动生成精车刀具加工轨迹，如图 8.2.17 所示。

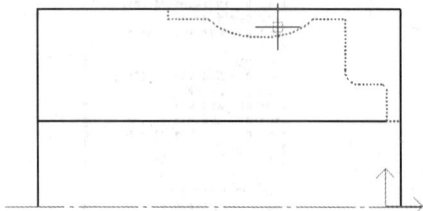

图 8.2.16　拾取被加工工件表面轮廓

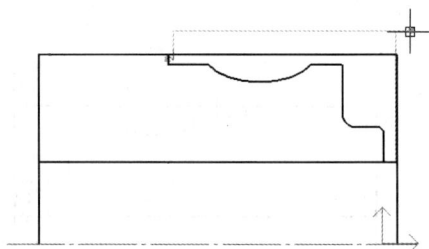

图 8.2.17　确定进退刀点后自动生成精车刀具加工轨迹

06 精车代码生成与修改，程序代码如图 8.2.18 所示。

（2）调头生成左端外轮廓粗车、精车加工程序

01 打开 CAXA 数控车 2011 软件绘制图形，如图 8.2.19 所示。

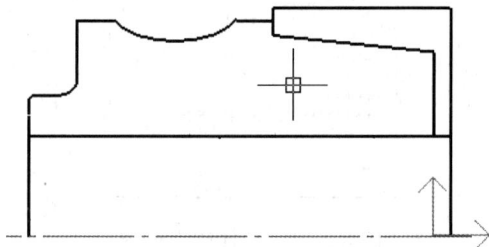

图 8.2.18　修改后的精车程序

图 8.2.19　绘图

02 进行机床设置和后置处理设置，如图 8.1.4、图 8.1.5 所示。

03 粗车参数设置与轨迹生成。单击按钮📷或执行"数控车"→"轮廓粗车"命令，弹出"粗车参数表"对话框。在该对话框中进行如下操作。

① 设置加工参数，如图 8.2.20 所示。

② 设置进退刀方式，如图 8.2.21 所示。

③ 设置切削用量，如图 8.2.22 所示。

④ 设置轮廓车刀，如图 8.2.23 所示。

⑤ 拾取被加工工件表面轮廓，如图 8.2.24 所示。

⑥ 拾取毛坯轮廓，如图 8.2.25 所示。

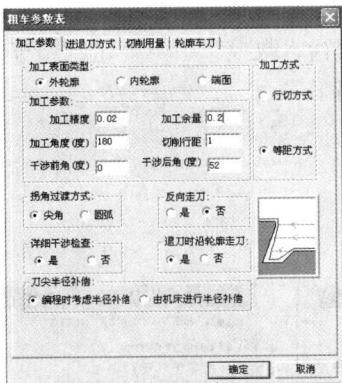

图 8.2.20　设置加工参数

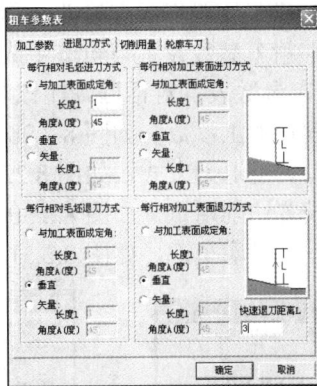

图 8.2.21　设置进退刀方式

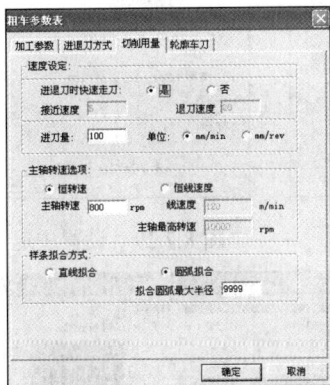

图 8.2.22　设置切削用量

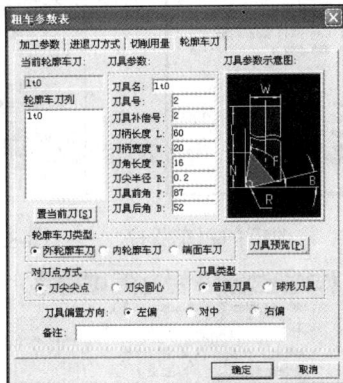

图 8.2.23　设置轮廓车刀

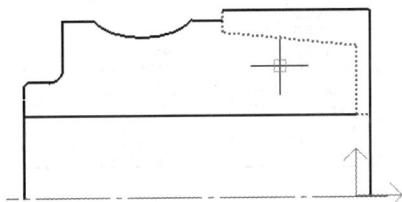

图 8.2.24　拾取被加工工件表面轮廓

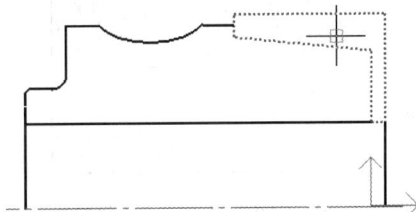

图 8.2.25　拾取毛坯轮廓

⑦ 确定进退刀点，自动生成粗车刀具加工轨迹，如图 8.2.26 所示。

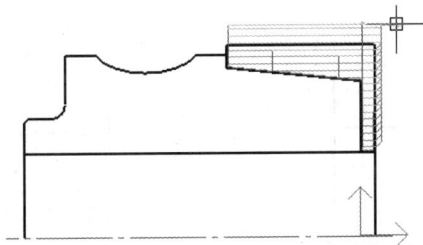

图 8.2.26　确定进退刀点后自动生成粗车加工轨迹

04) 粗车代码生成与修改，程序代码如图 8.2.27 所示。

05) 精车参数设置与轨迹生成。单击按钮🔧或执行"数控车"→"轮廓精车"命令，弹出"精车参数表"对话框。在该对话框中进行如下操作。

① 设置加工参数，如图 8.2.28 所示。

② 设置进退刀方式，如图 8.2.29 所示。

③ 设置切削用量，如图 8.2.30 所示。

④ 设置轮廓车刀，如图 8.2.31 所示。

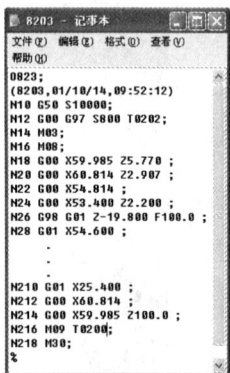

图 8.2.27　修改后的粗车程序　　图 8.2.28　设置加工参数　　图 8.2.29　设置进退刀方式

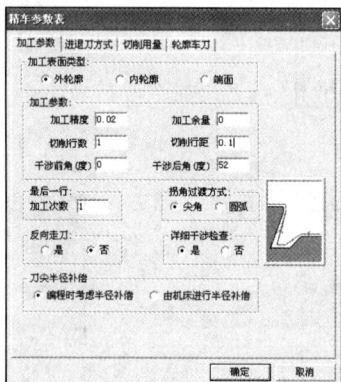

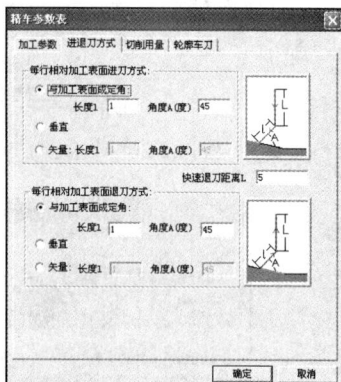

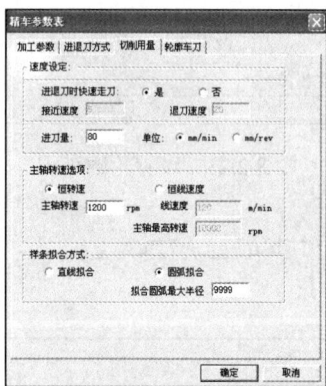

图 8.2.30　设置切削用量　　　　图 8.2.31　设置轮廓车刀

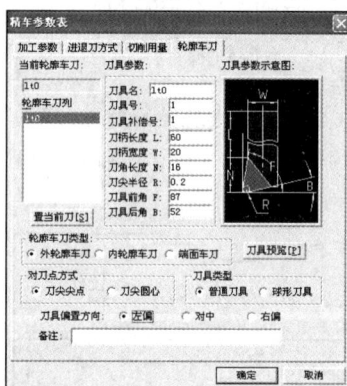

⑤ 拾取被加工工件表面轮廓线，如图 8.2.32 所示。

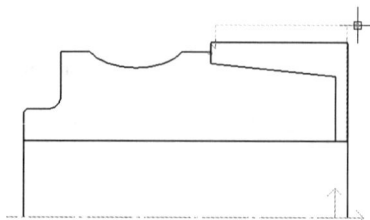

⑥ 确定进退刀点，自动生成精车刀具加工轨迹，如图 8.2.33 所示。

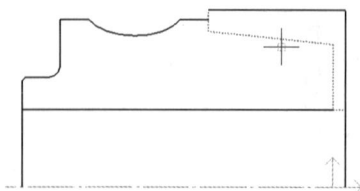

图 8.2.32　拾取被加工工件表面轮廓　　　图 8.2.33　确定进退刀点后自动生成精车
　　　　　　　　　　　　　　　　　　　　　　　　刀具加工轨迹

06 精车代码生成与修改，程序代码如图 8.2.34 所示。

（3）调头生成内轮廓粗车、精车加工程序

01 打开 CAXA 数控车 2011 软件绘制图形并设定毛坯，如图 8.2.35、图 8.2.36 所示。

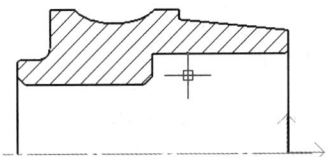

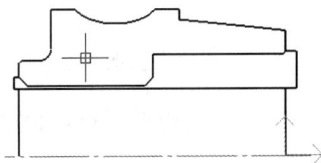

图 8.2.34　修改后的精车程序　　　　图 8.2.35　绘图　　　　　　图 8.2.36　设定毛坯

02 进行机床类型设置和后置处理设置，如图 8.1.4、图 8.1.5 所示。

03 内轮廓粗车参数设置与轨迹生成。单击按钮或执行"数控车"→"轮廓粗车"命令，弹出"粗车参数表"对话框。在该对话框中进行如下操作。

① 设置加工参数，如图 8.2.37 所示。

② 设置进退刀方式，如图 8.2.38 所示。

③ 设置切削用量，如图 8.2.39 所示。

④ 设置轮廓车刀，如图 8.2.40 所示。

图 8.2.37　设置加工参数　　　　　　　　图 8.2.38　设置进退刀方式

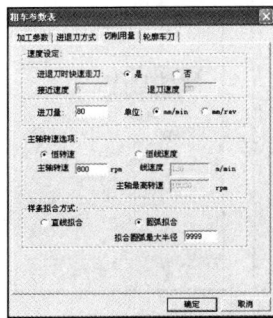

图 8.2.39　设置切削用量　　　　　　　　图 8.2.40　设置轮廓车刀

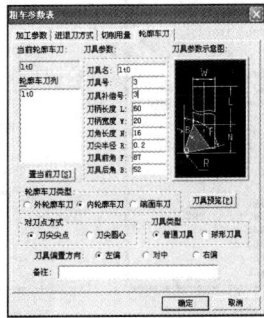

⑤ 拾取被加工工件表面轮廓，如图 8.2.41 所示。

⑥ 拾取毛坯轮廓，如图 8.2.42 所示。

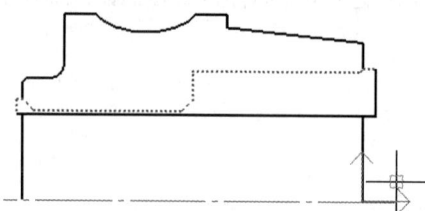

图 8.2.41　拾取被加工工件表面轮廓

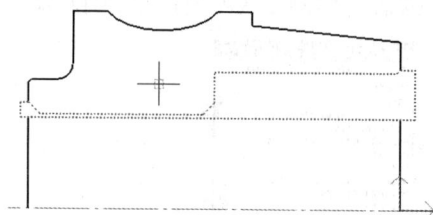

图 8.2.42　拾取毛坯轮廓

⑦ 确定进退刀点，自动生成粗车刀具加工轨迹，如图 8.2.43 所示。

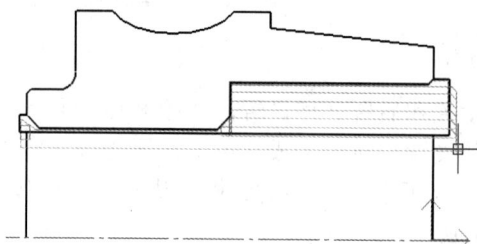

图 8.2.43　确定进退刀点后自动生成粗车加工轨迹

04　粗车代码生成与修改，程序代码如图 8.2.44 所示。

05　精车参数设置与轨迹生成。单击按钮 或执行"数控车"→"轮廓精车"命令，弹出"精车参数表"对话框。在该对话框中进行如下操作。

① 设置加工参数，如图 8.2.45 所示。

② 设置进退刀方式，如图 8.2.46 所示。

③ 设置切削用量，如图 8.2.47 所示。

④ 设置轮廓车刀，如图 8.2.48 所示。

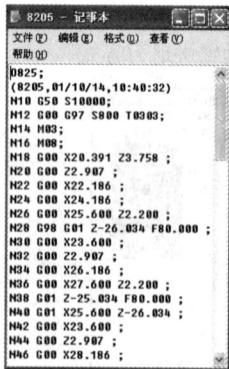

图 8.2.44　修改后的粗车程序

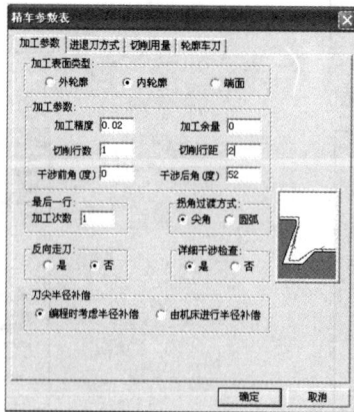

图 8.2.45　设置加工参数

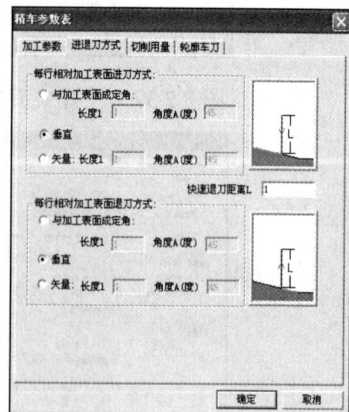

图 8.2.46　设置进退刀方式

图 8.2.47 设置切削用量

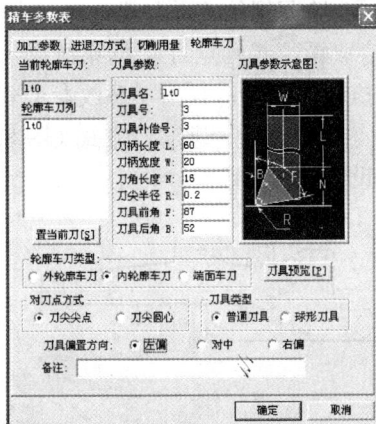

图 8.2.48 设置轮廓车刀

⑤ 拾取被加工工件表面轮廓,如图 8.2.49 所示。

⑥ 确定进退刀点,自动生成精车刀具加工轨迹,如图 8.2.50 所示。

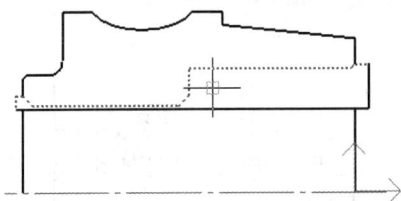

图 8.2.49 拾取被加工工件表面轮廓

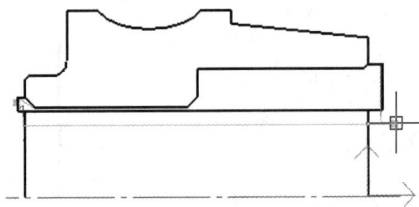

图 8.2.50 确定进退刀点后自动生成精车刀具加工轨迹

06 精车代码生成与修改,程序代码如图 8.2.51 所示。加工表面类型由"外轮廓"改为"内轮廓",轮廓车刀类型由"外轮廓车刀"改为"内轮廓车刀"。

(4)调头生成内螺纹加工程序

01 打开 CAXA 数控车 2011 软件绘制图形,如图 8.2.52 所示。

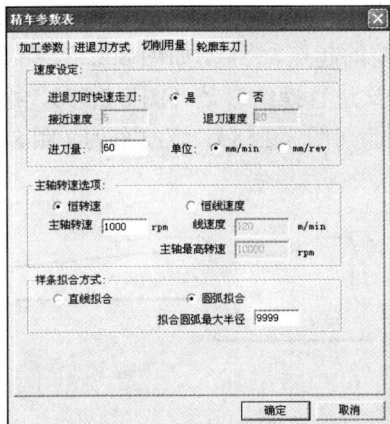

图 8.2.51 修改后的精车程序

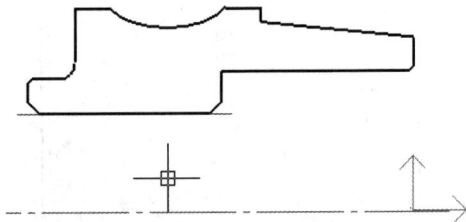

图 8.2.52 绘图

02　填写螺纹有关参数。单击按钮 🪝 或执行"数控车"→"车螺纹"命令，状态栏提示"拾取螺纹起始点"，根据系统提示，依次拾取螺纹的起点、终点，如图 8.2.53、图 8.2.54 所示。拾取完成后，弹出"螺纹参数表"对话框，依次进行螺纹参数（图 8.2.55）、螺纹加工参数（图 8.2.56）、进退刀方式（图 8.2.57）、切削用量（图 8.2.58）、螺纹车刀（图 8.2.59）等参数设置。

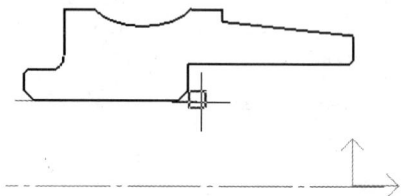

图 8.2.53　拾取螺纹的起点

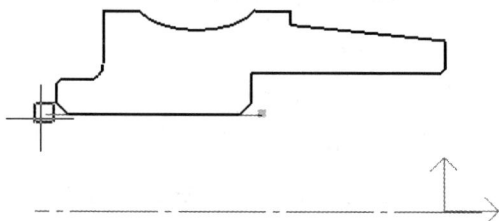

图 8.2.54　拾取螺纹的终点

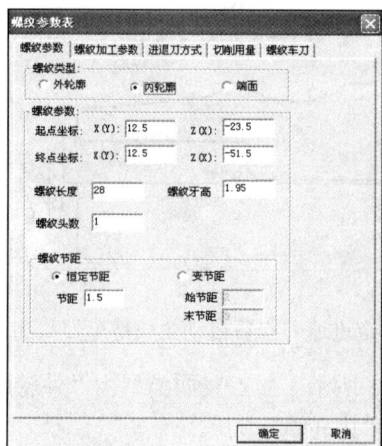

图 8.2.55　设置螺纹参数

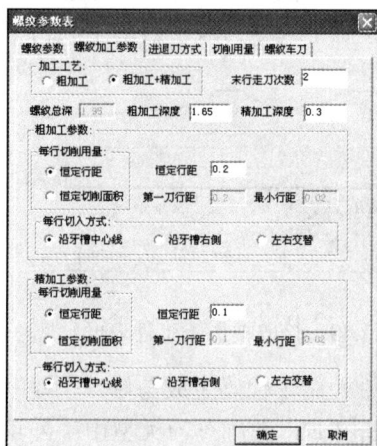

图 8.2.56　设置螺纹加工参数

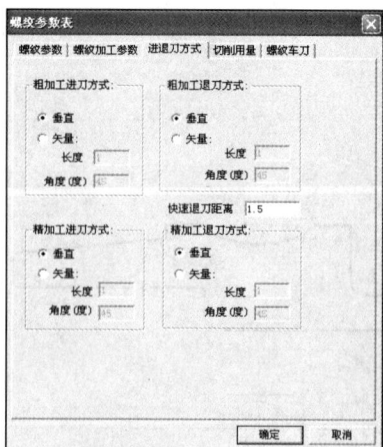

图 8.2.57　设置进退刀方式

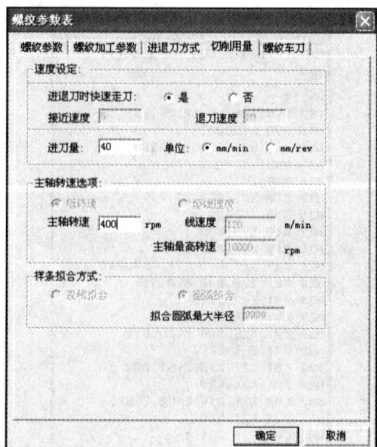

图 8.2.58　设置切削用量

03 指定进退刀点并生成刀具轨迹。参数设置填写完成，单击"确定"按钮，系统提示"输入进退刀点"，在螺纹右上方确定一点后，刀具加工轨迹就自动生成，如图 8.2.60 所示。

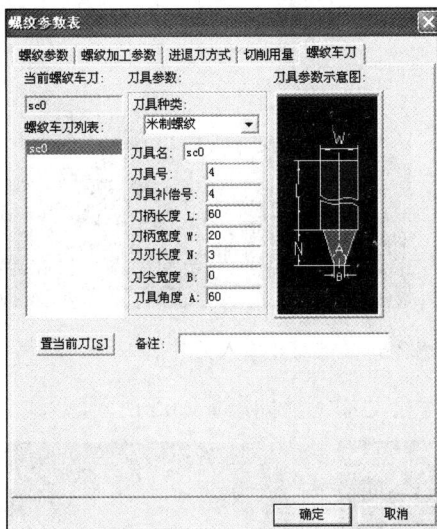

图 8.2.59 设置螺纹车刀

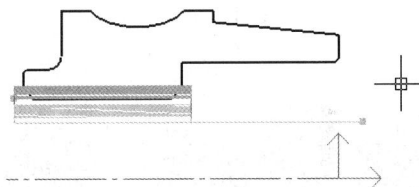

图 8.2.60 确定进退刀点后自动生成车螺纹加工轨迹

04 代码生成与修改。螺纹加工的代码生成与修改和轮廓粗车的代码生成与修改基本一样，此处不再详细讲述。程序代码如图 8.2.61 所示。

（5）打开上海宇龙数控加工仿真系统软件进行仿真加工

01 打开仿真软件，选取广州数控 GSK-980TD 数控车床并进行开机等基本操作。

① 刀具选择并安装，如图 8.2.62 所示。

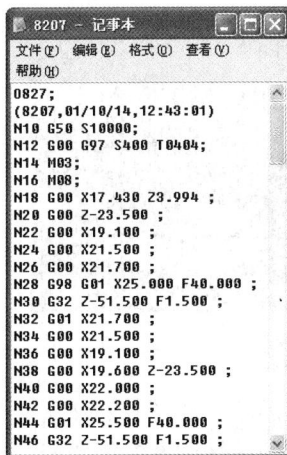

```
0827;
(8207,01/10/14,12:43:01)
N10 G50 S10000;
N12 G00 G97 S400 T0404;
N14 M03;
N16 M08;
N18 G00 X17.430 Z3.994 ;
N20 G00 Z-23.500 ;
N22 G00 X19.100 ;
N24 G00 X21.500 ;
N26 G00 X21.700 ;
N28 G98 G01 X25.500 F40.000 ;
N30 G32 Z-51.500 F1.500 ;
N32 G01 X21.700 ;
N34 G00 X21.500 ;
N36 G00 X19.100 ;
N38 G00 X19.600 Z-23.500 ;
N40 G00 X22.000 ;
N42 G00 X22.200 ;
N44 G01 X25.500 F40.000 ;
N46 G32 Z-51.500 F1.500 ;
```

图 8.2.61 修改后的螺纹加工程序

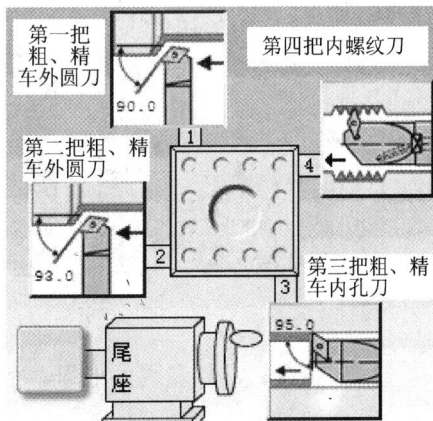

图 8.2.62 选刀并安装

② 毛坯设置与安装，如图 8.2.63 所示。

③ 对第一把刀并输入刀补值等，如图 8.2.64 所示。

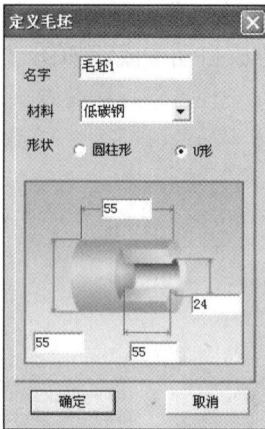

图 8.2.63 毛坯设置

图 8.2.64 对刀并输入刀补值

02 分别调入零件右端外形粗、精车程序进行自动加工，如图 8.2.65 所示。

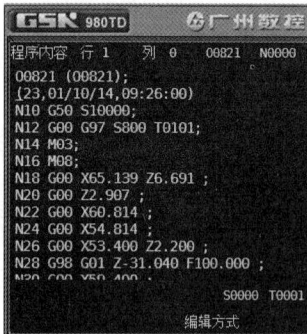

（a）粗车程序

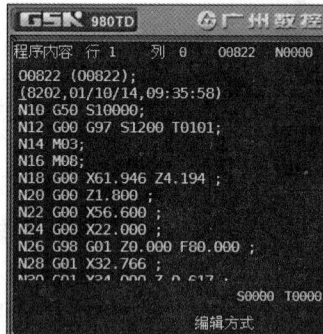

（b）精车程序

（c）加工结果

图 8.2.65 加工零件右端外形

03 加工工件调头并对第二把刀及输入刀补值，如图 8.2.66 所示。

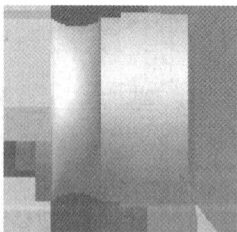

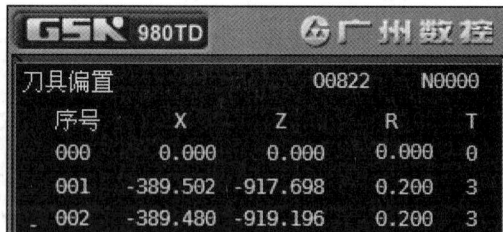

图 8.2.66 对刀并输入刀补值

04 分别调入零件左端外形粗、精车程序进行自动加工，如图 8.2.67 所示。

05 全剖显示，对第三把和第四把刀并输入刀补值等，如图 8.2.68 所示。

06 调入零件调头内孔粗、精车程序进行自动加工，如图 8.2.69 所示。

07 调入零件调头内螺纹车削程序进行自动加工，如图 8.2.70 所示。

GSK 980TD 广州数控	**GSK 980TD** 广州数控
程序内容 行 1 列 0　00823　N0010	程序内容 行 1 列 0　00824　N0010
00823 (00823);	00824 (00824);
(8203,01/10/14,09:52:12)	(8204,01/10/14,10:07:19)
N10 G50 S10000;	N10 G50 S10000;
N12 G00 G97 S800 T0202;	N12 G00 G97 S1200 T0202;
N14 M03;	N14 M03;
N16 M08;	N16 M08;
N18 G00 X59.985 Z5.770 ;	N18 G00 X60.571 Z3.556 ;
N20 G00 X60.814 Z2.907 ;	N20 G00 Z1.800 ;
N22 G00 X54.814 ;	N22 G00 X56.600 ;
N24 G00 X53.400 Z2.200 ;	N24 G00 X22.000 ;
N26 G98 G01 Z-19.800 F100.000 ;	N26 G98 G01 Z0.000 F80.000 ;
N28 G01 X54.600 ;	N28 G01 X44.362 ;
N30 G00 X60.600 ;	N30 G01 X48.362 Z-20.000 ;
S0000 T0002	S0000 T0000
编辑方式	编辑方式

（a）粗车程序　　　　　　　　（b）精车程序　　　　　　　　（c）加工结果

图 8.2.67　加工零件左端外形

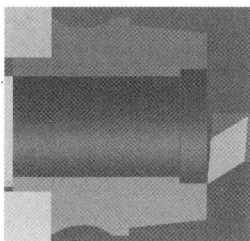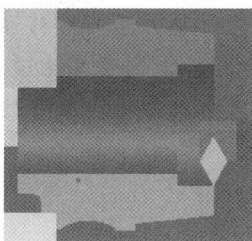

GSK 980TD 广州数控
刀具偏置　　　　　　　　00824　　N0000

序号	X	Z	R	T
000	0.000	0.000	0.000	0
001	-389.502	-917.698	0.200	3
002	-389.480	-919.196	0.200	3
003	-555.803	-847.527	0.200	2
004	-555.696	-863.502	0.000	0

（a）对内孔刀　　　　　　　　（b）对螺纹刀　　　　　　　　（c）输入刀补值

图 8.2.68　对刀并输入刀补值

GSK 980TD 广州数控	**GSK 980TD** 广州数控
程序内容 行 1 列 0　00825　N0010	程序内容 行 1 列 0　00826　N0010
00825 (00825);	00826 (00826);
(8205,01/10/14,10:40:32)	(8206,01/07/14,19:46:49)
N10 G50 S10000;	N10 T0303;
N12 G00 G97 S800 T0303;	N12 G00 G97 S1000;
N14 M03;	N14 M03;
N16 M08;	N16 M08;
N18 G00 X20.391 Z3.758 ;	N18 G00 X19.134 Z2.680 ;
N20 G00 Z2.907 ;	N20 G00 Z1.800 ;
N22 G00 X22.186 ;	N22 G00 X22.400 ;
N24 G00 X24.186 ;	N24 G00 X37.000 ;
N26 G98 G01 Z-0.117 F60.000 ;
N26 G00 X25.600 Z2.200 ;	N28 G01 X36.000 Z-0.617 ;
N28 G98 G01 Z-26.034 F80.000 ;	N30 G01 Z-25.000 ;
N30 G00 X22.600 ;	
S0000 T0003	S0000 T0000
编辑方式	编辑方式

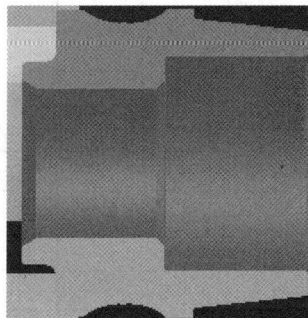

（a）粗车程序　　　　　　　　（b）精车程序　　　　　　　　（c）加工结果

图 8.2.69　加工零件内孔

GSK 980TD 广州数控
程序内容 行 1 列 0　00827　N0010
00827 (00827);
(8207,01/10/14,12:43:01)
N10 G50 S10000;
N12 G00 G97 S400 T0404;
N14 M03;
N16 M08;
N18 G00 X17.430 Z3.994 ;
N20 G00 Z-23.500 ;
N22 G00 X19.100 ;
N24 G00 X21.500 ;
N26 G00 X21.700 ;
N28 G98 G01 X25.000 F40.000 ;
N30 G33 Z-51.500 F1.500 ;
S0000 T0000
编辑方式

（a）螺纹加工程序　　　　　　　　（b）加工结果

图 8.2.70　加工零件内螺纹

08 检测零件加工效果，如图 8.2.71 所示。

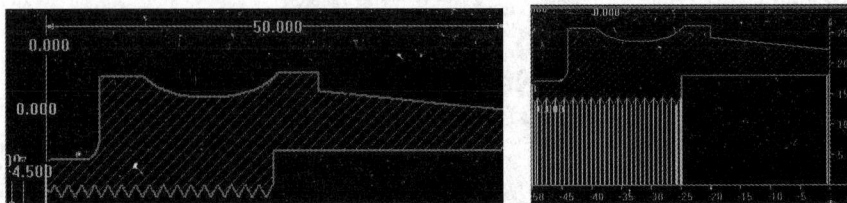

图 8.2.71　检测零件加工效果

小贴士

1）仿真加工过程中注意保证总长的对刀方法。

2）进行内孔程序自动生成参数设置时要注意刀具移动距离，防止碰刀；加工内孔时，选取的内孔刀要适合加工该内孔，否则会发生碰刀。

3）内螺纹加工时与内孔一样，注意防止刀具与工件碰撞。

3．学习评价

将学生上机操作完成情况的检测与评价填入表 8.2.2。

表 8.2.2　学习评价

序号	项　目	技术要求	配分	评分标准	检测记录	得分
1	软件操作	进入 CAXA 数控车软件	2	每错一次扣 2 分		
2	绘制图形	按要求正确绘制图形	7	每错一次扣 2 分		
3	机床设置	进行机床类型设置	2	每错一处扣 1 分		
4	后置处理设置	进行后置处理设置	2	每错一处扣 1 分		
5	轮廓粗车	进行轮廓粗车参数设置	6	每错一处扣 2 分		
6	轮廓精车	进行轮廓精车参数设置	6	每错一处扣 2 分		
7	车内螺纹	进行车内螺纹参数设置	2	每错一处扣 2 分		
8	代码生成	按要求自动生成加工程序	14	每错一处扣 2 分		
9	程序修改	能根据要求修改加工程序	14	每错一次扣 2 分		
10	保存程序	按要求正确保存程序	7	每错一次扣 1 分		
11	仿真机床操作	毛坯设置与安装	2	每错一处扣 1 分		
12		刀具选择与对刀	8	每错一处扣 2 分		
13		程序调入	7	每错一次扣 1 分		
14	加工与检测	粗、精车右端外形	4	每错一处扣 2 分		
15		粗、精车左端外形	4	每错一处扣 2 分		
16		粗、精车内孔	4	每错一处扣 2 分		
17		车内螺纹	4	每错一处扣 2 分		
18	文明操作	爱护计算机设备	5	一次意外扣 2 分		

8.2.2　相关知识：对自动生成程序进行修改的方法

由 CAXA 数控车自动生成的数控加工程序是通用加工程序，而要调入具体数控系统进行自动加工时，则需要对自动生成的加工程序进行简单的修改。程序的修改量与使用 CAXA 数控车时对机床类型设置及轮廓粗车、轮廓精车、切槽、螺纹等有关参数的设置正确与否密切相关。

我们应在各参数设置正确的情况下对所生成的程序进行修改，修改原则是根据不同的数控加工系统、车床进行适当修改即可。修改一般涉及以下几种情况。

1）程序起始符号，有的系统是 O，有的系统是%，需要根据具体系统进行修改。如图 8.2.72 所示，将"%"一段删除。

2）刀具和刀补值执行要前移，即 T11 或 T0101 等移到程序开头部分，或将 T11 改为 T0101 等。如图 8.2.72 所示，把程序中的 T22 改为了 T0202，有的系统不需要修改此处。

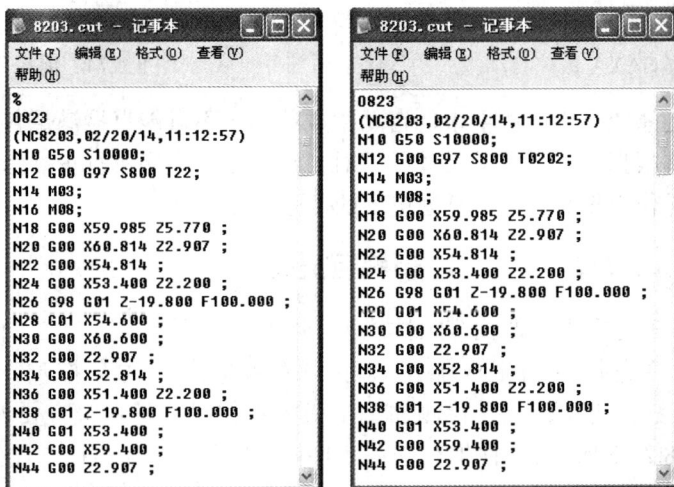

（a）前面部分修改前　　　　　　（b）前面部分修改后

图 8.2.72　修改 CAXA 数控自动生成的程序前面部分

3）有关螺纹车削指令，默认为 G33，而有的系统的螺纹车削指令为 G32；螺纹节距指令默认为 K，有的系统的螺纹节距指令为 F，需要根据具体系统要求进行修改。

4）需要 G04 指令进行延时或停顿，后跟"X__;"还是跟"P__;"，需要根据具体情况进行修改或设置。

5）用几把刀进行零件加工时，每一把刀使用完后要进行撤销刀补，自动生成的程序没有撤销刀补程序语句，需要在程序结束部分添加 T0100 或 T0200 等。如图 8.2.73 所示，程序结尾处添加 T0200。

6）许多自动生成的加工程序，在程序运行结束时刀具停留在加工工件附近，这样存在安全隐患，应将加工完工件后的刀具移到安全位置，需要在程序结束部分添加一段"G00 X100 Z100;"。如图 8.2.73 所示，程序结束部分添加一段"N215 G00 X100 Z100;"。

7）自动生成的加工程序时常不会车削端面，如要进行端面车削则应添加车削端面的几个程序段。

CAXA 数控车软件自动生成的程序中间部分一般不进行其他修改，如图 8.2.74 所示。

（a）后面部分修改前   （b）后面部分修改后

图 8.2.73　修改 CAXA 数控自动生成的程序后面部分　　图 8.2.74　前后部分修改后的程序

当然，不同的系统有不同的要求，自动生成的程序不可能直接满足各种系统的要求，这就需要我们掌握根据具体系统的具体要求对自动生成的程序进行正确修改的方法。大家还应在具体实践操作中不断积累，掌握更多的修改方法与技巧。

拓展与提高

请将 2013 年 3 月重庆市数控车工技能大赛考题样题的件 2、件 3、件 4 利用 CAXA数控车 2011 软件进行自动生成加工程序并调入上海宇龙数控加工仿真系统软件GSK-980TD 系统进行自动加工，检测加工生成的零件尺寸是否符合要求。件 2、件 3、件 4 零件图如图 8.2.75 所示。（件 1 在任务 8.1 中已经完成，件 5 在本任务中已经完成。）

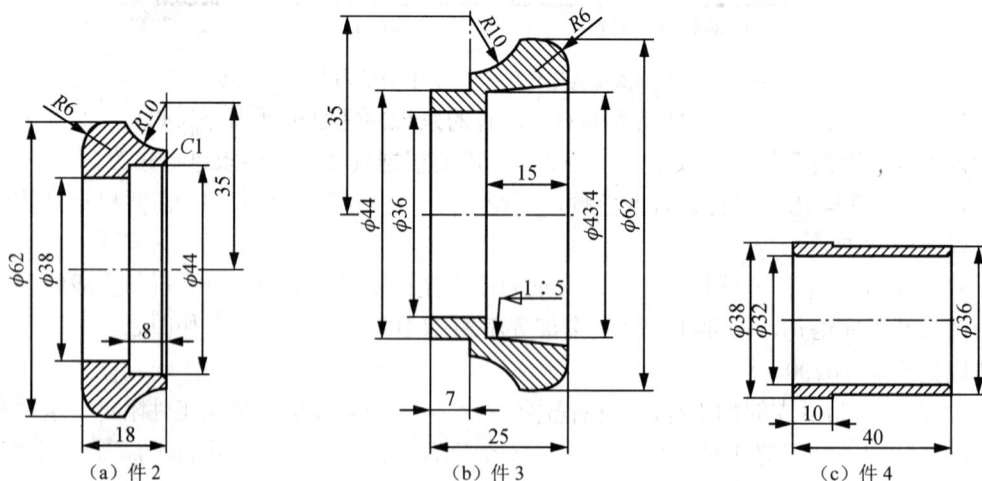

（a）件 2   （b）件 3   （c）件 4

图 8.2.75　配合件件二、件三、件四零件图样

技术要求：未注倒角 C 0.5；锐边倒棱 C 0.3；不允许用锉刀、纱布修饰表面

任务 *8.3* CAXA 制造工程师自动编程与仿真加工

任务描述

对数控加工中心（华中系统）进行简单平面铣削，需要完成六边形台铣削、内凹槽铣削、六边形轮廓精加工及内凹槽轮廓精加工。

零件图样如图 8.3.1 所示，立体效果如图 8.3.2 所示。

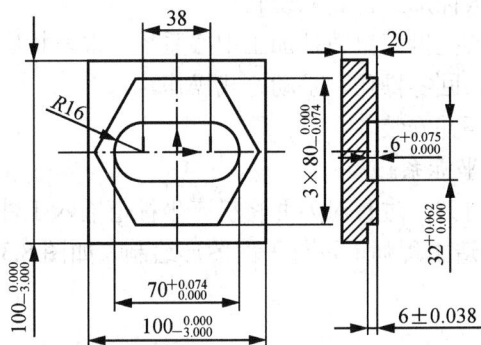

图 8.3.1　六边形加凹槽 CAXA 平面图样

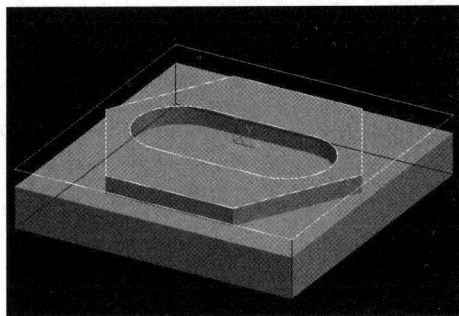

图 8.3.2　六边形加凹槽 CAXA 立体效果

任务目标

本任务要达成的学习目标如表 8.3.1 所示。

表 8.3.1　学习目标

知识目标	掌握 CAXA 制造工程师的刀路设置流程
	掌握 CAXA 制造工程师的刀具设置方式
技能目标	能进行刀路的生成
	能进行刀具的正确选择
	能进行程序的生成和处理
	能进行程序的正确上传
情感目标	能养成正确的设备操作习惯

实践操作：CAXA 制造工程师自动编程与仿真加工

1．操作准备

安装有 CAXA 制造工程师 2011 软件和上海宇龙数控加工仿真系统软件的教师机一台，学生机 50 台的计算机机房一间，上海宇龙数控加工仿真系统软件 4.8 版本加密狗。

2．操作步骤

01 打开上海宇龙数控加工仿真系统软件。
02 正确选取华中数控世纪星数控加工中心系统，选取机床系统，选择机床外形。
03 正确进行开机、回零操作、手动方式操作。
04 按要求设置毛坯并安装。
05 建立 G54 工件坐标系。
06 在机床上安装对刀，进行对刀并将机床坐标值输入工件坐标系。
07 打开 CAXA 制造工程师，进行平面图形绘制，如图 8.3.3 所示。

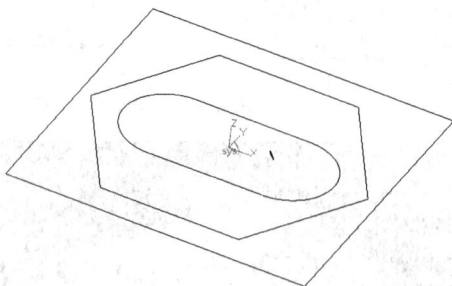

图 8.3.3　六边形加凹槽 CAXA 平面图

08 单击"毛坯"，弹出"定义毛坯-世界坐标系（.sys.）"对话框，进行毛坯设置。点选"两点方式"单选按钮，然后单击"拾取两点"按钮，拾取对角线两点，长 100mm，宽 100mm，高 20mm，如图 8.3.4 所示。

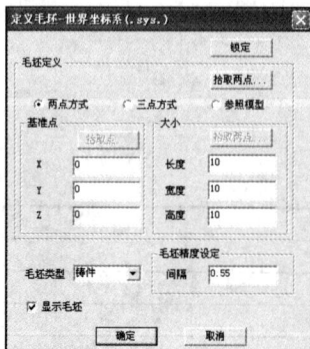

（a）"定义毛坯-世界坐标系（.sys.）"对话框　　　　（b）毛坯坐标系选点

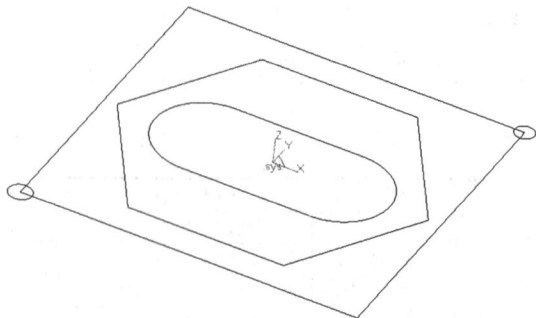

图 8.3.4　毛坯坐标系选择方式

09 在"基准点"选项组中将 Z 设置为−20mm，高度设置为 20mm，然后生成毛坯，如图 8.3.5 所示。

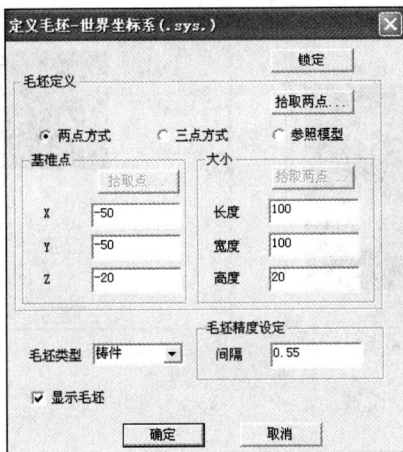

（a）设置毛坯参数　　　　　　　（b）毛坯图形

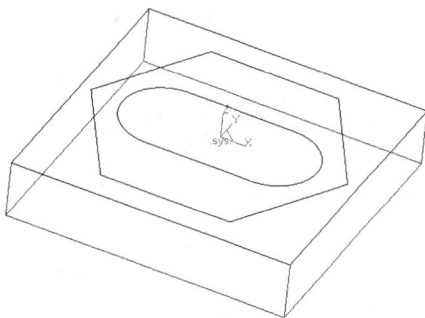

图 8.3.5　设置毛坯参数与生成毛坯

10 执行"加工"→"粗加工"→"平面区域粗加工"命令，如图 8.3.6 所示。

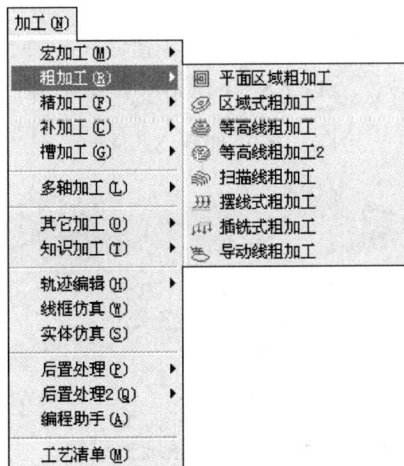

图 8.3.6　粗加工菜单选项

11 进行参数设置。在"平面区域粗加工"对话框的"加工参数"选项卡中，选择环切加工（从外向里），过渡方式为尖角，轮廓参数余量为 0.1mm，补偿方式为 PAST，岛参数余量为 0.1mm，补偿方式为 TO，行距为 6mm。切换到"刀具参数"选项卡，设置刀具名为 D10。切换到"切削用量"选项卡，设置主轴转速为 1000r/min，慢速下刀速度为 80mm/min，切入切出连接速度为 80mm/min，切削速度为 200mm/min，退刀速度为 500mm/min，然后单击"确定"按钮，如图 8.3.7 所示。

12 拾取轮廓。单击确定拾取，左下角提示栏出现"拾取岛屿"表示轮廓拾取完毕，如图 8.3.8 所示。

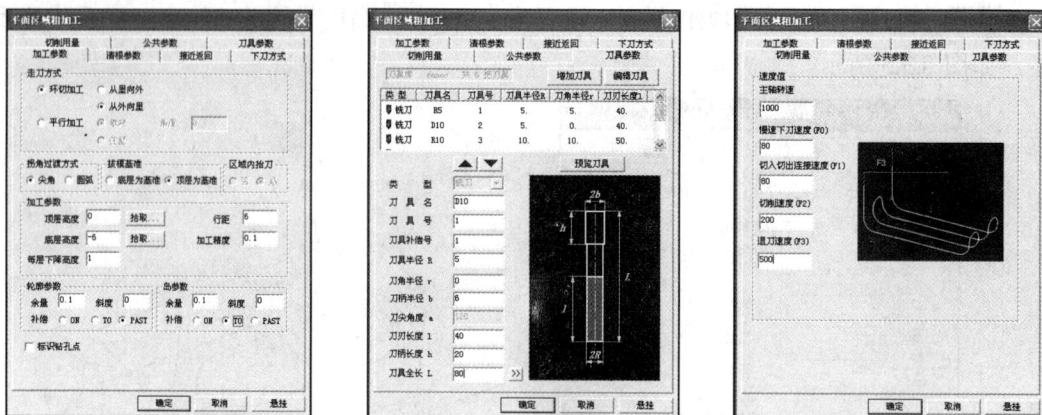

(a) 加工参数设置	(b) 刀具参数设置	(c) 切削用量设置

图 8.3.7　参数设置

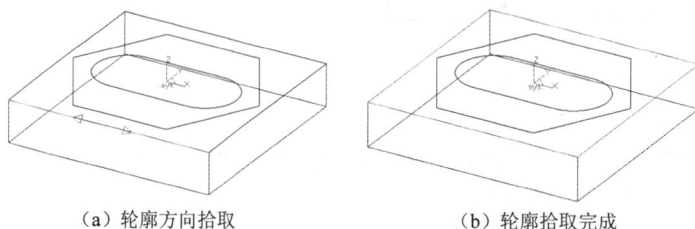

(a) 轮廓方向拾取　　　　　　　　(b) 轮廓拾取完成

图 8.3.8　轮廓拾取效果图

13 采用同样方法，单击拾取岛屿，如图 8.3.9 所示。

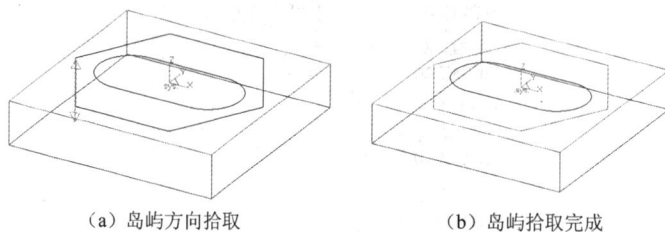

(a) 岛屿方向拾取　　　　　　　　(b) 岛屿拾取完成

图 8.3.9　岛屿拾取效果图

14 右击生成刀路，如图 8.3.10 所示。

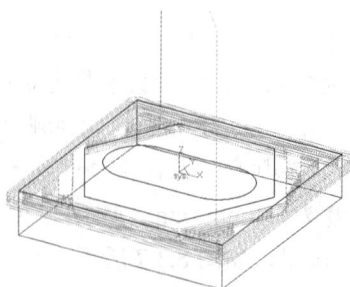

图 8.3.10　轮廓加工刀路生成效果图

15 继续选择平面区域粗加工，只进行轮廓拾取，更改轮廓参数的补偿方式为 TO，切换到"下刀方式"选项卡，将垂直下刀方式改为螺旋下刀方式，设置半径为 2mm，近似节距为 2mm。然后进行轮廓拾取，拾取完毕后右击确定即生成刀路，如图 8.3.11 所示。

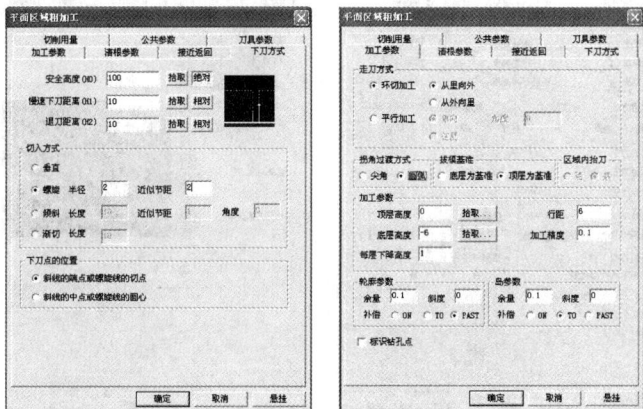

（a）内部加工下刀方式设置　　（b）内部加工参数设置

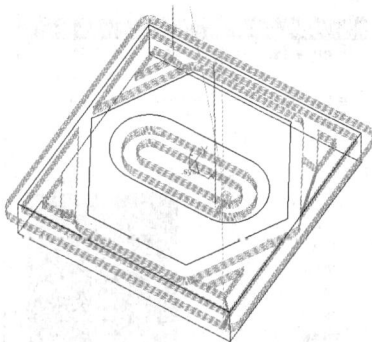

（c）内部加工刀路效果图

图 8.3.11　内部参数设置

16 执行"加工"→"精加工"→"平面轮廓精加工"命令，如图 8.3.12 所示。

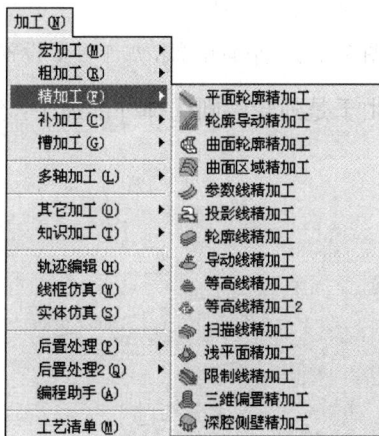

图 8.3.12　精加工菜单选项

17 对精加工参数进行设置，顶层高度为 0mm，底层高度为−6mm，每层下降高度为 3mm，刀具参数不变，如图 8.3.13 所示。

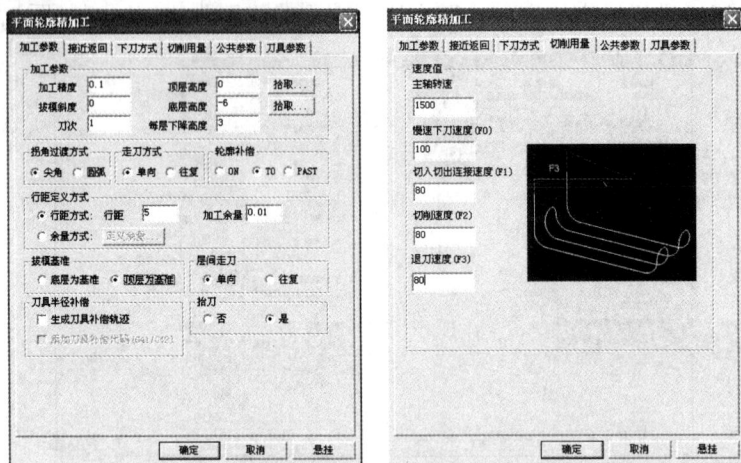

（a）加工参数设置

（b）切削用量设置

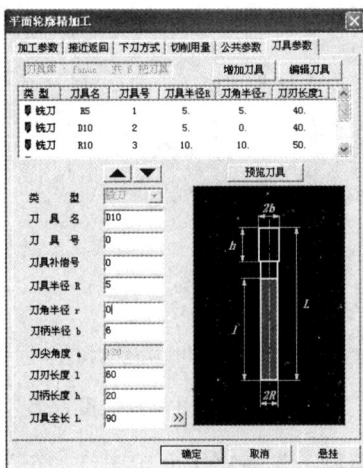

（c）刀具参数设置

图 8.3.13　平面轮廓精加工参数设置

18 选择六边形轮廓，由于是外轮廓则选择外部加工，然后拾取进刀点与退刀点，如图 8.3.14 所示。

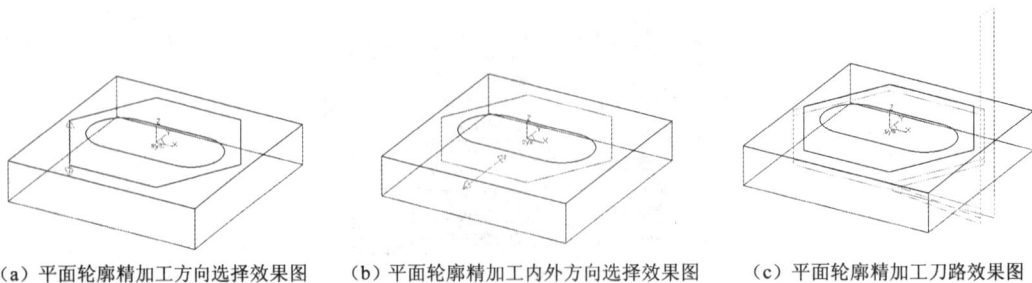

（a）平面轮廓精加工方向选择效果图　　（b）平面轮廓精加工内外方向选择效果图　　（c）平面轮廓精加工刀路效果图

图 8.3.14　平面轮廓精加工效果图

19 选择内凹槽轮廓，由于是内轮廓则选择内部加工，然后拾取进刀点与退刀点，注意进刀点与退刀点必须在凹槽内部，如图 8.3.15 所示。

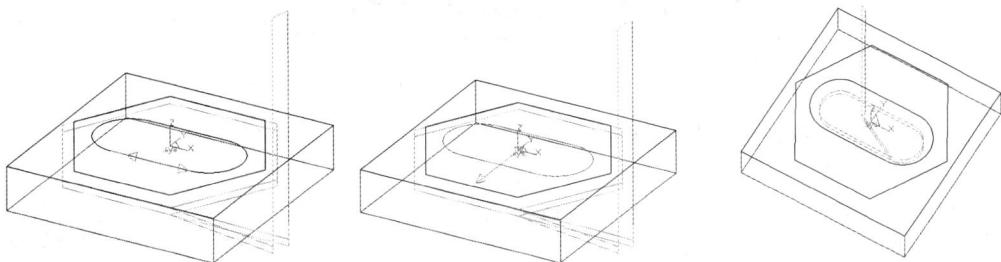

（a）平面轮廓精加工内部方向选择效果图　（b）平面轮廓精加工内槽内外方向选择效果图　（c）平面轮廓精加工内槽内刀路效果图

图 8.3.15　平面内轮廓精加工效果图

20 单击已经生成的刀路，所有刀路变为红色，然后进行后置处理，如图 8.3.16 所示。

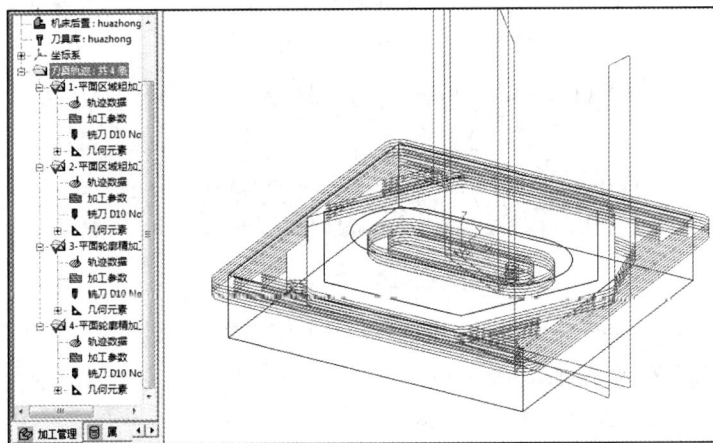

图 8.3.16　刀路选择

21 右击进行机床后置处理，选择华中系统，如图 8.3.17 所示。

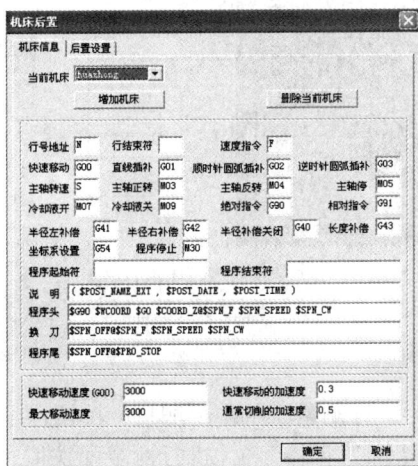

图 8.3.17　机床后置设置

22 机床后置处理完成后，右击进行 G 代码生成，如图 8.3.18 所示。

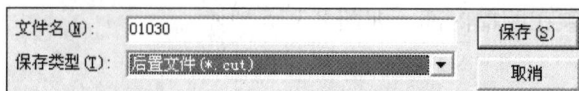

| 文件名(N): | 01030 | | 保存(S) |
| 保存类型(T): | 后置文件(*.cut) | ▼ | 取消 |

图 8.3.18　G 代码生成

23 进行 G 代码头指令处理，并将文件名后缀改为 nc，如图 8.3.19 所示。

%1030
N10G90G54G17G21G40
G00Z100.000

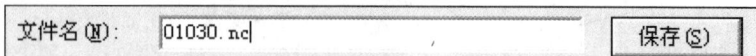

| 文件名(N): | 01030.nc | | 保存(S) |

图 8.3.19　更改后缀

24 将编辑完成的程序导入上海宇龙数控加工仿真系统，单击机床操作面板上的"DNC 通讯 F7"的"F7"按钮，弹出"串口通讯"对话框，如图 2.3.9 所示。

25 单击"导入程序"按钮，选取编辑好的程序，然后单击"结束 DNC 连接"按钮，再单击"程序选择"按钮，选取程序，如图 8.3.20 所示。

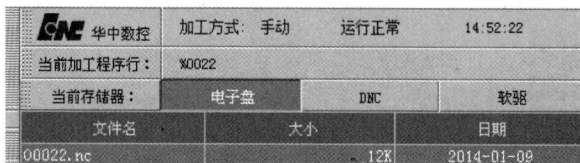

图 8.3.20　程序选取

26 单击"程序编辑"按钮，在程序栏中将出现编辑完成的程序，如图 8.3.21 所示。

27 切换到"自动"操作方式，然后单击循环启动按钮，则开始进行自动加工，加工完成效果图如图 8.3.22 所示。

图 8.3.21　程序导入

图 8.3.22　加工完成效果图

28 对加工完成的工件进行测量，单击"测量"按钮，出现测量页面，单击"测量方式平面"按钮（可以选择三个面进行检测），进行测量面选取，如图 8.3.23 所示。

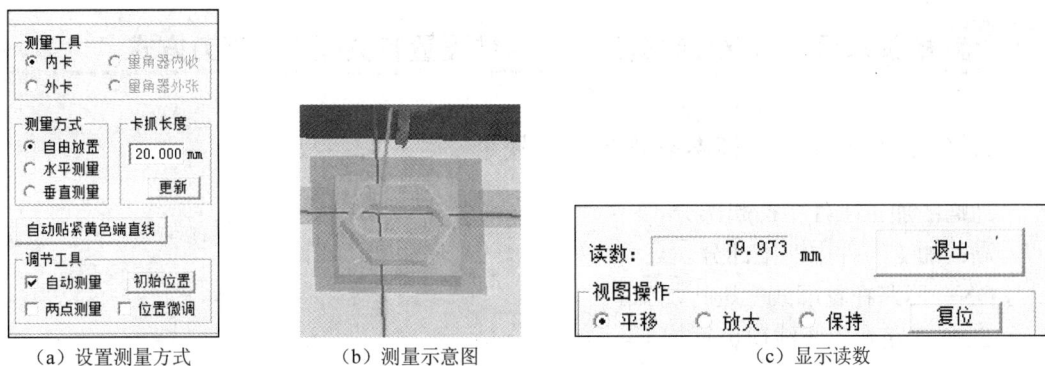

（a）设置测量方式　　　　（b）测量示意图　　　　（c）显示读数

图 8.3.23　工件测量

小贴士

1）在进行 Z 向下刀时，由于刀具内部无切削刃，所以不能直线进行下刀，需要用螺旋方式下刀。

2）在进行刀路生成过程中，如果发现刀路有缺失部分，需要缩小加工行距，再重新生成刀路。

3）在生成程序时，可以单独选取程序进行处理，也可以全部选取程序进行处理，在初学时为了将工序划分开，建议将程序单独选取处理，并传输到仿真软件中。

4）在进行刀路生成时，需要注意刀具直径能否满足切削需要，如果刀具过大，无法进行螺旋下刀，则需要对刀具进行更改，选取直径更小的刀具。

3．学习评价

将学生上机操作完成情况的检测与评价填入表 8.3.2。

表 8.3.2　学习评价

序号	项　目	技　术　要　求	配分	评　分　标　准	检测记录	得分
1	软件操作	进入仿真软件	5	每错一次扣 2 分		
2	机床选择	正确选择机床	10	每错一次扣 3 分		
3	机床操作	开机、回零	15	每错一次扣 3 分		
4		装刀、装毛坯	10	每错一次扣 3 分		
5	程序输入	正确输入程序	10	每错一处扣 3 分		
6	正确对刀	能正确进行刀具对中	10	每错一次扣 3 分		
7	校验对刀	正确录入程序校验	10	每错一次扣 3 分		
8	编辑程序	使用 CAXA 编辑程序	10	每错一次扣 3 分		
9	上传程序加工	上传程序进行仿真加工	10	每错一次扣 3 分		
10	检测工件	使用软件进行工件检测	10	尺寸超差扣 3 分		

相关知识：CAXA 制造工程师参数设置有关概念、下刀方式

1．CAXA 制造工程师参数设置有关概念

岛屿：加工工件中凸起部分。

湖：加工工件中凹陷部分。

ON：刀路在轮廓线上进行加工。

TO：刀路在轮廓线内进行加工。

PAST：刀路在轮廓线外进行加工。

2．下刀方式

由于采用的是平底铣刀，刀具中间无刀刃，所以在进行工件加工时，如果从外部切入则可以采用直线下刀，如果从内部切削则采用斜线下刀或者螺旋下刀。

拓展与提高

请按照图 8.3.24 所示零件进行程序编辑并生成加工程序，完成仿真加工。

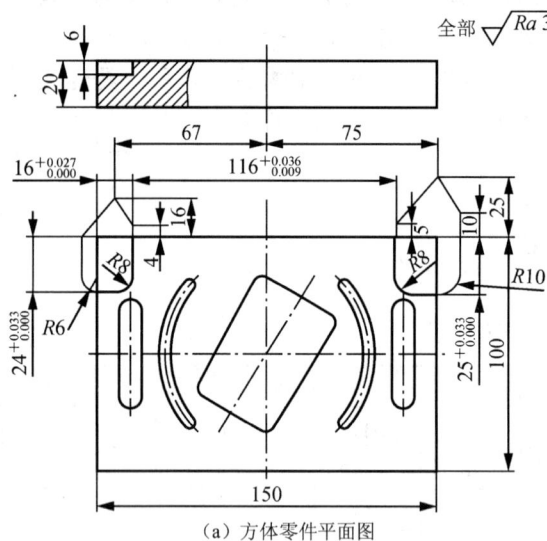

（a）方体零件平面图

（b）方体零件加工效果图

图 8.3.24　方体零件

参 考 文 献

胡旭兰. 2010. GSK 系统数控车工技能训练[M]. 北京：人民邮电出版社.

孙明江. 2010. 数控机床编程与仿真操作[M]. 西安：西北工业大学出版社.

唐监怀, 刘翔. 2011. 车工工艺与技能训练[M]. 2 版. 北京：中国劳动社会保障出版社.

王公安. 2005. 车工工艺学[M]. 4 版. 北京：中国劳动社会保障出版社.

朱明松. 2010. SIEMENS 系统数控车工技能训练[M]. 北京：人民邮电出版社.

卓良福, 黄新宇. 2010. 全国数控技能大赛经典加工案例集锦：数控车加工部分[M]. 武汉：华中科技大学出版社.